高职高专机电及电气类专业系列教材

电机及拖动基础

（第四版）

主　编　孟宪芳
主　审　刘保录

西安电子科技大学出版社

内 容 简 介

本书共 7 章，主要讲述了直流电机、变压器和三相异步电动机的运行原理及工作特性。其中，着重分析了直流电动机和三相异步电动机的机械特性、原理、特点及其启动、制动和调速的方法及应用，简要分析了单相异步电动机、三相同步电动机、直线异步电动机及常用控制电机的结构特点、工作原理和特性。

本版保留了第三版的结构体系，删去了少量内容，进一步降低了理论分析难度，突出应用，难易程度更符合目前高职高专生源状况。

本书可作为高职高专院校工业电气自动化、自动控制、机电一体化、电气技术等电气类专业的教材。

图书在版编目(CIP)数据

电机及拖动基础/孟宪芳主编. —4 版. —西安：西安电子科技大学
出版社，2021.7(2023.12 重印)
ISBN 978 - 7 - 5606 - 6102 - 5

Ⅰ. ①电…　Ⅱ. ①孟…　Ⅲ. ①电机—基本知识　②电力传动—基本知识
Ⅳ. ①TM3　②TM921

中国版本图书馆 CIP 数据核字(2021)第 116668 号

策　　划　马乐惠
责任编辑　王　瑛　马乐惠
出版发行　西安电子科技大学出版社(西安市太白南路 2 号)
电　　话　(029)88202421　88201467　　邮　　编　710071
网　　址　www. xduph. com　　　　电子邮箱　xdupfxb001@163.com
经　　销　新华书店
印刷单位　陕西天意印务有限责任公司
版　　次　2021 年 7 月第 4 版　　2023 年 12 月第 12 次印刷
开　　本　787 毫米×1092 毫米　1/16　印张　13.5
字　　数　313 千字
定　　价　32.00 元

ISBN 978 - 7 - 5606 - 6102 - 5/TM

XDUP 6404004 - 12

前　言

　　本书第一版自 2006 年出版以来，已经过 10 次印刷，销售近 4 万册，获得了广大读者的肯定和好评。

　　本书第四版是编者在第三版的基础上，根据目前我国高职高专生源状况和自己多年实际教学使用效果精心修订而成的。本版基本上保留了第三版的结构体系，在内容上进一步降低难度，突出应用，具体修改如下：

　　（1）第 1 章突出了直流发电机和直流电动机感应电动势与电磁转矩的性质，删去了"直流电机的换向"部分。

　　（2）第 3 章突出了变压器的空载电流。

　　（3）第 5 章完善了对三相异步电动机启动转矩的分析，简化了对其固有机械特性的分析。

　　（4）第 6 章删去了"单相（微型）同步电动机"部分。

　　（5）删去了"电力拖动系统中电动机的选择"一章的内容。

　　（6）对表达意思不够鲜明及存有细微错误的图进行了修改。

　　本书第四版的修订工作由西安理工大学高等技术学院孟宪芳负责。

　　由于编者水平有限，书中难免有不妥之处，恳请读者提出宝贵意见。编者的电子邮箱：mengxianf66@163.com。

编　者

2021 年 5 月

第 一 版 前 言

随着社会经济的发展和科学技术的进步，生产领域的技术含量在不断提高。为了适应新时期社会对高职技术人才的需求，编者根据高等职业技术教育电气类系列教材编委会会议精神及高职电气类专业"电机及拖动基础"教学大纲编写了本书。本书可作为高职高专院校工业电气自动化、自动控制、机电一体化、电气技术等电气类专业的教材。

本书共 8 章，内容包括直流电机、直流电动机的电力拖动、变压器、三相异步电动机、三相异步电动机的电力拖动、其他交流电动机、控制电机、电力拖动系统中电动机的选择等。

本书在总体框架上体现了高职高专教学改革的特点，突出理论知识的应用和实践能力的培养，以"必须、够用"为度，以"应用"为目的，加强实用性。同时，编者结合职业院校的现状和自己多年的教学经验，摒弃了把本科教材浓缩为高职高专教材的弊端，降低了理论知识的难度，但仍保持教材内容的相对连贯性和稳定性，内容安排深入浅出，语言叙述通俗易懂，便于教师教学和学生自学。书中带"*"的内容可根据实际情况选学。每章开始有学习目标，便于学生把握重点；章末有小结，有助于学生复习总结。每章备有大量精选的思考与练习题，便于学生掌握基本内容。附录中还有学习本课程所需要的基础知识，便于学生补习基础。

随着自动控制理论、计算机技术和电力电子技术的发展，当今工业上直流电机的应用已远远少于三相异步电动机的应用，因此本书在内容体系上改变了其他教材直流发电机特性和直流电动机特性并重、直流电动机拖动与三相异步电动机拖动并重的状况，突出了三相异步电动机及其应用。另外，简要分析了单相异步电动机、直线异步电动机和同步电动机的工作原理及应用，介绍了常用控制电机的结构特点、工作原理和特性。同时，对高深的理论内容，删除繁琐的数学推导，利用图解法分析；对大量公式的推导从简，着重分析其物理意义和应用方法。

本书由孟宪芳任主编，并编写绪论以及第 4、5、7、8 章与附录等内容；陆玉福任副主编，并编写第 2、6 章；张小洁编写第 1 章；张玲编写第 3 章。全书由孟宪芳统稿。刘保录副教授主审了全稿，在此谨表示诚挚的谢意。

由于编者水平有限，书中难免存在不妥之处，恳请读者提出宝贵意见，以便再版时修改。

编　者
2005 年 8 月

目　　录

绪　论

0.1　电机概述

电机是一种利用电磁感应定律和安培定律对能量或信号进行转换或变换的电磁机械装置。

0.1.1　电机的主要类型

电机的种类繁多，按其功能分类，可分成常规电机和控制电机，具体分类如图 0 − 1 所示。

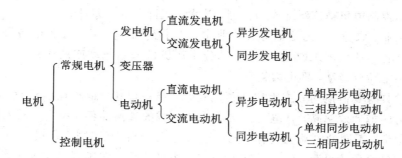

图 0 − 1　电机的分类

常规电机的主要任务是完成能量的转换，其功能如下：

发电机——将机械能转换成电能输出；

电动机——将电能转换成机械能输出，主要用于电力拖动系统中，带动生产机械运转；

变压器——将一种电压等级的交流电能变换成同频率的另一种电压等级的交流电能。

控制电机的主要任务是完成控制信号的传递和转换，通常用于自动控制系统中，作为检测、校正及执行元件。其主要包括交、直流伺服电动机，步进电动机，交、直流测速发电机，自整角机，旋转变压器等。部分控制电机的功能如下：

伺服电动机——将控制电压信号转换成转轴上的角位移或角速度输出，作执行元件；

步进电动机——将电脉冲信号转换成转轴上的角位移或线位移输出，作执行元件或驱动元件；

测速发电机——将转速信号转换成电压信号输出，主要作检测元件。

0.1.2 电机及电力拖动技术在国民经济中的作用

在国民经济生产中,电机工业是机械工业的一个重要组成部分,电机是机电一体化中机和电的结合部分,可称为电气化的心脏。电机对国民经济的发展起着重要的作用,并随着国民经济和科学技术的发展而不断发展。

电机的发展与电能的发展紧密联系在一起。电能是现代社会一种最主要的能源,它的生产和变换比较经济,传输和分配比较容易,使用和控制比较方便,而要实现电能的生产、变换、传输、分配、使用和控制,离不开电机。

在电力工业中,发电机和变压器是电站和变电所的主要设备。在电站,利用发电机可将原始能源(如水力、风力、热力、化学能、太阳能、核能等)转换为电能。在变电所,电能在远距离传输前,须用升压变压器把发电机发出的低压交流电变换成高压交流电,而电能在供给用户使用前,须用降压变压器把来自高压电网的高电压变换成低电压后才能安全使用。在机械、冶金、化工等工业企业中,大量应用电动机把电能转换为机械能,去拖动机床、起重机、轧钢机、电铲、抽水机、鼓风机等各种生产机械。在现代化农业生产中,电力排灌、播种、收割等农用机械都需要规格不同的电动机去拖动。在交通运输业中,电车、地铁、电动自行车、电梯、飞机、轮船等也需要各种电动机。在医疗器械及家用电器中也离不开功能各异的小功率电动机。在工业、航天和国防科学等领域的自动控制技术中,各式各样小巧灵敏的控制电机被广泛地作为检测、放大、执行和解算元件。

在现代工业、农业、交通运输等各行业中,为了实现生产工艺过程的各种要求,需要广泛采用各种各样的生产机械,其中,一部分生产机械采用气动或液压拖动,而大多数生产机械都采用电动机拖动,即电力拖动。

电力拖动具有其他拖动方式无法比拟的优点:第一,电力拖动比以蒸汽、水力、压缩空气等为动力的拖动效率高,且电动机与被拖动机械的连接简便;第二,电力拖动所用的电动机类型很多,不同的电动机具有不同的运行特性,可满足不同生产机械的需要;第三,电力拖动系统各参数的检测、信号的变换与传送方便,易于实现自动控制。因此,电力拖动已成为现代工农业中最广泛的拖动方式,而且随着近代电力电子技术和计算机技术的发展以及自动控制理论的应用,电力拖动控制装置的特性品质不断提高,从而提高了生产机械运转的准确性、可靠性、快速性和生产过程的自动化程度,以及劳动生产率和产品质量,所以电力拖动也是实现工业电气自动化的基础,在国民经济发展中发挥着越来越重要的作用。

0.2 本课程的性质、内容与学习方法

本课程是工业电气自动化、电气技术、机电一体化等电气类专业的一门重要的专业基础课,既有基础性又有专业性。

"电机及拖动基础"是"电机原理"和"电力拖动基础"两门课程内容的有机结合,主要分析研究直流电机、变压器、三相异步电动机的基本理论及其电力拖动的基本规律,简单介

绍常用交流电动机、常用控制电机的原理及应用和电力拖动系统电动机容量的选择问题。

　　本课程主要运用"物理""电工基础"等基础课的基本理论来分析研究各类电机内部的电磁物理过程，从而得出各类电机的一般规律及其各异的特性。但它与"物理""电工基础"等基础课的性质不同，在"电机及拖动基础"课程中，不仅有理论的分析推导、磁场的抽象描述，而且还要用基本理论去分析研究比较复杂的带有机、电、磁综合性的工程实际问题，这是本课程的特点，也是学习的难点。因此，必须要有一个良好的学习方法，才能学好本课程。这里提供以下学习方法供大家参考：

　　（1）学习之前，必须理解与掌握电和磁的基本概念，能够熟练运用电磁感应定律、安培定律、电路和磁路定律、力学、机械制图等已学过的知识。

　　（2）学习过程中，对于电机结构，要弄清各主要部件的组成和作用；对于有关公式，要从物理概念上去理解和记忆，不要死记硬背。本课程涉及电机的类型较多，要注意各种电机结构的异同点、电磁关系和能量转换关系的异同点、拖动问题的异同点等，运用总结对比的方法融会贯通，加深理解。分析实际问题时，要运用工程的观点和方法，突出主要矛盾，忽略次要矛盾，从而简化实际问题的分析和计算。

　　（3）为了提高课堂教学效果，课前应预习，一是对相关的已学知识进行回顾和补遗，二是对将要学到的内容浏览一遍，对新的名词和术语及相关内容有所了解，便于有的放矢地听课；课后应及时复习和小结，并选做适当的思考与练习题，以巩固所学的理论知识，提高理解和应用能力。

　　（4）必须进行必要的实验和实习，一是对基本理论进行验证，二是培养和提高学生的实际操作技能和工作能力。

　　"电机及拖动基础"课程将为后续课程——"工厂电气控制设备""电力电子技术""自动控制理论""调速系统"等的学习作基础知识准备，为日后工作中对电力拖动设备的技术管理和生产第一线选配、安装调试、操作、维护与检修电力拖动设备打下良好的基础。

第1章 直流电机

【学习目标】
(1) 熟练掌握直流电机的基本工作原理。
(2) 熟悉直流电机的基本结构，理解铭牌数据的含义。
(3) 理解直流电机的励磁方式、磁场的产生及电枢反应。
(4) 理解和掌握感应电动势、电磁转矩、电磁功率等基本公式。
(5) 掌握他励直流电动机运行时的基本方程式和工作特性。
(6) 了解直流电机的换向。

　　直流电机是将直流电能与机械能进行相互转换的旋转电机。将机械能转换为直流电能的直流电机是直流发电机，将直流电能转换为机械能的直流电机是直流电动机。

　　与交流电机相比，直流电机结构复杂，成本高，维修不便，而且有换向问题。但直流电动机具有良好的启动性能和调速性能，所以它仍被广泛应用于启动和调速要求较高的生产机械中，如起重机、矿井提升设备、电力机车、龙门刨床、轧钢机等。在自动控制系统中，小容量的直流电动机应用也很广泛。直流发电机则作为各种直流电源使用。目前，由晶闸管整流元件组成的直流电源正逐步取代直流发电机，但因直流发电机的供电质量较好，故在一些特殊工作场所仍被应用，如作为大型同步发电机的励磁电源以及在电解、电镀和某些化工工业中的应用。

　　本章主要介绍直流电机的基本工作原理、结构和运行特性。

1.1 直流电机的基本工作原理

1.1.1 直流发电机的基本工作原理

　　直流发电机的工作原理是基于电磁感应定律的。电磁感应定律告诉我们，在均匀磁场中，当导体切割磁感应线时，导体中就有感应电动势产生。若磁感应线、导体及其运动方向三者相互垂直，则导体中产生的感应电动势 e 的大小为

$$e = B_x l v \tag{1-1}$$

式中：B_x——磁感应强度或磁通密度（T 或 Wb/m²）；

　　　　l——导体切割磁感应线的有效长度（m）；

v ——导体与磁场的相对切割速度（m/s）；

e ——导体上的感应电动势（V）。

由式（1-1）可知，对于长度一定的导体来说，导体中感应电动势的大小由导体所在处的磁感应强度和导体切割磁场的速度所决定，而感应电动势的方向可由右手定则来确定。

图 1-1 是一台最简单的直流发电机的工作原理图。N 和 S 是一对固定的磁极，两磁极之间有一个可以转动的圆柱体铁芯，称为电枢铁芯。在电枢铁芯表面的槽内放置了一个电枢线圈 abcd，线圈的两端分别接到相互绝缘的两个圆弧形铜片（称为换向片）上，由换向片构成的圆柱体称为换向器，换向片分别与固定不动的电刷 A 和 B 保持滑动接触，这样，线圈 abcd 就可以通过换向片和电刷与外电路接通。电枢铁芯、电枢绕组和换向器构成的整体称为转子或电枢。电枢在原动机拖动下转动，把机械能转变为电能供给接在两电刷间的负载。

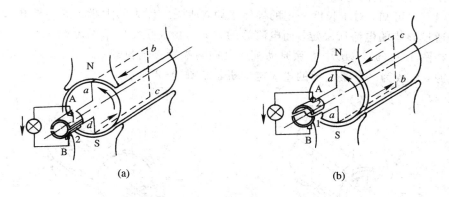

图 1-1 直流发电机的工作原理图

(a) ab 边在 N 极下、cd 边在 S 极下的电动势方向；(b) 转子转过 180° 后的电动势方向

在图 1-1(a) 中，当电枢逆时针恒速旋转使 ab 边在 N 极下、cd 边在 S 极下时，根据电磁感应定律可知，线圈的 ab、cd 两边将因切割磁感应线而产生感应电动势，由右手定则可以判断出线圈感应电流的方向为 d→c→b→a，电刷 A 为正极，电刷 B 为负极。外电路上的电流方向是由正极 A 流出，经负载流向负极 B。

当电枢转过 180° 之后，如图 1-1(b) 所示，此时线圈的感应电流方向变为 a→b→c→d，电刷 A 原来与换向片 1 接触，现在变为与换向片 2 接触，电刷 B 原来与换向片 2 接触，现在变为与换向片 1 接触，这样电刷 A 仍为正极，电刷 B 仍为负极。

以上分析表明，当原动机拖动电枢线圈旋转时，线圈中的感应电流方向即感应电动势方向是变化的，即为交流电动势，而通过换向器和电刷的作用，在电刷 A、B 间输出的电动势的方向是不变的，即为直流电动势。若在电刷 A、B 间接上负载，发电机就能向负载提供直流电能，这就是直流发电机的工作原理。

例 1.1 如图 1-1 中的直流发电机，若顺时针旋转，电刷两端的电动势极性有何变化？还有什么因素会引起同样的变化？

答 在图 1-1(a) 所示位置，当直流发电机顺时针旋转时，用右手定则可判断出线圈中感应电流的方向为 a→b→c→d，通过换向片与电刷的滑动接触可知，电刷 B 为正极，电刷 A 为负极。所以改变直流发电机电枢旋转方向就可以改变输出电动势的极性。

由右手定则可知，决定感应电动势方向的因素有两个：一是导体切割磁感应线的方向（电枢转向），二是磁场极性。所以，改变磁场的极性也可使直流发电机输出电动势的极性改变。

1.1.2 直流电动机的基本工作原理

直流电动机的工作原理是基于安培定律的。若均匀磁场 B_x 与导体相互垂直，且导体中通以电流 i，则作用于载流导体上的安培力或电磁力 f 为

$$f = B_x l i \tag{1-2}$$

式中：l——导体的有效长度(m)；

　　　i——导体中的电流(A)；

　　　f——导体所受的电磁力(N)。

由式(1-2)可知，对于长度一定的导体来说，所受电磁力的大小由导体所在处的磁感应强度和通过导体的电流所决定，而电磁力的方向可由左手定则来确定。

如果在图 1-1(a)、(b) 中去除原动机和电刷两端所接的负载，在 A、B 两电刷间施加一直流电源，就成为一台最简单的直流电动机，如图 1-2 所示。

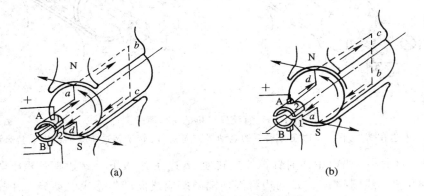

图 1-2　直流电动机的工作原理图
(a) ab 边在 N 极下、cd 边在 S 极下的电流方向；(b) 转子转过 $180°$ 后的电流方向

如图 1-2(a) 所示，当 ab 边在 N 极下、cd 边在 S 极下，电流从电刷 A、换向片 1、线圈边 ab 和 cd，最后经换向片 2 及电刷 B 回到电源的负极时，线圈中的电流方向为 $a \rightarrow b \rightarrow c \rightarrow d$。根据左手定则可知，此瞬间导体 ab 所受电磁力向左，导体 cd 所受电磁力向右，这样就在线圈 $abcd$ 上产生一个转矩，称为电磁转矩，使电枢沿逆时针方向旋转。

当电枢转过 $180°$ 之后，如图 1-2(b) 所示，此时电流流经的途径是通过电刷 A、换向片 2、线圈边 dc 和 ba，最后经换向片 1 及电刷 B 回到电源的负极。线圈中的电流方向为 $d \rightarrow c \rightarrow b \rightarrow a$。因此线圈中的电流改变了方向，但这时两个线圈边所受电磁力的方向仍使电枢沿逆时针方向旋转。

综上所述可知，不论是直流发电机还是直流电动机，换向器可以使正电刷 A 始终与经过 N 极下的导体相连，负电刷 B 始终与经过 S 极下的导体相连，故电刷之间的电压是直流电，而线圈内部的电流则是交变的，所以换向器是直流电机中换向的关键部件。通过换向器和电刷的共同作用，把直流发电机线圈中的交变电动势变成电刷间的方向不变的直流电

动势；把直流电动机电刷间的直流电流变成线圈内的交变电流，以确保电动机沿恒定方向旋转。

例 1.2 电动机拖动的生产设备常常需要作正转和反转的运动，例如龙门刨床工作台的往复运动、电力机车的前行和倒退等，那么图 1－2 所示的直流电动机怎样才能顺时针旋转呢？

答 对于图 1－2，电动机顺时针旋转时需获得一个顺时针方向的电磁转矩，由左手定则可知，电磁力的方向取决于磁场极性和导体中的电流方向，所以，直流电动机获得反转的方法有两个：一是改变磁场极性；二是改变电源电压的极性，使流过导体的电流方向改变。若二者同时改变，则电动机转向不变。

综上所述，可以看出：一台直流电机既可以作为电动机运行，又可以作为发电机运行，这主要取决于不同的外部条件。若将直流电源加在电刷两端，电机就能将直流电能转换为机械能，作电动机运行；若用原动机拖动电枢旋转，输入机械能，电机就将机械能转换为直流电能，作发电机运行。这种运行状态的可逆性称为直流电机的可逆运行原理。实际的直流发电机和直流电动机，因为设计制造时考虑了长期作为发电机或电动机运行性能方面的不同要求，在结构上稍有区别，所以并不像理论上分析的那样完全可逆。

观察图 1－1 和图 1－2 可以发现，直流发电机和直流电动机工作原理模型的结构完全相同，那么电机内部有无相同之处呢？

对直流发电机而言，若发电机带负载以后，就有电流流过线圈，例如图 1－1(a)中线圈的电流方向与感应电动势方向相同。根据安培定律，载流导体 ab 和 cd 会受到电磁力的作用，形成的电磁转矩方向为顺时针，与转速方向相反。这意味着电磁转矩阻碍发电机旋转，是制动转矩。因此，原动机必须用足够大的拖动转矩来克服电磁转矩的制动作用，以维持发电机的稳定运行。此时，发电机从原动机吸收机械能，转换成电能向负载输出。故直流发电机的感应电动势相当于电源电动势，其电磁转矩为制动转矩。

对直流电动机而言，从图 1－2(a)中可知，当电动机旋转起来以后，导体 ab 和 cd 切割磁感应线，产生感应电动势，用右手定则可判断出其方向与电源产生的电流方向相反。这意味着此电动势是一反电动势，它阻碍电流流入电动机。因此，直流电动机要正常工作，就必须施加直流电源以克服反电动势的作用，把电流灌入电动机，此时电动机从直流电源吸取电能，转换成机械能输出。故直流电动机的电磁转矩为拖动转矩，其感应电动势为反电动势。

1.2　直流电机的基本结构与铭牌

1.2.1　直流电机的基本结构

直流电机在结构上主要由两部分组成：① 静止部分，即定子；② 转动部分，即转子或电枢。定子和转子之间留有一定的间隙，称为气隙。其结构如图 1－3 所示。图 1－4 是直流电机的主要部件图，图 1－5 是直流电机径向剖面示意图。下面简要介绍直流电机主要部件的结构及其作用。

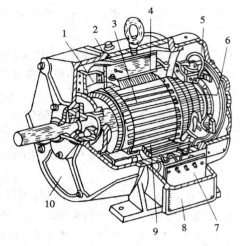

1—风扇;

2—机座;

3—电枢;

4—主磁极;

5—电刷架;

6—换向器;

7—接线板;

8—出线盒;

9—换向极;

10—端盖

图1-3 直流电机的结构

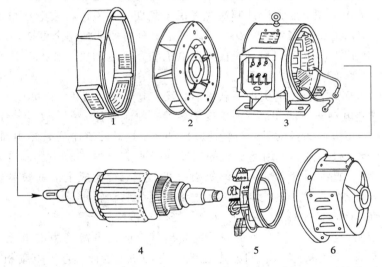

1—前端盖;2—风扇;3—机座;4—电枢;5—电刷架;6—后端盖

图1-4 直流电机的组成部件

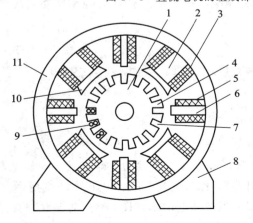

1—电枢铁芯;

2—主磁极铁芯;

3—励磁绕组;

4—电枢齿;

5—换向极绕组;

6—换向极铁芯;

7—电枢槽;

8—底座;

9—电枢绕组;

10—极掌(极靴);

11—磁轭(机座)

图1-5 直流电机径向剖面示意图

1. 定子部分

定子的作用是产生磁场和作为电机的机械支架。定子主要由主磁极、换向极、电刷装置、机座、端盖和轴承等部件组成。

1）主磁极

主磁极的作用是产生气隙磁场。主磁极由主磁极铁芯和励磁绕组两部分组成，通过螺钉固定在机座上，如图1-6所示。主磁极铁芯通常采用1～1.5 mm厚的钢板冲片叠压而成。铁芯靠近气隙的部分做成弧形，使气隙中的磁通能均匀分布，并能挡住套在铁芯上的励磁绕组，使其不致脱落。铁芯的弧形部分通常称为极掌或极靴。励磁绕组用铜线（或铝线）绕制而成，套在铁芯上组成主磁极。绕组与铁芯之间垫有绝缘物质。当励磁绕组通入直流电流时，铁芯就成为一个固定极性的磁极。主磁极可为一对、两对或更多对数。为了保证各极励磁电流严格相等，励磁绕组相互间一般采用串联，而且在连接时要保证N、S极间隔排列。

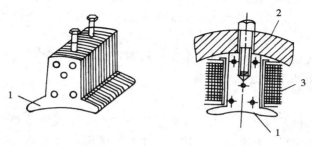

1—极掌；2—机座；3—励磁绕组

图1-6　直流电机的主磁极

2）换向极

换向极又叫附加极，也是由铁芯和绕组组成的，如图1-7所示。其铁芯多用整块钢板加工而成，大容量电机也采用薄钢片叠压而成。换向极绕组的匝数较少，并与电枢绕组串联（为了更好地抵消电枢反应的影响，见后述），故通过的电流较大，一般采用较粗的矩形截面导线绕制而成。换向极通常安装在两个相邻主磁极的中心线处，其极数一般与主磁极极数相等（小功率直流电机可不装设换向极，或只装设主磁极极数一半的换向极），也用螺钉固定在机座上。换向极的作用是改善电机换向，防止在电刷与换向器之间产生火花。

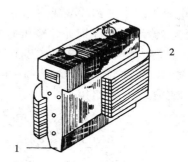

1—铁芯；2—绕组

图1-7　直流电机的换向极

3）电刷装置

电刷装置主要由电刷、刷握、刷杆、刷杆座及压紧弹簧等零件构成，如图1-8所示。电刷一般由导电耐磨的石墨材料制成，放在刷握内，用压紧弹簧以一定的压力将其压在换向器表面上，刷握固定在刷杆上，刷杆固定在圆环形的刷杆座上。借铜丝辫将电流从电刷引入或引出。在换向器表面上，各电刷之间的距离应该是相等的。刷杆座装在端盖或轴承内盖上，是可以转动的，以便于调整电刷在换向器表面上的位置。

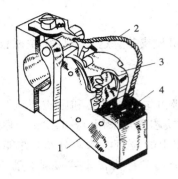

1—刷握；2—铜丝辫；
3—压紧弹簧；4—电刷

图 1-8 直流电机的电刷装置

4）机座

机座通常用铸铁、铸钢或钢板焊接而成。机座中传导磁通的部分称为磁轭。机座的主要作用有三个：一是作为磁轭传导磁通，是电机磁路的一部分；二是用来固定主磁极、换向极和端盖等部件；三是借助机座的底脚把电机固定在基础上。所以机座必须具有足够的机械强度和良好的导磁性能。

机座上还装有接线盒，电枢绕组和励磁绕组通过接线盒与外部连接。普通直流电机电枢回路的电阻比励磁回路的电阻小得多。

2. 转子部分

转子是直流电机的重要部件。由于在转子绕组中产生感应电动势和电磁转矩，因此转子是机械能与电能相互转换的枢纽，也称其为电枢。电枢部分主要包括电枢铁芯、电枢绕组、换向器、风扇、转轴和支架等部件。

1）电枢铁芯

电枢铁芯由硅钢片叠成。为了减小涡流损耗，电枢铁芯通常采用 0.35～0.5 mm 厚且两面涂有绝缘漆的硅钢冲片叠压而成。有时为了加强电机冷却，在电枢铁芯上冲制轴向通风孔，在较大型电机的电枢铁芯上还设有径向通风道，用通风道将铁芯沿轴向分成数段。整个铁芯固定在转轴上，与转轴一起旋转。电枢铁芯及冲片形状如图 1-9 所示，电枢边缘的槽供安放电枢绕组用。

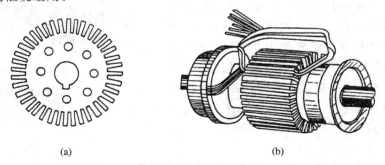

(a)   (b)

图 1-9 电枢铁芯冲片及电枢
（a）电枢铁芯冲片；（b）电枢

电枢铁芯的作用有两个：一是作为电机主磁路的一部分，传导磁通；二是作为嵌放电枢绕组的骨架。

2）电枢绕组

电枢绕组的作用是产生感应电动势和电磁转矩，使电机实现机电能量的转换。

电枢绕组通常是由许多线圈按一定的规律连接而成的。这种线圈通常用高强度漆包圆铜线或扁铜线绕制而成，放置于电枢铁芯槽中（线圈与槽之间有槽绝缘），并用槽楔封口，以防止运转时抛出。伸出槽外的绕组端部，也用玻璃丝带扎紧，每个线圈的端部按一定规律接到换向器的换向片上。

直流电机的电枢绕组多为双层绕组（线圈分上、下两层嵌入铁芯槽内，上、下层之间有层间绝缘），线圈之间的具体连接方法可查阅其他书籍。

3）换向器

换向器在电动机中的作用是将电刷两端的直流电流转换为绕组内的交流电流；在发电机中，它的作用是将绕组内的交流电动势转换为电刷两端的直流电压。换向器由许多个彼此相互绝缘的换向片组成，换向片之间用 0.4～1.2 mm 厚的云母片绝缘，换向器的结构如图 1－10 所示。换向器是直流电机最重要的部件之一，也是最薄弱的环节，其工作状态正常与否基本上决定了直流电机运行的可靠性。

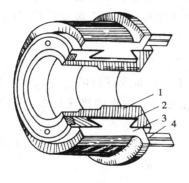

1—连接片；
2—换向片；
3—云母环；
4—V 形套筒

图 1－10 换向器

4）风扇、转轴和支架

风扇为自冷式电机中冷却气流的主要来源，可防止电机温升过高。转轴是电枢的主要支撑件，它传送扭矩、承受重量及各种电磁力，应有足够的强度、刚度及疲劳期。支架是大、中型电机电枢组件的支撑件，有利于通风和减轻重量。

直流电机主磁极与电枢铁芯之间的间隙称为气隙，小型电机气隙约为 1～3 mm，大型电机气隙约为 10～12 mm。有必要指出：气隙虽小，但气隙磁阻较大，在电机磁路中，其大小、形状对电机性能有显著影响。

1.2.2 直流电机的铭牌

按照国家标准及电机设计和试验数据，规定电机在一定条件下的运行状态，称为电机的额定运行。在额定运行情况下，电机最合适的技术数据称为电机的额定值。主要的额定值标注在电机的铭牌上。电机在额定值下可以长期安全工作，并保持良好的性能。过载时电机过热，降低使用寿命，甚至损坏电机；而轻载对设备和能量都是一种浪费，降低了电机的效率，应尽量避免。显然，额定值是使用和选择电机的依据，因此使用前一定要详细了解这些铭牌数据。表 1－1 为某台直流电动机的铭牌。

表 1-1　直流电动机的铭牌举例

型　号	Z_3—95	产品编号	7001
功率	30 kW	励磁方式	他励
电压	220 V	励磁电压	220 V
电流	160.5 A	工作方式	连续
转速	750 r/min	绝缘等级	定子 B 转子 B
标准编号	JB1104—68	重量	685 kg
×××电机厂		出厂日期	年　　月

1. 型号

型号表明该电机所属的系列及主要特点。我国直流电机的型号采用大写汉语拼音字母和阿拉伯数字表示,例如型号 Z_3—95 中的"Z"表示普通用途直流电机;脚注"3"表示第三次改型设计;第一个数字"9"是机座直径尺寸序号;第二个数字"5"是铁芯长度序号。

2. 额定值

1) 额定功率 P_N

额定功率是指电机在规定的工作条件下,长期运行时的允许输出功率,对发电机是指正、负电刷之间输出的电功率,对电动机是指轴上输出的机械功率,单位为 W 或 kW。

2) 额定电压 U_N

额定电压是指在规定的工作条件下,直流发电机电刷两端的允许输出电压或直流电动机电刷两端允许施加的电源电压,单位为 V 或 kV。

3) 额定电流 I_N

额定电流是指额定电压和额定负载时,允许电机电刷两端长期输出(发电机)或输入(电动机)的电流,单位为 A。

对发电机,有

$$P_N = U_N I_N$$

对电动机,有

$$P_N = U_N I_N \eta_N$$

式中: η_N——额定效率。

4) 额定转速 n_N

额定转速是指电机在额定运行条件下的旋转速度,单位为 r/min。

此外,铭牌上还标有励磁方式、工作方式、绝缘等级、重量等参数。还有一些额定值,如额定效率 η_N、额定转矩 T_N、额定温升 τ_N,一般不标注在铭牌上。

例 1.3　一台直流发电机,$P_N=10$ kW,$U_N=230$ V,$n_N=2850$ r/min,$\eta_N=85\%$。求其额定电流和额定负载时的输入功率。

解
$$I_N = \frac{P_N}{U_N} = \frac{10 \times 10^3}{230} \approx 43.48 \text{ A}$$

$$P_1 = \frac{P_N}{\eta_N} = \frac{10 \times 10^3}{0.85} \approx 11\ 764.71\ \text{W} = 11.76\ \text{kW}$$

例 1.4 一台直流电动机，$P_N = 17\ \text{kW}$，$U_N = 220\ \text{V}$，$n_N = 1500\ \text{r/min}$，$\eta_N = 83\%$。求其额定电流和额定负载时的输入功率。

解
$$I_N = \frac{P_N}{U_N \eta_N} = \frac{17 \times 10^3}{220 \times 0.83} \approx 93.1\ \text{A}$$
$$P_1 = U_N I_N = 220 \times 93.1 = 20\ 482\ \text{W} = 20.48\ \text{kW}$$

*1.2.3　直流电机的主要系列

为了产品的标准化和通用化，电机制造厂生产的产品多是系列电机。所谓系列电机，就是指在应用范围、结构形式、性能水平、生产工艺方面有共同性，功率按一定比例系数递增，并成批生产的一系列电机。

我国常用直流电机的系列简介如下。

1）Z、ZF、ZD 系列

Z、ZF、ZD 系列是一般用途的中、小型直流电机，其额定功率范围为 25～400 kW，额定转速范围为 1500～4000 r/min。

2）Z_4、ZO_2 系列

Z_4、ZO_2 系列是一般用途的中型直流电机，适用于机床、造纸、水泥、冶金等行业。其额定转速范围为 1500～3200 r/min。

3）ZJF、ZJD 系列

ZJF、ZJD 系列为大型直流发电机和直流电动机，适用于大型轧钢机、卷扬机和其他一些重型机械设备。其额定功率范围为 1000～5350 kW。

4）S、SY 系列

S、SY 系列是直流伺服电动机，S 系列为老产品，SY 系列为永磁式直流伺服电动机，其功率很小，多用于仪表伺服系统。

5）ZCF、ZYS、CYD 和 CY 系列

ZCF、ZYS、CYD 和 CY 系列为直流测速发电机。其中 ZCF 系列为他励式直流测速发电机；ZYS 系列为普通永磁式直流测速发电机，其额定输出电压较高，为 110 V 或 550 V；CYD 系列为永磁式低速直流测速发电机；CY 系列也为永磁式直流测速发电机，它的输出电压较低，其电动势为 5 V(1000 r/min)，可供小功率系统作测速反馈元件。

1.3　直流电机的磁场

由直流电机的基本工作原理可知，直流电机无论是作发电机运行还是作电动机运行，必须具有一定强度的气隙磁场，所以磁场是直流电机进行能量转换的媒介。为此，在分析直流电机的运行原理之前，必须对直流电机的励磁方式、空载和负载时的气隙磁场进行分析。

1.3.1 直流电机的励磁方式

主磁极励磁绕组的供电方式称为励磁方式。直流电机按励磁方式的不同,可以分成以下四种类型。

1) 他励直流电机

他励直流电机的励磁绕组由其他直流电源供电,与电枢绕组之间没有电的联系,如图1-11(a)所示。直流电机采用永久磁铁产生磁场,称为永磁式电机。永磁直流电机也可看作他励直流电机,因其励磁磁场与电枢电流无关。

2) 并励直流电机

并励直流电机的励磁绕组与电枢绕组并联,如图1-11(b)所示。显然,励磁电路端电压就等于电枢电路端电压。

3) 串励直流电机

串励直流电机的励磁绕组与电枢绕组串联,如图1-11(c)所示。显然,励磁回路的励磁电流等于电枢回路的电枢电流,所以励磁绕组的导线粗而匝数较少。

4) 复励直流电机

复励直流电机的主磁极上有两套励磁绕组,一套与电枢绕组并联,另一套与电枢绕组串联,如图1-11(d)所示。两套绕组产生的磁动势方向相同时称为积复励,磁动势方向相反时称为差复励,积复励方式较常用。

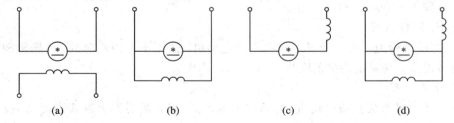

(a)   (b)   (c)   (d)

图 1-11　直流电机的励磁方式

(a) 他励;(b) 并励;(c) 串励;(d) 复励

直流电机的励磁方式不同,运行特性和适用场合也不同。

近些年来,具有优异磁性能的新型永磁材料的发展很快,钐钴磁性材料、钕铁硼磁性材料等已经广泛应用于各种电机中,而且稀土永磁电机的容量正在逐渐增大。

1.3.2 直流电机的空载磁场和磁化曲线

直流电机空载是指电机不带负载。在发电机中,空载时无电功率输出,对他励直流发电机而言,电枢电流等于零;在电动机中,空载时无机械功率输出,此时电枢电流很小,由电枢电流产生的电枢磁场可忽略不计。所以直流电机的空载磁场可以看作是由励磁绕组通以励磁电流后建立的励磁磁动势 F_f 单独作用产生的磁场,又称主极磁场。

1. 空载磁场和磁路

图 1-12 是一台四极直流电机的空载磁场分布示意图。从图中可以看出,大部分磁通 Φ_0 由 N 极出来经过气隙,进入电枢的齿槽,然后分两路经过电枢磁轭,到达电枢铁芯另一边的齿槽,再经过气隙进入相邻的 S 极,再经过定子磁轭回到原来的 N 极而形成闭合回

路。因此主磁极、气隙、电枢齿槽、电枢磁轭和定子磁轭共同构成磁通 Φ_0 的通路——主磁路。磁通 Φ_0 既交链着励磁绕组，也交链着电枢绕组，称为主磁通。从图中也可看出，在 N、S 极之间还存在着一小部分磁通 Φ_σ，它们从 N 极出来后不进入电枢铁芯，而是经过气隙进入相邻的磁极或磁轭，这部分磁通只交链着励磁绕组，不交链电枢绕组，称为漏磁通。因为漏磁通磁路的气隙较大，磁阻较大，所以和主磁通比较起来，漏磁通很小。直流电机中，主磁通能在电枢绕组中感应电动势，产生电磁转矩，而漏磁通却没有这个作用，它只增加了主磁极磁路的饱和程度，还使电机的损耗增大，效率降低。分析磁场时，可以忽略漏磁通，只考虑主磁通。

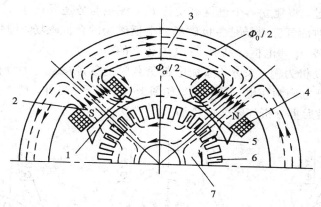

1—极靴；2—极身；3—定子磁轭；4—励磁绕组；

5—气隙；6—电枢齿；7—电枢磁轭

图 1-12 四极直流电机空载时的磁场分布

2. 空载磁化曲线

空载时，主磁通 Φ_0 的大小仅取决于励磁磁动势 F_f（$F_f = NI_f$）的大小和主磁路各段磁阻的大小。对一台特定的电机，其磁路材料及其几何尺寸已确定，即磁阻已确定，而励磁绕组的匝数 N 也已确定，因此，主磁通 Φ_0 仅与励磁电流 I_f 有关，两者的关系可由磁化曲线 $\Phi_0 = f(I_f)$ 来描述，如图 1-13 所示。

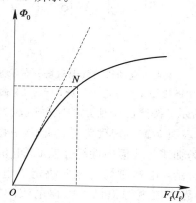

图 1-13 空载磁化曲线

当主磁通很小时，铁芯磁路没有饱和，此时主磁路各段铁芯的磁阻比气隙的磁阻要小得多，主磁通的大小主要决定于气隙磁阻，由于气隙磁阻是常量，因此主磁通较小时磁化曲线近似于直线；随着励磁电流的增加，铁芯磁路趋于饱和，铁芯磁阻变大，磁通的增加逐渐变慢，磁化曲线开始弯曲，Φ_0 与 I_f 呈非直线关系；在铁芯饱和之后，磁阻变得很大，磁化曲线非常平缓地上升，此时为了增加较小的磁通就必须增加很大的励磁电流。在额定励磁时，电机一般运行在磁化曲线的膝点（N 点）附近，如图 1-13 所示。这样既可获得较大的磁通密度，又不需要太大的励磁电流。

1.3.3 直流电机的负载磁场和电枢反应

当直流电机负载运行时，不但励磁电流流过励磁绕组产生一个主极磁场，而且电枢绕组中有电枢电流流过，将建立一个电枢磁动势 F_a，该磁动势还要产生一个电枢磁场。因此直流电机负载运行时的气隙磁场是主极磁场和电枢磁场的合成磁场，即负载运行时的气隙磁场是由励磁磁动势 F_f 和电枢磁动势 F_a 共同建立的。

下面以直流电动机为例，来分析直流电机负载时的气隙磁场。为分析简化起见，换向器通常不画出来，把电刷画在电枢圆周上，如图 1-14 所示。另外，把主极磁场和电枢磁场分开，单独分析，最后再分析气隙合成磁场。

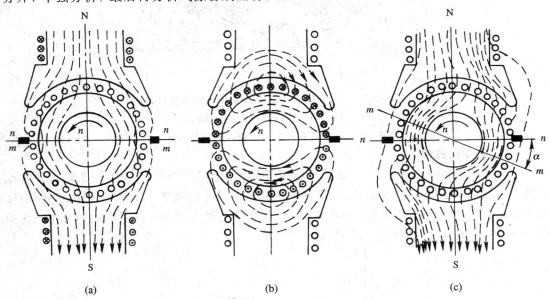

图 1-14 直流电动机的气隙磁场分布示意图
(a) 主极磁场；(b) 电枢磁场；(c) 气隙磁场

主极磁场如图 1-14(a)所示，按照图中所示的励磁电流方向，应用右手螺旋定则便可确定主极磁场的方向。在电枢表面上磁通密度为零的地方是物理中性线 mm，它与磁极的几何中性线 nn 重合，主极磁场轴线与几何中性线互差 90°电角度，即正交。

电枢磁场如图 1-14(b)所示，电枢磁场的方向决定于电枢电流方向，由图中可以看出，不论电枢如何转动，由外界直流电源提供的电枢电流的方向总是以电刷为界来划分的。在电刷两边，N 极面下的导体和 S 极面下的导体电流方向始终相反，只要电刷固定不动，电刷两边导体中的电流方向就不变，电枢磁场的方向就不变，即电枢磁场是静止不动的。应用右手螺旋定则可确定电枢磁场的方向，且电枢磁场轴线与几何中性线重合。由左手定则可判断此电动机旋转方向为逆时针。

气隙合成磁场如图 1-14(c)所示，它是由主极磁场和电枢磁场叠加在一起产生的。此时电枢磁场与主极磁场同时存在，且电枢磁场的轴线与主极磁场的轴线相互垂直，显然，电枢磁场对主极磁场产生影响，该影响通常称为电枢反应。电枢反应使气隙磁场发生以下变化：

（1）气隙磁场发生畸变，磁通密度分布不再均匀。畸变的结果是几何中性线处的磁通密度不再为零，即物理中性线不再与几何中性线重合，而是逆着电动机的旋转方向移动了一个 α 角（发电机与电动机不同，发电机顺着旋转方向移动一个角度）。

（2）电动机前半个磁极下磁场被加强，后半个磁极下磁场被削弱。在磁路不饱和时，磁路为线性，前半个磁极下增加的磁通量等于后半个磁极下减少的磁通量，因此负载时合成磁场的每极磁通 Φ 仍等于空载时主极磁场的每极磁通 Φ₀。但是实际电动机的磁路总是处于比较饱和的非线性区，因此前半个磁极下增加的磁通量总是小于后半个磁极下减少的磁通量，使得合成磁场的每极磁通 Φ 小于空载磁场的每极磁通 Φ₀，呈现去磁作用。

综上所述，直流电机电枢反应对气隙磁场的影响是：

（1）使气隙磁场发生畸变，磁通密度分布不再均匀，物理中性线偏离几何中性线。

（2）在磁路较饱和时有去磁作用，使每个磁极下的总磁通有所减小，即 $\Phi<\Phi_0$。

总之，气隙磁场的畸变，会使直流电机气隙的磁通密度分布不再均匀，换向变得困难，换向器与电刷间的火花增大；而磁场的减弱，又会使感应电动势和电磁转矩有所减小，从而影响到直流电机的运行性能。

1.4 直流电机的基本公式

直流电机的电枢是实现机电能量转换的核心，一台直流电机运行时，无论是作为发电机还是作为电动机，电枢绕组中都要因切割磁感应线而产生感应电动势，同时载流的电枢导体与气隙磁场相互作用产生电磁转矩。

1.4.1 直流电机的电枢电动势

在直流电机中，电刷两端的感应电动势即电枢电动势是由于电枢绕组和磁场之间的相对运动，即导体切割磁感应线而产生的。根据电磁感应定律，电枢绕组中每根导体的平均电动势为 $e=B_plv$。对于给定的电机，电枢电动势 E_a 与电枢导体的平均电动势 e 成正比，且平均磁密 B_p 与每极磁通 Φ 成正比，导体线速度 v 与转子的转速 n 成正比。因此电枢电动势 E_a 可用下式表示：

$$E_a=C_e\Phi n \tag{1-3}$$

式中：C_e——电动势常数，$C_e=pN/(60a)$，a、p、N 的大小取决于电机的结构；

Φ ——气隙合成磁场的每极磁通（Wb）；

转子转速 n 的单位为 r/min，电动势 E_a 的单位为 V。

式（1-3）表明，直流电机的感应电动势与每极磁通成正比，与转子转速成正比。

1.4.2　直流电机的电磁转矩

在直流电机中,作用在转子上的电磁转矩是由于电枢电流与气隙磁场相互作用而产生的电磁力所形成的。根据安培定律,作用在电枢绕组每一根导体上的平均电磁力为 $f = B_p l i$,对于给定的电机,电磁转矩 T 与电枢导体平均电磁力 f 成正比,且磁通密度 B_p 与每极磁通 Φ 成正比,每根导体中的电流 i 与从电刷流入的电枢电流 I_a 成正比。因此,电磁转矩 T 的大小可由下式来表示:

$$T = C_T \Phi I_a \tag{1-4}$$

式中:C_T——转矩常数,$C_T = pN/(2\pi a)$;

　　　I_a——电枢电流(A);

　　　电磁转矩 T 的单位为 N·m。

式(1-4)表明,直流电机的电磁转矩与每极磁通成正比,与电枢电流成正比。

电动势常数 C_e 与转矩常数 C_T 之间的关系为

$$\frac{C_T}{C_e} = \frac{pN/(2\pi a)}{pN/(60a)} = \frac{60}{2\pi} = 9.55$$

即

$$C_T = 9.55 C_e \tag{1-5}$$

有必要再次指出,无论是直流发电机还是直流电动机,在运行时都同时存在感应电动势和电磁转矩。但是,对直流发电机而言,因电磁转矩 T 的方向与发电机转向相反,故电磁转矩是制动转矩,而电枢电动势为电源电动势;对直流电动机而言,因电枢电动势的方向与电枢电流的方向相反,故电枢电动势为反电动势,而电磁转矩是拖动转矩。

1.4.3　直流电机的电磁功率

以上分析的电磁转矩和感应电动势是直流电机的基本物理量,并在直流电机的机电能量转换过程中具有重要意义。下面以发电机为例,来说明机电能量转换的关系。

直流发电机是将机械能转换为电能的电磁装置。在将机械能转换为电能的过程中,必须遵循能量守恒定律,即发电机输入的机械能和输出的电能及在能量转换过程中产生的能量损耗之间要保持平衡关系。当直流发电机在原动机产生的拖动转矩 T_1 的作用下旋转时,发电机的电枢绕组将受到电磁转矩的作用,而且电磁转矩 T 的方向和拖动转矩 T_1 的方向相反,是制动转矩。如果这时原动机不继续输入机械功率,那么发电机转速将下降,直至为零,也就不能继续输出电能了。所以,为了继续输出电能,原动机应不断地向发电机轴上输入机械功率,以产生拖动转矩 T_1 去克服制动的电磁转矩 T,即 $T_1 > T$,来保持发电机恒速转动,从而向外不断输出电功率。由此可知电磁转矩 T 作为拖动转矩 T_1 的阻转矩来吸收原动机的大部分机械功率,并通过电磁感应的作用将其转换为电功率。由力学知识可知,机械功率可以表示为转矩和转子机械角速度 Ω 的乘积,因此原动机为克服制动的电磁转矩 T 所输入的这部分机械功率,可表示为电磁转矩 T 与 Ω 的乘积即 $T\Omega$。

这部分机械功率 $T\Omega$ 是不是经过电磁感应的作用,都转变为电功率了呢?我们可用数学方法证明如下:

根据电磁转矩表达式(1-4)和 $\Omega = 2\pi n/60$ 可得

$$T\Omega = \frac{pN}{2\pi a}\Phi I_a \frac{2\pi n}{60} = \frac{pN}{60a}\Phi n I_a = E_a I_a$$

上式说明，机械功率 $T\Omega$ 全部转换为电功率 $E_a I_a$。通常把由机械功率完全转变为电功率的这部分功率称为电磁功率 P_{em}，即

$$P_{em} = T\Omega = E_a I_a \tag{1-6}$$

式中：Ω——转子的机械角速度，$\Omega = 2\pi n/60$，单位为 rad/s；

$\qquad P_{em}$——电磁功率，单位为 W。

通过以上分析可知，发电机的电磁转矩 T 在机电能量转换过程中起着关键性的作用，是机电能量转换得以实现的必要因素。由于有了制动的电磁转矩 T，发电机才能从原动机吸收大部分机械功率，并通过电磁感应的作用将其转换为电功率。电磁功率是联系机械量和电磁量的桥梁，在电磁量与机械量的计算中有很重要的意义。

同理，直流电动机在机电能量转换过程中，为了连续转动而输出机械能，电源电压 U 必须大于 E_a，以不断向电动机输入电能，将电功率属性的电磁功率 $E_a I_a$ 转换为机械功率属性的电磁功率 $T\Omega$，反电动势 E_a 在这里起着关键性的作用。

1.5　直流电动机的运行原理

直流电动机稳定运行时电路系统的电动势平衡方程式、机械系统的转矩平衡方程式以及能量转换过程中的功率平衡方程式既反映了直流电动机内部的电磁过程，又表达了电动机内外的机电能量转换，说明了直流电动机的运行原理。下面以他励直流电动机为例进行分析。

1.5.1　电动势平衡方程式

当直流电动机稳定运行时，电枢绕组切割气隙磁场产生感应电动势 E_a，由前面的分析可知电动势 E_a 为反电动势，E_a 的方向与电枢电流 I_a 的方向相反，如图 1-15 所示。根据 KVL 可写出他励直流电动机的电动势平衡方程式为

$$U = E_a + I_a R_a \tag{1-7}$$

式中：R_a——电枢回路总电阻，包括电枢绕组的电阻和一对电刷的接触电阻。

式(1-7)表明：直流电机在电动运行状态下，电压 U 必须大于电枢电动势 E_a，才能使电枢电流流入电动机。反之电机将处于发电机运行状态。

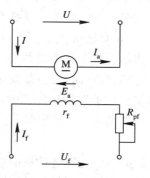

图 1-15　他励直流电动机的电路图

1.5.2　转矩平衡方程式

直流电动机稳定运行时，转速恒定，其轴上的拖动转矩必须与轴上的阻转矩(制动转矩)保持平衡，否则，电动机就不能保持匀速转动。而拖动转矩就是电磁转矩 T，阻转矩包

括电动机轴上的负载转矩 T_L 和电动机本身的空载阻转矩 T_0，因此直流电动机稳定运行时必然有以下平衡关系：

$$T = T_L + T_0$$

稳定运行时，电动机轴上的输出转矩 T_2 与负载转矩 T_L 相平衡，即 $T_2 = T_L$，因此上式也可写成

$$T = T_2 + T_0 \tag{1-8}$$

这就是直流电动机稳定运行时的转矩平衡方程式。

1.5.3 功率平衡方程式

根据能量守恒定律，能量不能"自生"，也不能"消失"，只能相互转换。对直流电动机也是如此。下面我们研究他励直流电动机的功率平衡方程式，即单位时间内的能量传输和转换关系。

他励直流电动机输入的电功率为

$$P_1 = UI_a = (E_a + I_a R_a)I_a = E_a I_a + I_a^2 R_a = P_{em} + p_{Cua} \tag{1-9}$$

式中：p_{Cua}——电枢绕组电阻和电刷接触电阻引起的损耗，称为电枢铜损耗。$p_{Cua} = I_a^2 R_a$。

他励直流电动机的电磁功率 P_{em} 转换为机械功率以后，并不能全部以机械功率的形式从电动机轴上输出，还要扣除以下几种损耗。

1）铁损耗 p_{Fe}

直流电动机的铁损耗是指电枢铁芯中的磁滞损耗和涡流损耗，在转速和气隙磁密变化不大的情况下，可认为铁损耗是不变的，即为不变损耗。

2）机械损耗 p_m

机械损耗包括轴承及电刷的摩擦损耗和通风损耗，通风损耗包括通风冷却用的风扇功率和电枢转动时与空气摩擦而损耗的功率。机械损耗与电机转速有关，当电动机的转速变化不大时，机械损耗可以看作是不变的，即为不变损耗。

3）附加损耗 p_{ad}

附加损耗又称杂散损耗。对于直流电机，这种损耗包括由于电枢铁芯边缘有齿槽存在，使气隙磁通的大小脉振而在铁芯中产生的铁损耗，及由换向电流产生的铜损耗等等。这些损耗是难以精确计算的，一般约占额定功率的 $0.5\% \sim 1\%$。

电磁功率 P_{em} 扣除以上损耗后就是电动机轴上输出的机械功率 P_2，即

$$P_2 = P_{em} - p_{Fe} - p_m - p_{ad} = P_{em} - p_0 \tag{1-10}$$

式中：p_0——直流电动机的空载损耗，$p_0 = p_{Fe} + p_m + p_{ad}$。

综上所述，可得他励直流电动机的功率平衡方程式为

$$\begin{aligned} P_1 &= P_{em} + p_{Cua} = P_2 + p_0 + p_{Cua} \\ &= P_2 + p_{Fe} + p_m + p_{ad} + p_{Cua} \\ &= P_2 + \sum p \end{aligned} \tag{1-11}$$

式中：$\sum p$——总损耗，$\sum p = p_{Fe} + p_m + p_{ad} + p_{Cua}$。

根据他励直流电动机的功率平衡方程式，可以画出其功率流程图，如图 1-16 所示。

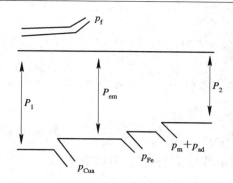

图 1-16 他励直流电动机的功率流程图

直流电动机的效率 η 为

$$\eta = \frac{P_2}{P_1} \times 100\% = \frac{P_1 - \sum p}{P_1} \times 100\% \tag{1-12}$$

下面讨论直流电动机功率和转矩之间的关系。

根据电磁功率的公式(1-6)可得

$$T = \frac{P_{em}}{\Omega} = \frac{P_{em}}{2\pi n/60} = 9.55 \frac{P_{em}}{n} \tag{1-13}$$

同理

$$T_2 = \frac{P_2}{\Omega} = 9.55 \frac{P_2}{n} \tag{1-14}$$

$$T_0 = \frac{p_0}{\Omega} = 9.55 \frac{p_0}{n} \tag{1-15}$$

电动机在额定状态运行时，$P_2 = P_N$，$T_2 = T_N$，$n = n_N$，则

$$T_N = \frac{P_N}{\Omega_N} = 9.55 \frac{P_N}{n_N}$$

例 1.5 一台他励直流电动机接在 220 V 的电网上运行，已知 $a=1$，$p=2$，$N=372$，$n=1500$ r/min，$\Phi = 1.1 \times 10^{-2}$ Wb，$R_a = 0.208$ Ω，$p_{Fe} = 362$ W，$p_m = 204$ W，忽略附加损耗，求：

（1）此电机是发电机运行还是电动机运行？

（2）输入功率、电磁功率和效率；

（3）电磁转矩、输出转矩和空载阻转矩。

解 （1）判断一台电机是何种运行状态，可比较电枢电动势和端电压的大小。

$$E_a = \frac{pN}{60a}\Phi n = \left(\frac{2 \times 372}{60 \times 1} \times 1.1 \times 10^{-2} \times 1500\right) = 204.6 \text{ V}$$

因为 $U > E_a$，所以此电机是电动机运行状态。

（2）求输入功率 P_1、电磁功率 P_{em} 和效率 η：

根据 $U = E_a + I_a R_a$，得电枢电流为

$$I_a = \frac{U - E_a}{R_a} = \frac{220 - 240.6}{0.208} \approx 74 \text{ A}$$

输入功率为

$$P_1 = U I_a = 220 \times 74 = 16\ 280 \text{ W} = 16.28 \text{ kW}$$

电磁功率为

$$P_{em} = E_a I_a = 204.6 \times 74 = 15\ 140.4\ \text{W} \approx 15.14\ \text{kW}$$

输出功率为

$$P_2 = P_{em} - p_{Fe} - p_m = 15\ 140.4 - 362 - 204 = 14\ 574.4\ \text{W} \approx 14.57\ \text{kW}$$

效率为

$$\eta = \frac{P_2}{P_1} \times 100\% = \frac{14.57}{16.28} \times 100\% \approx 89.5\%$$

(3) 求电磁转矩 T、输出转矩 T_2 和空载阻转矩 T_0:

电磁转矩为

$$T = 9.55\frac{P_{em}}{n} = 9.55 \times \frac{15\ 140.4}{1500} \approx 96.39\ \text{N} \cdot \text{m}$$

输出转矩为

$$T_2 = 9.55\frac{P_2}{n} = 9.55 \times \frac{14\ 574.4}{1500} \approx 92.79\ \text{N} \cdot \text{m}$$

空载阻转矩为

$$T_0 = T - T_2 = 96.39 - 92.79 = 3.6\ \text{N} \cdot \text{m}$$

1.6　直流电动机的工作特性

直流电动机的工作特性是指端电压 $U = U_N =$ 常数,励磁电流 $I_f = I_{fN}$(串励除外),电枢回路不串附加电阻时,电动机的转速 n、电磁转矩 T 和效率 η 与输出功率 P_2(或电枢电流 I_a)之间的关系。

直流电动机的工作特性因励磁方式不同,差别很大,但他励和并励直流电动机的工作特性很相近,下面我们着重讨论他励直流电动机的工作特性。由于串励直流电动机的工作特性很有特点,因此也作简单介绍。

1.6.1　他励直流电动机的工作特性

他励直流电动机的接线图如图 1-15 所示。

1. 转速特性

转速特性是指 $U = U_N$,$I_f = I_{fN}$ 时,$n = f(I_a)$ 的关系曲线。

把公式 $E_a = C_e \Phi n$ 代入电动势平衡方程式 $U = E_a + I_a R_a$ 中,可得

$$n = \frac{U - I_a R_a}{C_e \Phi} \tag{1-16}$$

上式即为他励直流电动机的转速公式。若忽略电枢反应的去磁作用,则 Φ 与 I_a 无关,是一个常数,上式可写成直线方程式:

$$n = \frac{U}{C_e \Phi} - \frac{R_a}{C_e \Phi} I_a = n_0 - \beta I_a \tag{1-17}$$

式中:n_0——理想空载转速,即 $I_a = 0$ 时的转速,$n_0 = U/(C_e \Phi)$;

　　β——直线斜率,$\beta = R_a/(C_e \Phi)$。

显然，由式(1-17)可知转速特性曲线 $n=f(I_a)$ 应是一条向下倾斜的直线，即电动机转速 n 随着电枢电流 I_a 的增大而降低。但实际上直流电动机的磁路总是设计得比较饱和的，当电动机的输出功率 P_2 增加，电枢电流 I_a 相应增加时，根据式(1-16)可知电阻压降 $I_a R_a$ 增大，使转速 n 下降，而电枢反应的去磁作用又会使转速升高。为了保证电动机稳定运行，在电动机结构上采取了一些措施。通常电枢电阻压降的影响较大，使他励直流电动机具有略为下降的转速特性，如图 1-17 所示。

2. 转矩特性

转矩特性是指 $U=U_N$，$I_f=I_{fN}$ 时，$T=f(P_2)$ 的关系曲线。由图 1-17 可知，当负载 P_2 增大时，他励直流电动机的转速特性曲线是一条略为下降的直线，即 P_2 变化时，转速 n 基本不变，因此空载阻转矩 T_0 在 P_2 变化时也基本不变，而 $T_2=P_2/\Omega=P_2/(2\pi n/60)$，当 n 基本不变时，T_2 与 P_2 成正比，$T_2=f(P_2)$ 是一条过原点的直线。所以根据 $T=T_2+T_0$ 即可得到 $T=f(P_2)$ 是一条直线。因为实际上当 P_2 增加时转速 n 有所降低，所以

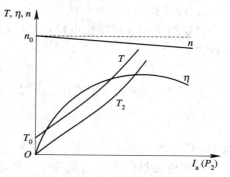

图 1-17　他励直流电动机的工作特性

$T_2=f(P_2)$ 和 $T=f(P_2)$ 并不完全是直线，而是略为向上翘起，如图 1-17 所示。

3. 效率特性

效率特性是指 $U=U_N$，$I_f=I_{fN}$ 时，$\eta=f(I_a)$ 的关系曲线。

直流电动机的效率是指输出功率 P_2 与输入功率 P_1 之比的百分值，他励直流电动机的效率为(不计附加损耗)

$$\eta=\frac{P_2}{P_1}\times 100\%=\left(1-\frac{\sum p}{P_1}\right)\times 100\%$$

$$=\left(1-\frac{p_0+p_{Cua}}{UI_a}\right)\times 100\%$$

$$=\left(1-\frac{p_m+p_{Fe}+I_a^2 R_a}{UI_a}\right)\times 100\% \tag{1-18}$$

当 $U=U_N$，$I_f=I_{fN}$ 时，他励直流电动机的气隙磁通和转速随负载电流 I_a 的变化而变化得很小，可以认为铁损耗 p_{Fe} 和机械损耗 p_m 是基本不变的，即 $p_0=p_{Fe}+p_m$ 为不变损耗。电枢回路的铜损耗 p_{Cua} 是随着负载电流 I_a 的变化而变化的量，为可变损耗。

从式(1-18)中可以看出，效率 η 是电枢电流 I_a 的二次曲线，典型的曲线形状如图 1-17 所示。如果对该式求导，并令 $d\eta/dI_a=0$，则可得到他励直流电动机获得最大效率的条件，即

$$p_0=p_{Cua} \tag{1-19}$$

由此可见，当可变损耗等于不变损耗时，电动机的效率最高；当 I_a 再进一步增加时，可变损耗在总损耗中的比例增加，效率 η 反而略有下降。这一结论具有普遍意义，对其他电动机也同样适用。最高效率一般出现在输出功率为 3/4 额定功率左右。在额定功率时，一般中、小型电动机的效率在 $75\%\sim 85\%$ 之间，大型电动机的效率在 $85\%\sim 94\%$ 之间。

1.6.2 串励直流电动机的工作特性

串励直流电动机的接线图如图 1-18 所示,串励直流电动机的特点是励磁绕组与电枢绕组串联,$I_f = I_a$,气隙主磁通 Φ 随 I_a 的变化而变化。在求取工作特性时,保持 $U = U_N$。

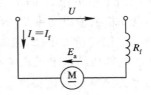

图 1-18　串励直流电动机的接线图

1. 转速特性 $n = f(I_a)$

根据图 1-18 可写出串励直流电动机的电动势平衡方程式为

$$U = E_a + I_a(R_a + R_f)$$

把 $E_a = C_e\Phi n$ 代入上式中,可得串励电动机的转速公式为

$$n = \frac{U - I_a(R_a + R_f)}{C_e\Phi} = \frac{U - I_a R_a'}{C_e\Phi} \tag{1-20}$$

式中：$R_a' = R_a + R_f$。

由于电动机的励磁电流等于电枢电流,当输出功率增大时,电枢电流 I_a 也增大,一方面使电枢回路的总电阻压降 $I_a R_a'$ 增大,另一方面使磁通 Φ 也增大。从转速公式看,这两方面的作用都将使转速降低,因此转速随电枢电流 I_a 的增大而迅速下降,这是串励电动机的特点之一,如图 1-19 所示。当 P_2 很小时,I_a 即 I_f 很小,电动机转速将很高。空载时,$I_a \approx 0$,Φ 趋近于 0,理论上,电动机的转速将趋于无穷大,这可使转子遭到破坏,即"飞车",甚至造成人身事故。因此串励电动机不允许空载启动或空载运行。

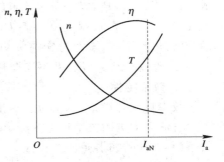

图 1-19　串励直流电动机的工作特性

2. 转矩特性 $T = f(I_a)$

由于 $T = C_T \Phi I_a$,当 I_a 较小时,磁路未饱和,磁通 Φ 正比于励磁电流即电枢电流 I_a,因此电磁转矩 T 正比于 I_a^2,此时电磁转矩随着 I_a 的增加而迅速上升,$T = f(I_a)$ 是一条抛物线；随着 I_a 的继续增加,磁路逐渐饱和,T 正比于 I_a,此时转矩线性增加,比抛物线上升得慢,如图 1-19 所示。

综合以上分析,由图 1-19 可知,电动机的转速越低,电磁转矩越大,因此串励电动机具有较大的启动转矩($n = 0$ 时的电磁转矩)；当负载转矩增加时,为了产生更大的电磁转矩来平衡负载转矩,电动机的转速会自动降低,从而使功率变化不大,电动机也不至于因负载转矩增大而过载太多,因此串励电动机常用于拖动电力机车等重负载。

3. 效率特性 $\eta = f(I_a)$

串励电动机的效率特性和他励电动机相似,如图 1-19 中的曲线所示。但必须指出,由于磁通 Φ 随电枢电流 I_a 的增大而增大,使串励电动机的铁损耗将随 I_a 的增大而略增大,由于转速 n 随 I_a 的增大而降低,使机械损耗则随 I_a 的增大而减小,因此 $p_0 = p_{Fe} + p_m$ 基本上保持不变；但励磁损耗 $p_{Cuf} = I_a^2 R_f$ 随 I_a 的平方而变化,并列入可变损耗中去,故当 $p_0 = I_a^2 R_a'$ 时,串励电动机的效率达到最大值。

小　结

1. 直流电机的基本工作原理

直流电机的工作原理是建立在电磁感应定律和安培定律的基础上的。在不同的外部条件下,电机中能量转换的方向是可逆的。如果从轴上输入机械能,当电枢绕组中感应电动势大于端电压时,则电机运行于发电机状态;如果从电枢输入电能,当电枢绕组中感应电动势小于端电压时,则电机运行于电动机状态,从轴上输出机械能。

2. 基本结构和铭牌数据

旋转电机都是由静止部分和旋转部分组成的。直流电机静止部分称为定子,其主要作用是建立主极磁场;旋转部分称为转子,其主要作用是产生电磁转矩和感应电动势,实现能量转换,故直流电机的转子又称为电枢。

直流电机的铭牌数据包括额定功率、额定电压、额定电流、额定转速、额定励磁电压及额定励磁电流等,它们是正确选择电机的依据,必须充分理解每个额定值的含义。

3. 直流电机的磁场

直流电机的励磁方式有他励、并励、串励和复励,采用不同的励磁方式,电机的特性就不同。直流电机的磁场是由励磁绕组和电枢绕组共同产生的,电机空载时,只有励磁电流建立的主极磁场;负载时,电枢绕组有电枢电流流过,产生电枢磁场,电枢电流产生的电枢磁场对主极磁场的影响称为电枢反应。电枢反应不仅使主极磁场产生畸变,而且还有一定的去磁作用。

4. 基本公式和基本方程式

无论是电动机还是发电机,负载运行时,电枢绕组都产生感应电动势和电磁转矩:$E_a = C_e \Phi n$,E_a 与每极磁通 Φ 及转速 n 成正比;$T = C_T \Phi I_a$,T 与每极磁通 Φ 及电枢电流 I_a 成正比。

直流电动机的基本方程式包括电路系统的电动势平衡方程式、机械系统的转矩平衡方程式以及表达电动机内、外机电能量转换关系的功率平衡方程式。这些方程式说明了直流电动机的运行原理,必须熟练掌握。但应注意,励磁方式不同时,电动势平衡方程式和功率平衡方程式稍有不同。

5. 工作特性

直流电动机的工作特性与励磁方式有密切关系。他励直流电动机的工作特性是应掌握的重点内容,其特点是:当负载变化时,转速变化很小,电磁转矩基本上正比于电枢电流的变化。串励电动机的特点是:负载变化时,转速变化很大。励磁电流与主磁通同时改变,电磁转矩在磁路不饱和时正比于电枢电流的平方。

思考与练习题

1.1　直流电机的感应电动势和电磁转矩是怎样产生的?感应电动势和电磁转矩各与

什么因素有关?

1.2 在直流电动机中是否存在感应电动势?在直流发电机中是否存在电磁转矩?各是什么性质?

1.3 直流电机有哪些主要部件?各用什么材料制成?各起什么作用?

1.4 直流电机里的换向器在发电机和电动机中各起什么作用?

1.5 一台四极直流电动机,试分析在下列状态下有无电磁转矩:

(1) 励磁绕组接线使主磁极极性变为 N-N-S-S;

(2) 主磁极极性和(1)相同,但将两 N 极和两 S 极间的电刷拿掉,另两个电刷加直流电压。

1.6 一台直流发电机,其额定功率 $P_N=100$ kW,额定电压 $U_N=230$ V,额定转速 $n_N=1450$ r/min,求其额定电流。

1.7 一台直流电动机,其额定功率 $P_N=17$ kW,额定电压 $U_N=220$ V,额定转速 $n_N=1500$ r/min,额定效率 $\eta_N=85\%$,试求:

(1) 该电动机的额定电流 I_N;

(2) 额定负载时的输入功率 P_1。

1.8 什么是主磁通和漏磁通?其作用分别是什么?

1.9 直流电机的空载磁场是由什么磁动势建立的?为什么?

1.10 什么是电枢反应?电枢反应对气隙磁场有什么影响?

1.11 一台直流发电机,当 $n_N=1450$ r/min 时,其感应电动势 $E_a=235$ V,当转速为 1200 r/min 时,感应电动势为多少?当在额定转速且磁通减小为原来的 90% 时,感应电动势又为多少?

1.12 如何判断一台直流电机是发电机还是电动机运行?

1.13 一台他励直流电动机,$U_N=220$ V,$P_N=10$ kW,$\eta_N=90\%$,$n_N=1200$ r/min,$R_a=0.044$ Ω。求:

(1) 额定负载时的电枢电动势和电磁功率;

(2) 额定负载时的电磁转矩、输出转矩和空载转矩。

1.14 一台并励直流电动机,$U_N=220$ V,$I_N=80$ A,$R_a=0.1$ Ω,励磁绕组电阻 $R_f=88.8$ Ω,$\eta_N=85\%$。试求:

(1) 电动机的额定输入功率和额定输出功率;

(2) 电动机的总损耗;

(3) 电动机的电枢铜损耗。

1.15 一台并励直流电动机,$U_N=220$ V,$R_a=0.316$ Ω,理想空载转速 $n_0=1000$ r/min。试求:电枢电流 $I_a=50$ A 时,电动机的电枢电动势、转速、电磁功率和电磁转矩。

1.16 什么是直流电动机的工作特性?有哪些工作特性?

1.17 他励和串励直流电动机的工作特性有何区别?

1.18 一台他励直流电动机拖动一台他励直流发电机,在额定转速下运行。当发电机的电枢电流增加时,电动机的电枢电流为什么相应增加?试分析其原因。

第 2 章 直流电动机的电力拖动

电动机作为原动机，生产机械为负载，电动机带动生产机械运转的方式，称为电力拖动。电力拖动系统是由电动机拖动，并且通过传动机构带动生产机械运动的一个动力学系统。电力拖动系统一般由电动机，生产机械的工作机构、传动机构、控制设备及电源五个部分组成，如图 2 - 1 所示。

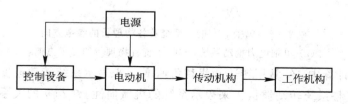

图 2 - 1 电力拖动系统的组成

电动机作为系统的原动机，拖动生产机械的工作机构。电动机和工作机构间通过传动机构进行连接。控制设备由各种控制电器元件、工业控制计算机、可编程控制器等组成，用以控制电动机的运动，从而对生产机械的运动实现自动控制。电源为电动机和控制设备提供电能。常见的电力拖动系统有洗衣机、水泵、机床、电梯等。

本章就拖动系统的运动方程式、运动状态、机械特性、启动、反转、调速及制动进行研究分析。

2.1 电力拖动系统的运动方程式

在电力拖动系统中，电动机有不同的种类和特性，生产机械的负载性质也各不相同，运动形式各种各样，但从动力学的角度来看，它们都服从动力学的统一规律，所以在研究电力拖动系统时，必须先分析电力拖动系统的动力学问题。

2.1.1 单轴电力拖动系统的运动方程式

单轴电力拖动系统就是电动机的轴与生产机械的轴直接连接的系统,如图2-2(a)所示。作用在该连接轴上的转矩有电动机的电磁转矩 T、电动机的空载阻转矩 T_0 及生产机械的负载转矩 T_L。设转轴的角速度为 Ω,系统的转动惯量为 J(包括电动机转子、联轴器和生产机械的转动惯量),系统各物理量的参考方向如图2-2(b)所示,则根据动力学定律,可得到系统的运动方程为(T_0 很小,可忽略)

$$T - T_L = J \frac{\mathrm{d}\Omega}{\mathrm{d}t} \tag{2-1}$$

式中: T——电动机的电磁转矩,即拖动转矩(N·m);

T_L——生产机械的负载转矩,即阻转矩(N·m);

J——系统的转动惯量(kg·m²);

Ω——转轴的机械角速度(rad/s);

t——时间(s)。

式(2-1)为单轴电力拖动系统的运动方程式,它描述了作用在单轴拖动系统的转矩与转速变化率之间的关系,是分析电力拖动系统各种运转状态的基础。

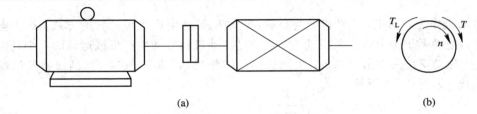

(a)   (b)

图2-2 单轴电力拖动系统及各物理量的参考方向

(a)单轴电力拖动系统;(b)系统各物理量的参考方向

在实际工程计算中,经常用转速 n 代替角速度 Ω 来表示系统转动速度,用飞轮惯量或称飞轮矩 GD^2 代替系统转动惯量 J 来表示系统的机械惯性。Ω 与 n 的关系, J 与 GD^2 的关系分别如下:

$$\Omega = \frac{2\pi n}{60} \tag{2-2}$$

$$J = m\rho^2 = \frac{G}{g}\frac{D^2}{4} = \frac{GD^2}{4g} \tag{2-3}$$

将式(2-2)和式(2-3)代入式(2-1),化简得

$$T - T_L = \frac{GD^2}{375}\frac{\mathrm{d}n}{\mathrm{d}t} \tag{2-4}$$

以上各式中: m ——系统转动部分的质量(kg);

ρ 与 D ——系统转动部分的惯性半径与惯性直径(m);

G ——系统转动部分的重力(N);

g ——重力加速度,取 $g=9.8$ m/s²;

GD^2——转动部分的飞轮矩,是一个整体的物理量,反映了转动体的惯性大小(N·m²)。

式(2-4)是电力拖动系统运动方程的实用形式。式中的 T、T_L 和 n 都是有方向的量，计算时必须正确确定各量的正、负号，才能正确反映各量之间的动力学关系。一般首先确定转速 n 的正方向，若电磁转矩 T 的方向与转速 n 的正方向相同，则 T 为正，反之，则 T 为负；若负载转矩 T_L 与转速 n 的正方向相反，则 T_L 为正，反之，则 T_L 为负。

转速的正方向可任意选取，即选顺时针或逆时针，但工程上一般对起重机械选取提升重物时的转速方向为正，龙门刨床工作台则以切削时的转速方向为正等。

2.1.2　电力拖动系统的运动状态分析

式(2-4)描述了电力拖动系统的转矩与转速变化率之间的关系，由此式可知电力拖动系统的转速变化率 $\mathrm{d}n/\mathrm{d}t$(加速度)是由 $T-T_L$ 决定的，$T-T_L$ 称为动态转矩，因此根据式(2-4)可分析电力拖动系统的运动状态。

首先规定某一旋转方向为转速的正方向，即 $n>0$。在此旋转方向下，根据式(2-4)分析电力拖动系统的运动状态如下：

(1) 当 $T=T_L$ 时，$\mathrm{d}n/\mathrm{d}t=0$，$n=0$ 或 $n=$ 常数，即电力拖动系统处于静止或匀速运转的稳定运行状态。

(2) 当 $T>T_L$ 时，$\mathrm{d}n/\mathrm{d}t>0$，电力拖动系统处于加速状态(过渡过程中)。

(3) 当 $T<T_L$ 时，$\mathrm{d}n/\mathrm{d}t<0$，电力拖动系统处于减速状态(过渡过程中)。

由分析可知，当 $T=T_L$ 时，系统处于稳定运转状态。但当受到外界的干扰，如负载转矩 T_L 的增加或减小，电源电压的变化等影响时，系统平衡将被打破，转速将发生变化。对于一个稳定的电力拖动系统来说，当系统的平衡状态被打破后，应具有恢复新的平衡状态的能力，在新的平衡状态下稳定运行。

以上分析的是单轴电力拖动系统中，转矩与转速之间的变化关系。单轴运动系统比较简单，但实际的电力拖动系统多数是多轴运动系统，如图2-3(a)所示。电动机与负载之间装有变速装置，如齿轮减速箱、蜗轮蜗杆、带轮等。分析多轴系统的运动状态时，可对各转轴分别列出运动方程式，然后联立求解。这种方法计算时非常复杂。为了简化计算，通常是把实际的多轴系统折算为一个等效的单轴系统，折算的原则是保持拖动系统在折算前后，其传送的功率和储存的动能不变。如图2-3(b)所示，多轴多速的系统可简化等效为单轴系统。具体的折算方法在此不做阐述，可查阅其他的书籍。

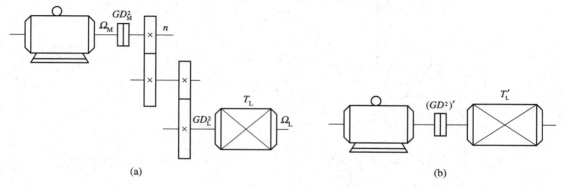

图 2-3　多轴电力拖动系统

(a) 多轴电力拖动系统；(b) 多轴电力拖动系统等效为单轴系统

2.2 生产机械的负载转矩特性

电力拖动系统的运动方程式集电动机的电磁转矩 T、生产机械的负载转矩 T_L 及系统的转速 n 之间的关系于一体，定量地描述了拖动系统的运动规律。但是要根据运动方程式分析系统的运动状态，首先必须知道电动机的机械特性 $n=f(T)$ 和生产机械的负载转矩特性 $n=f(T_L)$。

生产机械的转速 n 与其负载转矩 T_L 之间的关系称为负载转矩特性。生产机械的种类很多，它们的负载转矩特性也各不相同，但可以大致归纳为以下三种类型。

1. 恒转矩负载特性

负载转矩 T_L 的大小为一恒定值，与转速 n 无关，这种特性称为恒转矩负载特性。恒转矩负载又可分为反抗性恒转矩负载和位能性恒转矩负载两种。

(1) 反抗性恒转矩负载特性。

反抗性恒转矩负载的特点是，负载转矩的大小恒定不变，但负载转矩的方向总是与生产机械的运动方向相反，当运动方向改变时，负载转矩的方向也随之改变，即 $n>0$ 时，$T_L>0$；$n<0$ 时，$T_L<0$，但 T_L 的绝对值保持不变。其负载转矩特性曲线如图 2-4 所示，总在第一或第三象限。但应注意：$n=0$ 时，负载转矩 T_L 不存在。如皮带运输机、轧钢机、机床的刀架平移和行走机构等都是反抗性恒转矩负载。

(2) 位能性恒转矩负载特性。

位能性恒转矩负载的特点是，负载转矩的大小恒定，而且具有固定的方向，不随转速方向的改变而改变，即 $n>0$ 时，$T_L>0$，负载转矩为制动转矩(阻转矩)；$n<0$ 时，$T_L>0$，负载转矩为拖动转矩。这种负载的转矩特性如图 2-5 所示，总是在第一或第四象限。但应注意：$n=0$ 时，负载转矩 T_L 的大小及方向仍不变。如起重类机械提升和下放重物时产生的负载转矩，是典型的位能性恒转矩负载，无论是提升重物，还是下放重物，或静止，负载转矩的大小及方向都不变。

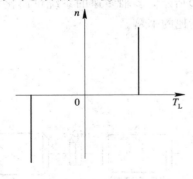
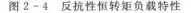

图 2-4 反抗性恒转矩负载特性

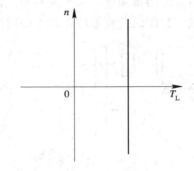

图 2-5 位能性恒转矩负载特性

2. 恒功率负载特性

恒功率负载的特点是负载的功率为一恒定值，这时负载的功率值为

$$P_L = T_L \Omega = T_L \frac{2\pi n}{60} = 常数$$

上式说明负载转矩 T_L 与转速 n 成反比。转速升高时,负载转矩减小;转速降低时,负载转矩增大,负载功率不变。如车床的切削加工,粗加工时,切削量大,切削阻力大,负载转矩大,用低速切削;精加工时,切削量小,切削阻力小,负载转矩小,用较高的速度切削,从而保持负载功率恒定。恒功率负载的机械特性如图 2 - 6 所示。

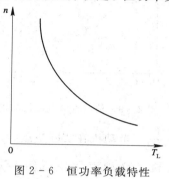

图 2 - 6　恒功率负载特性

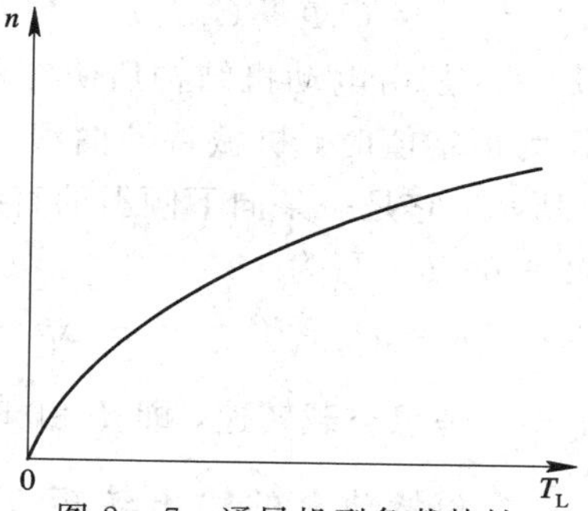

图 2 - 7　通风机型负载特性

3. 通风机型负载特性

风机、水泵和油泵等通风机型负载的特点是,负载转矩的大小与转速的平方成正比,即 $T_L = Kn^2$,式中 K 为比例常数。负载转矩特性如图 2 - 7 所示。

以上所述的三种负载特性是从实际中概括出来的比较典型的负载转矩特性。实际的负载转矩特性往往是几种典型特性的综合。例如实际鼓风机,除了有风机负载特性外,轴上还有一个摩擦转矩,为反抗性的恒转矩,所以实际的鼓风机负载转矩特性应为风机负载转矩特性与恒转矩负载特性的组合。

2.3　他励直流电动机的机械特性

他励直流电动机的机械特性是指电动机的电枢电压 U、气隙磁通 Φ 及电枢电路总电阻为恒定值时,电动机的转速 n 与电磁转矩 T 的关系曲线,即 $n = f(T)$。这是电动机最重要的特性。

根据电力拖动系统运动方程式,可将电动机的机械特性与负载的转矩特性相互联系起来,对电力拖动系统的稳定运行和动态过程进行分析和计算。

2.3.1　他励直流电动机的机械特性方程式

直流电动机的机械特性方程式可由直流电动机的基本方程式推导出。如图 2 - 8 所示为他励直流电动机的接线图,根据基尔霍夫电压定律可列出直流电动机的电动势平衡方程式为

$$U = E_a + I_a(R_a + R_{pa}) = E_a + I_a R$$

式中,R_{pa} 为电枢电路外串电阻,$R = R_a + R_{pa}$。

将 $E_a = C_e \Phi n$ 代入上式可得转速特性方程式为

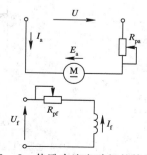

图 2 - 8　他励直流电动机的接线图

$$n = \frac{U - I_a R}{C_e \Phi} \qquad (2-5)$$

根据 $T = C_T \Phi I_a$，得 $I_a = \dfrac{T}{C_T \Phi}$，再代入式(2-5)可得机械特性方程式为

$$n = \frac{U}{C_e \Phi} - \frac{R}{C_e C_T \Phi^2} T \qquad (2-6)$$

式中，C_e、C_T 是由电动机结构所决定的常数，当 U、Φ、R 为恒定值时，机械特性曲线 $n = f(T)$ 如图 2-9 所示，它是一条向下倾斜的直线。

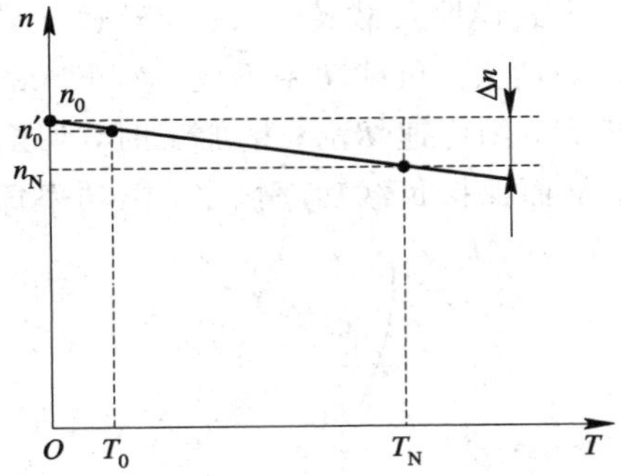

式(2-6)又可写为

$$n = n_0 - \beta T = n_0 - \Delta n \qquad (2-7)$$

图 2-9 他励直流电动机的机械特性

式中：n_0——理想空载转速，即 $T=0$ 时的转速，$n_0 = \dfrac{U}{C_e \Phi}$。电动机在实际空载状态运行时，

虽然轴上的输出转矩 $T_2 = 0$，但电动机还必须克服空载阻转矩 T_0，使 $T = T_0 \neq 0$。所以实际空载转速 n_0' 略低于理想空载转速 n_0。

β——机械特性的斜率，$\beta = \dfrac{R}{C_e C_T \Phi^2}$。$\beta$ 值越小，直线的倾斜度越小，转速随转矩的变化越小，机械特性越硬；β 值越大，直线的倾斜度越大，机械特性越软。机械特性的软硬是相对的，没有严格的界限。

Δn——转速降，$\Delta n = \dfrac{RT}{C_e C_T \Phi^2} = \beta T$。$\beta$ 值越大，在相同的电磁转矩下，转速降也越大，电动机的转速也就越低。

2.3.2 他励直流电动机的固有机械特性

当电动机的电源电压 $U = U_N$，每极磁通 $\Phi = \Phi_N$，电枢电路不串入附加电阻，即 $R_{pa} = 0$ 时的机械特性，称为固有机械特性。根据式(2-6)可得固有机械特性的方程式为

$$n = \frac{U_N}{C_e \Phi_N} - \frac{R_a}{C_e C_T \Phi_N^2} T \qquad (2-8)$$

固有机械特性曲线如图 2-10 所示，由于电枢电路没有串入附加电阻，而电枢绕组的电阻值 R_a 较小，特性曲线的斜率较小，因此他励电动机的固有机械特性曲线较硬。

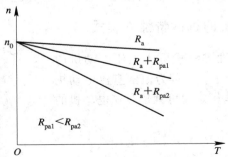

图 2-10 他励直流电动机的固有机械特性和电枢串电阻时的人为机械特性

2.3.3　他励直流电动机的人为机械特性

直流电动机在实际应用中，其固有的机械特性曲线往往不能满足使用的要求，这时可人为地改变式(2-6)中的电源电压 U、每极磁通 Φ 和电枢电路串接的附加电阻 R_{pa} 三个量中的任意一个量，从而改变电动机的机械特性，这样得到的机械特性称为人为机械特性。下面分别介绍典型的三种人为机械特性。

1. 电枢电路串电阻时的人为机械特性

电枢电路串电阻时的人为机械特性是指保持电源电压 $U=U_N$，每极磁通 $\Phi=\Phi_N$，在电枢电路串接附加电阻 R_{pa} 时的机械特性。其机械特性方程式为

$$n = \frac{U_N}{C_e\Phi_N} - \frac{R_a + R_{pa}}{C_e C_T \Phi_N^2}T \qquad (2-9)$$

与固有机械特性相比较可知，理想空载转速 n_0 不变，特性曲线的斜率 β 增大，转速降增大。R_{pa} 越大，β 和 Δn 也越大，特性曲线变软。机械特性如图 2-10 所示，是一组 n_0 相同的人为机械特性曲线。

2. 改变电枢电压时的人为机械特性

改变电压时的人为机械特性是指保持每极磁通 $\Phi=\Phi_N$，电枢电路不串接附加电阻 ($R_{pa}=0$)，仅改变(降低)电压时的机械特性。其机械特性方程式为

$$n = \frac{U}{C_e\Phi_N} - \frac{R_a}{C_e C_T \Phi_N^2}T \qquad (2-10)$$

由于受电动机绝缘强度限制，改变电压时，仅限于在额定电压的基础上降低电压，因此该人为机械特性与固有机械特性相比，理想空载转速 n_0 随电压 U 的降低成正比降低，特性曲线的斜率 β 不变。机械特性如图 2-11 所示，为一组平行于固有机械特性的直线。

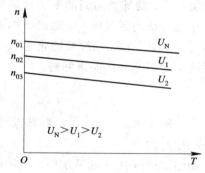

图 2-11　降低电枢电压时的人为机械特性

3. 改变磁通时的人为机械特性

改变磁通时的人为机械特性是指保持电源电压 $U=U_N$，电枢电路不串附加电阻($R_{pa}=0$)，减小磁通 Φ 时的机械特性。其机械特性方程式为

$$n = \frac{U_N}{C_e\Phi} - \frac{R_a}{C_e C_T \Phi^2}T \qquad (2-11)$$

由于电动机在设计制造时，磁通 Φ 已接近于饱和，不容易增加，磁通一般只能在额定值的基础上减弱，因此该人为特性与固有机械特性相比，理想空载转速 n_0 随磁通 Φ 的减小而升高，斜率 β 随磁通 Φ 的平方成反比地增大，机械特性变软。不同磁通时的机械特性如图 2-12 所示，这是一组 n_0 升高，斜率 β 变大的直线。

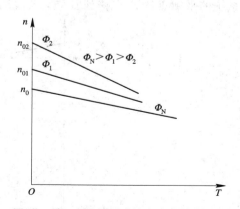

图 2-12　减弱磁通时的人为机械特性

2.4 电力拖动系统稳定运行的条件

电力拖动系统是由电动机和生产机械负载构成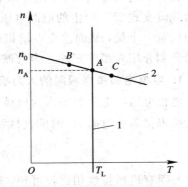
的，在分析电力拖动系统的运行情况时，通常是把电
动机的机械特性和负载转矩特性画在同一直角坐标
系内，如图 2－13 所示。直线 1 为恒转矩负载特性，
直线 2 为电动机的机械特性，在两特性的交点 A 点
处电磁转矩与负载转矩大小相等，方向相反，相互平
衡，因此 A 点称为平衡点。根据电力拖动系统的运
动方程可知，当 $T＝T_L$ 时，系统应该在 A 点稳定运
行，但是仅根据 $T＝T_L$ 还不能说明系统一定能够在
该点稳定运行，这是因为实际的电力拖动系统运行

图 2－13 电力拖动系统稳定运行分析

时，经常会出现一些小的干扰，如电源电压和负载转矩的波动等，当电力拖动系统在两特
性交点上稳定运行时，若突然出现干扰，则原来的转矩平衡关系将被打破，电动机的转速
就会发生变化。所谓稳定运行，就是指电力拖动系统在某种外界因素的扰动下，离开原来
的平衡状态，能够到达新的平衡状态；当"扰动"消失后，仍能恢复到原来的平衡状态。

在电力拖动系统中，电动机的机械特性与负载转矩特性有交点，即 $T＝T_L$ 仅是系统稳
定运行的必要条件。系统要稳定运行，还需要两条特性配合恰当。可以证明，电力拖动系
统稳定运行的充分必要条件是

$$\frac{dT}{dn} < \frac{dT_L}{dn} \qquad （在 T＝T_L 处） \tag{2-12}$$

在实际中可用式(2－12)判断系统的稳定性，满足此条件，系统就是稳定的，否则系统
就是不稳定的。

如图 2－14 所示的系统中，恒转矩负载特性与下降的电动机机械特性配合，在两特性
的交点 A 处，T 增加时 n 减小，即 $dT/dn<0$，而负载转矩为常数，即 $dT_L/dn＝0$，所以在
交点 A 处，满足 $dT/dn<dT_L/dn$，故系统能稳定运行。它说明负载转矩波动时($T_{L1}→T_{L2}$)，
系统的平衡点从 A 点移到 B 点，若波动消失，系统的平衡点将从 B 点回到 A 点。

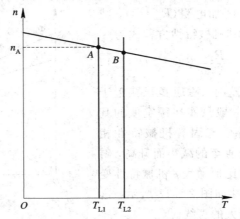

图 2－14 电力拖动系统负载转矩变化时的稳定运行分析

再如图 2 - 15 所示的系统中，在交点 A 处，电动机机械特性曲线上翘，即 $\mathrm{d}T/\mathrm{d}n>0$，负载仍为恒转矩，即 $\mathrm{d}T_\mathrm{L}/\mathrm{d}n=0$，因此 $\mathrm{d}T/\mathrm{d}n>\mathrm{d}T_\mathrm{L}/\mathrm{d}n$，不符合上述稳定运行的条件，系统不能在 A 点稳定运行。它说明若负载转矩 T_L 稍有下降，则转速 n 上升，如图中的 B 点，此时电磁转矩 T 也增大，使得转速 n 继续上升，无法到达新的平衡点。

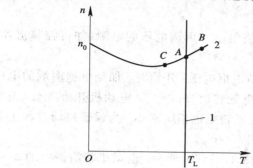

图 2 - 15　电力拖动系统的不稳定运行分析

2.5　他励直流电动机的启动和反转

电动机接通电源后，转子由静止状态开始加速，转速逐渐升高，直到转速稳定，这一过程为电动机的启动过程，简称启动。

电力拖动系统对直流电动机启动的要求是：

（1）启动时的启动转矩要足够大，启动转矩应大于负载转矩（$T_\mathrm{st}>T_\mathrm{L}$），使电动机能够在负载情况下顺利启动，且启动过程的时间尽量短一些。

（2）启动电流 I_st 不能太大，限制在允许的范围之内。因为启动电流很大，将使电动机换向困难，产生较强的火花，损坏电动机。

（3）启动控制设备简单，可靠经济，操作方便。

2.5.1　他励直流电动机的启动

直流电动机启动前，首先必须给电动机的励磁绕组通入额定的励磁电流，以便在气隙中建立额定的磁通，然后再进行启动。他励直流电动机的启动方法有全压启动、降压启动和电枢电路串电阻启动三种。

1. 全压启动

全压启动是他励直流电动机电枢两端直接加额定电压进行启动，亦称直接启动。这种启动方法在启动开始瞬间，电动机因为机械惯性作用，转速 $n=0$，电枢电动势 $E_\mathrm{a}=C_e\Phi n=0$，忽略电枢电路电感的作用，则启动瞬间的启动电流为

$$I_\mathrm{st}=I_\mathrm{a}=\frac{U_\mathrm{N}-E_\mathrm{a}}{R_\mathrm{a}}=\frac{U_\mathrm{N}}{R_\mathrm{a}} \tag{2-13}$$

由于他励直流电动机的电枢电阻 R_a 较小，这时的启动电流可达 $10\sim20$ 倍的额定电流，大的启动电流产生较强的火花，甚至产生环火，烧坏换向器和电刷，而且这个瞬间，启

动电流产生大的启动转矩 $T_{st}=C_T\Phi I_{st}$，使拖动系统受到冲击，损坏拖动系统的传动机构。所以只有小容量(几百瓦)的电动机允许全压(直接)启动。一般允许直流电动机的启动电流 $I_{st}=(1.5\sim2)I_N$，为此，对于大容量的直流电动机，在启动时必须限制启动电流，常用的方法是降低电源电压或在电枢电路串电阻。

2. 降压启动

降压启动是电动机的电枢绕组由一可调电压的电源(如可控整流器)供电，接线如图 2－16(a)所示。

启动时，由低向高连续调节电枢电压。开始时，加到电枢两端的电压应使得电枢电路的电流 I_{st} 不超过 $(1.5\sim2)I_N$，电磁转矩 $T_{st}>T_L$，电动机开始启动，随着转速的升高，E_a 也逐渐增大，电枢电流减小，电磁转矩也相应减小。为保证启动过程中有足够大的电磁转矩，电压必须不断地提高，直到 $U=U_N$。

降压启动时的机械特性如图 2－16(b)所示。电动机将沿图中的 $a\to b\to c\to\cdots\to k\to$加速到 p 点，电动机进入稳定运行，启动过程结束。

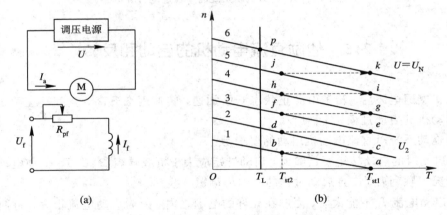

图 2－16　降压启动时的接线图及机械特性

(a) 接线图；(b) 机械特性

降压启动法在启动过程中损耗较小，启动平稳，便于实现自动化。

3. 电枢电路串电阻启动

电动机启动时，在他励电动机的电枢电路串接可调电阻 R_{st}，称为启动电阻，将启动电流 I_{st} 限制在允许值范围 $I_{st}=(1.5\sim2)I_N$。由于启动电流 $I_{st}=\dfrac{U_N}{R_a+R_{st}}$，则启动电阻为

$$R_{st}=\frac{U_N}{I_{st}}-R_a \tag{2－14}$$

电动机启动完毕后，理应将串接在电枢电路中的电阻 R_{st} 切除，使电动机在固有机械特性上运行。但 R_{st} 不能一次全部切除，若一次全部切除，会引起过大的电流冲击，因此，启动过程中，在启动电流的允许值范围内，先切除一部分电阻，待转速升高后，再切除一部分电阻，如此逐步地每次切除一部分，直到 R_{st} 全部切除为止，启动过程结束。这种启动方法称为串电阻分级启动，启动级数不宜过多，一般分为 $2\sim5$ 级。下面对分级启动法进行分析。

如图 2－17(a)所示为三级启动时的启动接线图。启动电阻分为三段，分别是 R_{st1}、R_{st2}

和 R_{st3}，它们与接触器的动合触点 KM_1、KM_2 和 KM_3 分别并联。通过时间继电器来控制接触器触点 KM_1、KM_2 和 KM_3 依次闭合，实现分级启动。启动过程如下：

电动机启动时，在电枢电路两端加上额定电压。在开始启动瞬间，触点 KM_1、KM_2 和 KM_3 是断开的，电动机电枢电路的总电阻为 $R_3 = R_a + R_{st1} + R_{st2} + R_{st3}$，启动转矩为 T_{st1}，且 $T_{st1} > T_L$。开始启动点为图 2 – 17(b) 所示的机械特性中的 a 点。

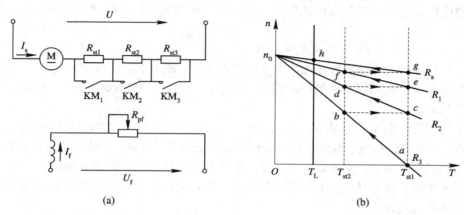

(a)　　　　　　　　　　　(b)

图 2 – 17　电枢电路串电阻启动时的接线图及机械特性

（a）接线图；（b）机械特性

电动机从 a 点开始启动，转速沿着 R_3 的机械特性上升，启动电流下降，电磁转矩减小，当转速上升至图中的 b 点时，电磁转矩减小为 T_{st2}，在此瞬间闭合 KM_1，切除启动电阻 R_{st1}，电枢电路的总电阻变为 $R_2 = R_a + R_{st2} + R_{st3}$，电动机由 R_3 的机械特性切换到 R_2 的机械特性上运行。切换瞬间转速不变，电枢电动势 E_a 不变，电枢电流突然增大，电磁转矩成比例增大。选择合适的分级启动电阻，使其转矩正好增大至 T_{st1}，运行点从 b 点跳到 c 点，此后转速又沿 R_2 的机械特性上升，期间启动电流下降，电磁转矩下降。当转速上升至 d 点时，闭合 KM_2，切除启动电阻 R_{st2}，电枢电路的总电阻变为 $R_1 = R_a + R_{st3}$，电动机运行点从 d 点跳至 e 点，电动机转速沿 R_1 机械特性上的 ef 段上升，启动电流下降。当转速升高到 f 点时，闭合 KM_3，切除最后一级启动电阻，运行点从 f 点过渡到固有特性曲线上的 g 点，此后电动机转速沿固有机械特性上升到 h 点。在该点处 $T = T_L$，电动机稳定运行，启动过程结束。

在电动机启动过程中，为减小启动时对系统生产机械的冲击，各级启动电阻的计算，应以在启动过程中最大启动电流 I_{st1}（或最大启动转矩 T_{st1}）与切换启动电流 I_{st2}（或切换启动转矩 T_{st2}）不变为原则。对普通的直流电动机通常取

$$I_{st1} = (1.5 \sim 2)I_N$$

$$I_{st2} = (1.1 \sim 1.2)I_N$$

各级启动电阻的计算可用图解法和解析法进行计算，在此不做阐述，具体的计算方法可查阅其他书籍。

2.5.2　他励直流电动机的反转

由于生产工艺需要，有些电力拖动系统要求电动机具有正反转的功能。

由第 1 章分析可知，电动机运行时的旋转方向与电磁转矩方向一致，若要改变旋转方向，就必须改变电动机电磁转矩的方向。由 $T=C_T\Phi I_a$ 可知，电磁转矩的方向取决于磁通和电枢电流的相互作用，所以只要改变磁通 Φ 和电流 I_a 中任意一个量的方向，则可改变电磁转矩方向，从而改变电动机的转动方向。具体方法有两种。

1）改变励磁电流的方向

保持电枢绕组两端电源电压的极性不变，将励磁绕组反接，使励磁电流反向，从而改变磁通 Φ 的方向。

2）改变电枢绕组两端电源电压的极性

保持励磁绕组的电压极性不变，将电枢绕组反接，使电枢电流改变方向。

如果励磁绕组和电枢绕组同时反接，磁通 Φ 和电流 I_a 同时都改变方向，则达不到电动机反转的目的。

由于他励直流电动机的励磁绕组匝数较多，电感较大，励磁电流由正向到反向的时间较长，建立反向励磁的过程缓慢，反向过程不能迅速进行。另外，在励磁绕组断开瞬间，会产生很高的感应电动势，使绕组绝缘击穿。所以在实际应用中，大多采用改变电枢电压极性的方法来实现直流电动机的正反转。但对于一些容量较大的电动机也可采用改变励磁电流的方向来实现反转。

2.6 他励直流电动机的调速

在实际生产中，有大量的生产机械，根据工艺要求，需对转速进行调节，如龙门刨床在切削过程中，刀具的切入和退出要求低速，中间一段切削用较高的速度，工作台的返回用高速。再如轧钢机，因轧制钢材的品种和厚度不同，需选择最佳速度。由此可见，生产机械的转速要求能够人为地进行调节，以满足生产工艺过程的需要。

调节生产机械的转速有两种方法：

（1）改变机械传动机构的速比，从而调节生产机械的转速，这种方法称为机械调速。

（2）改变电动机的电气参数，以改变电动机的转速，从而调节生产机械的转速，这种方法称为电气调速。这种调速方法的传动机构简单，可以实现无级调速，且易于实现电气自动化。本节只讨论电气调速。

电气调速是指在负载转矩不变的条件下，通过人为地改变电动机的有关电气参数，调节电力拖动系统的转速。必须注意调速与因负载变化而引起的速度变化是不同的。

根据他励直流电动机的机械特性方程式

$$n = \frac{U}{C_e\Phi} - \frac{R_a + R_{pa}}{C_eC_T\Phi^2}T$$

可以看出，当转矩 T 不变时，改变电枢电路串接的电阻 R_{pa}、电枢两端电压 U 和气隙磁通 Φ 都可以改变电动机的转速。因此他励直流电动机的调速方法有：电枢电路串电阻调速、降低电枢电压调速和弱磁调速三种。

2.6.1 调速指标

在实际工作中，为了比较各种调速方法的优劣，统一规定了一些技术和经济指标，作为调速的依据。

1. 调速范围 D

调速范围是指电动机在额定负载转矩下，可调到的最高转速 n_{max} 与最低转速 n_{min} 之比，用 D 表示，即

$$D = \frac{n_{max}}{n_{min}} \tag{2-15}$$

不同的生产机械对调速的范围要求不同，例如车床要求 $D=20\sim120$，龙门刨床要求 $D=10\sim40$，轧钢机要求 $D=3\sim120$，造纸机械要求 $D=3\sim20$ 等。

2. 静差率 δ

静差率是指电动机在某一条机械特性上运行时，由理想空载到额定负载运行的转速降 Δn_N 与理想空载转速 n_0 之比（用百分数表示），用 δ 表示，即

$$\delta = \frac{\Delta n_N}{n_0} \times 100\% = \frac{n_0 - n_N}{n_0} \times 100\% \tag{2-16}$$

静差率的大小反映了静态转速的相对稳定性，即负载转矩变化时，转速变化的程度。由他励直流电动机的机械特性可知，机械特性越硬，静差率越小，相对稳定性越好。

一般静差率 $\delta<50\%$，不同的生产机械要求不一样，如刨床要求 $\delta<10\%$，造纸机械要求 $\delta\leqslant0.19\%$，普通车床要求 $\delta\leqslant30\%$ 等。

静差率与调速范围相互制约，生产机械的静差率要求，限制了电动机允许达到的最低转速 n_{min}，从而限制了调速范围，因此调速的生产机械，必须同时给出这两项指标，以便选择合适的调速方法。

3. 调速的平滑性

调速的平滑性是指相邻两极（i 级和 $i-1$ 级）转速之比，用 φ 表示，即

$$\varphi = \frac{n_i}{n_{i-1}} \tag{2-17}$$

在允许的调速范围内调速级数越多，亦即每一级调节的量越小，调速的平滑性越好。显然，φ 愈接近 1，平滑性愈好，当 $\varphi=1$ 时，可看作无级调速。不同的生产机械对平滑性的要求不同。

4. 调速时的允许输出

允许输出是指电动机在得到充分利用时，调速过程中轴上能够输出的功率和转矩。电动机稳定运行时，实际输出的功率和转矩由负载的大小来决定，故应使调速方法适应负载的要求。

5. 调速的经济性

调速的经济性是指对调速设备的投资、运行过程中的电能损耗、维护费用等经济效果的综合比较。在满足一定的技术指标下，确定调速方案时，力求投资设备少，电能损耗小，且维护方便。

2.6.2　他励直流电动机的调速方法

1. 电枢电路串电阻调速

电枢电路串电阻调速是指保持电源电压 $U=U_N$，励磁磁通 $\Phi=\Phi_N$，通过在电枢电路串

接电阻 R_{pa} 进行调速。电枢电路串电阻调速时,电动机的机械特性如图 2-18 所示。从图中可以看出,负载转矩 T_L 不变,电枢电路未串接电阻时,电动机稳定运行在固有机械特性的 A 点上,转速为 n_A,当串入电阻 R_{pa1} 后,将在 C 点稳定运行,转速变为 n_C。串入 R_{pa2} 后,稳定工作点在 D 点,转速为 n_D。电枢电路串入不同的电阻,可得到不同的转速,串入的电阻 R_{pa} 越大,转速越低,达到了调速的目的。下面对调速的物理过程进行分析。

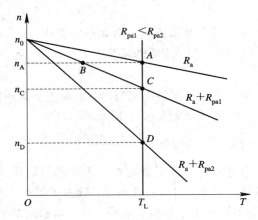

图 2-18　电枢串电阻调速的机械特性

设电动机在电枢电压、励磁电流及负载转矩均保持不变时,运行在固有机械特性的 A 点,此时 $T=T_L$,电枢电流为 I_a。开始调速时,在电枢电路串入电阻 R_{pa1},由于机械惯性电动机转速不能突变,电枢电动势仍为 $E_a=C_e\Phi n_A$,而电枢电流 $I_a=(U_N-E_a)/(R_a+R_{pa1})$ 减小,$T=C_T\Phi I_a$ 减小,运行点由 A 点平移到 (R_a+R_{pa1}) 的人为机械特性的 B 点,此时由于 $T<T_L$,电动机开始减速,在 (R_a+R_{pa1}) 的机械特性上运行,随着转速的降低,电枢电动势减小,电枢电流和电磁转矩上升,当回升到原来的 I_a 及 T 时,$T=T_L$,在 C 点稳定运行,转速为 n_C,调速过程结束。同理,如再改变电阻由 R_{pa1} 增大到 R_{pa2},可使转速继续下降,如图 2-18 中所示的 D 点,稳定运行转速为 n_D。

电枢电路串电阻调速的方法具有以下特点:

(1) 转速只能从额定值往下调,且机械特性变软,转速降 Δn_N 增大,静差率明显增大,转速的稳定性变差,因此调速范围较小,一般情况下 $D=1\sim3$。

(2) 调速电阻 R_{pa} 不易实现连续调节,只能分段有级调节,调速平滑性差。

(3) 调速电阻 R_{pa} 中有较大电流 I_a 流过,消耗较多的电能,不经济。

(4) 调速设备投资小,方法简单。

这种调速方法适用于小容量电动机运行速度较低,且调速性能要求不高的生产机械,如中、小型的起重机械和运输牵引装置等。

例 2.1　一台他励直流电动机,其铭牌数据为 $P_N=22$ kW,$U_N=220$ V,$I_N=115$ A,$n_N=1500$ r/min,已知电枢电阻 $R_a=0.1$ Ω,电动机拖动额定恒转矩负载运行,若采用电枢串电阻的方法将转速降至 1000 r/min,应串多大的电阻?

解　根据他励直流电动机的电动势平衡方程式,可得额定运行时电枢电动势为

$$E_{aN}=U_N-I_NR_a=220-115\times0.1=208.5 \text{ V}$$

根据 $E_a=C_e\Phi n$,由于串阻调速前后的磁通 Φ 不变,因此调速前后的电动势与转速

成正比，故转速为 1000 r/min 时的电动势为

$$E_a = \frac{n}{n_N}E_{aN} = \frac{1000}{1500} \times 208.5 = 139 \text{ V}$$

根据 $T = C_T \Phi I_a$，由于调速前后的磁通 Φ 不变，$T = T_L$ 未变，因此调速前后的电枢电流 $I_a = I_N$ 不变，故串电阻调速至 1000 r/min 时的电动势平衡方程式为

$$U_N = E_a + I_N(R_a + R_{pa})$$

所串电阻为

$$R_{pa} = \frac{U_N - E_a}{I_N} - R_a = \frac{220 - 139}{115} - 0.1 \approx 0.604 \ \Omega$$

2. 降低电枢电压调速

降低电枢电压调速是指保持磁通 $\Phi = \Phi_N$，且电枢电路不串接附加电阻（$R_{pa} = 0$），通过降低电枢两端电压 U 进行调速。降低电枢电压调速时的机械特性如图 2-19 所示。从图中可以看出，负载转矩 T_L 不变，电动机在额定电压工作时，稳定运行在固有机械特性的 A 点，转速为 n_A，电枢电压降至 U_1 后，稳定运行工作点移至 C 点，转速为 n_C，电压继续降低至 U_2 时，稳定运行工作点为 D 点，转速为 n_D，由此可见，降低电压可调节电动机的转速。若电压连续可调，则转速 n 随电压连续变化。

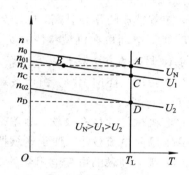

图 2-19　降低电枢电压调速的机械特性

降低电枢电压调速的物理过程：当 $U = U_N$，$\Phi = \Phi_N$，$R_{pa} = 0$，负载转矩为 T_L 时，电动机在固有机械特性的 A 点上稳定运行。当电枢电压从 U_N 降为 U_1 时，由于机械惯性，转速不能突变，工作点由 A 点移至 B 点，此时 $T < T_L$，电动机开始减速，转速 n 降低，电枢电动势 E_a 降低，电枢电流 I_a 升高，电磁转矩 $T = C_T \Phi I_a$ 增大，直到 $T = T_L$ 时，电动机在 C 点稳定运行，转速变为 n_C。若电压继续降低至 U_2 时，同理可知电动机在 D 点稳定运行，转速变为 n_D。

降低电枢电压调速的方法具有以下特点：

（1）转速只能从额定值往下调，但机械特性的硬度不变，静差率较小，调速的稳定性好，因此调速范围大。

（2）电枢电压连续可调，因此调速的平滑性好，可实现无级调速。

（3）低速时，电枢电压低，输入功率小，因此功率损耗小，效率高。

（4）调压电源设备的费用较高。

降压调速的性能优越，广泛应用于对调速性能要求较高的电力拖动系统中，如轧钢机、精密机床等。

例 2.2　在例 2.1 的他励直流电动机中，参数不变，若采用降低电源电压的方法进行调速，将转速调至 1000 r/min，电源电压应为多少伏？

解　由例题 2.1 的计算可知，采用降低电压的方法把转速降至 1000 r/min 时，电枢电动势 $E_a = 139$ V，$T = T_L$ 未变，电枢电流 $I_a = I_N$，故转速降到 1000 r/min 时的电压为

$$U = E_a + I_N R_a = 139 + 115 \times 0.1 = 150.5 \text{ V}$$

3. 弱磁调速

弱磁调速是指保持电动机的电枢电压 $U=U_N$，电枢电路不串接附加电阻（$R_{pa}=0$），通过减小磁通 Φ 进行调速。通常可用增大励磁电路电阻来减小磁通 Φ，但磁通不能太小。弱磁调速时的机械特性如图 2-20 所示。从图中可以看出，负载转矩 T_L 不变，若电动机原在 A 点上稳定运行，转速为 n_A。当磁通 Φ 减小至 Φ_1（略微减小）时，电枢电动势 $E_a=C_e\Phi n$ 减小，电枢电流 $I_a=(U_N-E_a)/R_a$ 增大较多，电磁转矩 $T=C_T\Phi I_a$ 仍增大，工作点由 A 点平移至 B 点，由于 $T>T_L$，转速

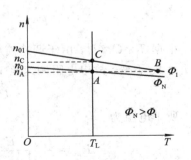

图 2-20 弱磁调速的机械特性

上升，随着转速的逐渐升高，电动势 E_a 回升，电流 I_a 回降，电磁转矩 T 回降，当 T 降到 $T=T_L$ 时，电动机在机械特性的 C 点稳定运行，转速变为 n_C。

弱磁调速的方法具有以下特点：

（1）转速只能向上调，由于转速受换向条件及机械强度的限制，因此调速的范围不大，一般 $D=1\sim2$。

（2）机械特性稍有变软，静差率 δ 基本保持不变，转速稳定性好。

（3）励磁电流较小，便于连续调节，调速平滑，可实现无级调速。

（4）调节励磁的可变电阻器的功率较小，所以电能损耗小。

（5）调速设备投资小，控制和维护方便，较为经济。

弱磁调速适用于需要向上调速的恒功率调速系统，通常与降压调速配合使用，以扩大调速范围，常用于大型的机床中。

例 2.3 在例 2.1 中，电动机参数不变，如果采用弱磁调速，将磁通 Φ 降至 $0.8\Phi_N$ 时，试求：

（1）Φ 减少瞬间的电枢电动势和电枢电流；

（2）调速后的稳定转速。

解 （1）弱磁调速瞬间，转速 $n=n_N$ 不变，Φ 减小，根据 $E_a=C_e\Phi n$ 可知电动势 E_a 与磁通 Φ 成正比，故磁通 Φ 降至 $0.8\Phi_N$ 瞬间的电动势为

$$E_a = \frac{\Phi}{\Phi_N}E_{aN} = 0.8 \times 208.5 = 166.8 \text{ V}$$

根据弱磁调速瞬间的电动势平衡方程式

$$U_N = E_a + I_a R_a$$

得弱磁瞬间的电枢电流为

$$I_a = \frac{U_N - E_a}{R_a} = \frac{220 - 166.8}{0.1} = 532 \text{ A}$$

由上式结果可知，弱磁调速瞬间磁通只减小到原来的 0.8 倍，却使电枢电流变得很大，是原来的 $532/115 \approx 4.6$ 倍。

（2）弱磁调速后稳定运行时，$T=T_L$。

由于

$$T = C_T 0.8\Phi_N I_a', \quad T_L = T_N = C_T \Phi_N I_N$$

因此两式相等，得稳定运行时的电枢电流

$$I_a' = \frac{\Phi_N}{0.8\Phi_N}I_N = \frac{1}{0.8} \times 115 = 143.75 \text{ A}$$

根据稳定运行时的电动势平衡方程式

$$U_N = E_a' + I_a'R_a$$

得稳定运行时的电枢电动势

$$E_a' = U_N - I_a'R_a = 220 - 143.75 \times 0.1 \approx 205.63 \text{ V}$$

由于

$$E_a' = C_e 0.8\Phi_N n', \quad E_{aN} = C_e \Phi_N n_N$$

因此两式相比，得稳定运行时的转速

$$n' = \frac{\Phi_N}{0.8\Phi_N}\frac{E_a'}{E_{aN}}n_N = \frac{1}{0.8} \times \frac{205.63}{208.5} \times 1500 \approx 1849 \text{ r/min}$$

2.6.3　他励直流电动机调速时的允许输出

电动机允许输出的转矩和功率是表示它在调速时所具备的带负载的能力，其前提条件是合理使用电动机，即在使用电动机时，既要使它得到充分利用，又要保证它的使用寿命。为了做到这一点，应当使电动机在不同转速下长期运行时，电枢电流等于额定值不变。这是因为电动机工作时内部有损耗，这些损耗最终都转变为热能，使电动机的温度升高。如果损耗过大，长期运行时电动机的温度过高，使电动机绝缘材料的性能下降，降低电动机的使用寿命，甚至于烧毁。在电动机的损耗中，电枢绕组的铜耗 $I_a^2 R_a$ 是由电枢电流决定的。电动机长期运行时，如果电枢电流不超过额定值，就不会因过热而降低电动机的使用寿命。但是，电动机长期在小于额定电流的情况下运行时，输出的转矩和功率也小，电动机不能得到充分利用，所以，为了合理使用电动机，应保证电动机长期运行时的电流 $I_a = I_N$。

下面分析不同调速方法时的允许输出：

1）电枢串电阻调速和降低电枢电压调速

当他励直流电动机采用电枢串电阻调速和降低电枢电压调速时，因为 $\Phi = \Phi_N$ 不变，在 $I_a = I_N$ 的条件下，电磁转矩 $T = C_T\Phi_N I_N = T_N$ 不变，与 n 无关，所以电动机的允许输出转矩也不变，属于恒转矩调速方式。这时电磁功率 $P_{em} = \dfrac{Tn}{9.55} \propto n$，故允许输出功率（近似为电磁功率）则与转速 n 成正比。

2）弱磁调速

当他励直流电动机采用弱磁调速时，$U = U_N$，Φ 是变化的，若保持 $I_a = I_N$ 不变，则 Φ 与 n 有如下关系：

$$\Phi = \frac{U_N - I_N R_a}{C_e n} = \frac{C_1}{n}$$

式中，$C_1 = \dfrac{U_N - I_N R_a}{C_e}$ 为常数。电磁转矩可表示为

$$T = C_T\Phi I_N = C_T\frac{C_1}{n}I_N = C_2\frac{1}{n}$$

式中，$C_2 = C_1 C_T I_N$ 为常数。该式表明 T 与 n 成反比变化。

故电动机的电磁功率可表示为

$$P_{em} = \frac{Tn}{9.55} = \frac{1}{9.55} \frac{C_2}{n} n = \frac{C_2}{9.55} = 常数$$

由以上分析可知,弱磁调速时电动机的电磁功率保持不变,允许输出的功率也保持不变,与转速 n 无关,属于恒功率调速方式。这时允许输出的转矩(近似为电磁转矩)则与转速 n 成反比。

恒转矩调速方式和恒功率调速方式,都是用来表征电动机采用某种调速方法时的带负载能力,并不是指电动机的实际输出。通常,恒转矩调速方式必须应用于恒转矩负载,恒功率调速方式必须应用于恒功率负载,亦即调速方式应与负载类型相匹配,否则电动机得不到合理的使用。

2.7　他励直流电动机的制动

电动机在一般情况下运行时,其电磁转矩方向与转速方向相同,这种运行状态称作电动运行状态。电动机处于电动运行状态时,其机械特性位于坐标平面的第一、三象限。

在实际生产中,有时要求生产机械快速停车,或要求提升装置匀速地下放重物,这都需要产生一个与转速方向相反的阻转矩,即制动转矩,使生产机械从某一稳定转速开始减速停车,或阻止提升装置(位能性负载)按自由落体运动规律不断升速,当制动转矩与负载转矩平衡时,系统不再升速,在某一速度下匀速下放重物。

电动机在正常运行时,如果切断电源,拖动系统的转速会慢慢地下降,直到转速为零而停止,这一制动过程称为自由停车。这是靠很小的摩擦阻转矩实现的,因此制动时间较长。

电力拖动系统的制动,通常采用机械制动和电气制动两种方法进行。机械制动是利用摩擦力产生阻转矩来实现的,如电磁抱闸,若采用此方法,闸皮磨损严重,维护工作量增加,所以对频繁启动、制动和反转的生产机械,一般都不采用机械制动而采用电气制动。电气制动就是使电动机产生一个与转速方向相反的电磁转矩。电气制动方法便于控制,易于实现自动化,也比较经济。下面我们仅讨论电气制动。

由于电动机处于制动运行状态时,电磁转矩与转速方向相反,因此其机械特性位于坐标平面的第二、四象限。这是制动状态与电动状态的根本区别。

电气制动的方法有三种:能耗制动、反接制动和回馈制动。

2.7.1　能耗制动

能耗制动是把正处于电动运行状态的电动机电枢绕组从电网上断开,并立即与一个附加制动电阻 R_{bk} 相连接构成闭合电路。能耗制动又可分为能耗制动停车和能耗制动运行。

如图 2 - 21(a)所示,若 KM_1 闭合,KM_2 断开,电动机拖动反抗性负载匀速运行,为实现电动机拖动反抗性负载快速停车,先将 KM_1 断开,使电动机电枢与电源脱离,电压 $U=0$;再将 KM_2 闭合,电枢通过电阻 R_{bk} 构成闭合电路。在电路切换的瞬间,由于机械惯性作用,电动机转速不能突变,转速 n 仍保持原电动状态的大小和方向,因此电枢电动势 E_a 的大小和方向不变,根据电动机的电动势平衡方程式

$$U = E_a + I_a(R_a + R_{bk})$$

可得电枢电流

$$I_a = -\frac{E_a}{R_a + R_{bk}} < 0 \qquad (2-18)$$

电枢电流为负值，说明电枢电流与电动状态时的方向相反，因此产生的电磁转矩反向，与转速方向相反，成为制动转矩，如图 2-21(b)所示。在制动转矩的作用下，转速迅速下降，当 $n=0$ 时，$E_a=0$，$I_a=0$，$T=0$，制动过程结束。在制动过程中，电动机将生产机械储存的动能转换为电能消耗在电阻 $(R_a + R_{bk})$ 上，直到电动机停止转动为止。所以这种制动方式称为能耗制动。

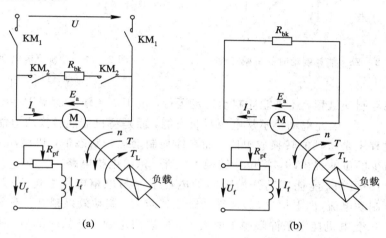

图 2-21　他励直流电动机能耗制动时的接线图及能耗制动停车原理
(a) 电路接线图；(b) 能耗制动停车原理

能耗制动时，$U=0$，$R=R_a + R_{bk}$，其机械特性方程式为

$$n = -\frac{R_a + R_{bk}}{C_e C_T \Phi_N^2} T \qquad (2-19)$$

由上式可知其机械特性曲线为一条通过原点，位于第二象限的直线，如图 2-22 所示。设电动机原在固有特性的 A 点稳定运行，切换到能耗制动的瞬间，转速 n_A 不能突变，电动机的工作点从 A 点跳到 B 点，此点的电磁转矩 $T_B < 0$，与负载转矩同方向，拖动系统在负载转矩和电磁转矩的共同作用下，迅速减速，运行点沿能耗制动特性曲线 BO 下降，直到原点，电磁转矩及转速降为零，电动机停车。

若电动机原来拖动位能性负载在固有机械特性的 A 点运行，以转速 n_A 提升重物，如图 2-22 所示。为了使电动机匀速下放重物，首先采用能耗制动使电动机减速，这时工作点由 A 点跳至 B 点，再沿特性曲线 BO 下降至 O 点，在该点电磁转矩和转速均为零。此时拖动系统在位能负载转矩 T_L 的作用下使电动机反转，如图 2-23 所示，并反向加速，$n<0$，$E_a<0$，$I_a>0$，$T>0$，T 与 n 的方向相反，电动机运行在第四象限的机械特性上，如图 2-22 中的虚线 OC 段所示。随着转速的反向升高，电枢电动势 E_a 增加，电枢电流 I_a 增加，电磁转矩 T 增加，直到 $T=T_L$ 时，在 C 点稳定运行，匀速下放重物，电动机处于能耗制动稳定运行状态。

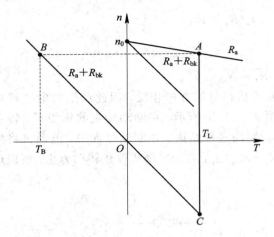

图 2-22 能耗制动时的机械特性

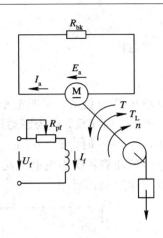

图 2-23 他励直流电动机能耗制动
运行原理图

不论是能耗制动过程，还是能耗制动稳定运行，由于电源输入功率 $P_1 = UI_a = 0$，电磁功率 $P_{em} = E_a I_a < 0$，因此电动机不从电源吸收电能，而是将机械能转换成电能。不同的是，在能耗制动过程中是将动能转换成电能，而在能耗制动运行状态下，机械功率的输入是靠重物下降时减少的位能提供的，将位能转换为电能，供给电枢电路。

由式(2-18)可知，能耗制动开始瞬间的电枢电流与电枢电路总电阻 $(R_a + R_{bk})$ 成反比，R_{bk} 越小，制动电流(即电枢电流)及制动转矩就越大，制动效果越好，停车迅速。但 R_{bk} 不宜太小，因 I_a 受电机换向条件限制不能太大，所以规定制动开始时的最大允许制动电流 $I_{bk} \leqslant (2 \sim 2.5)I_N$，则制动电阻 R_{bk} 应为

$$R_{bk} \geqslant \frac{E_a}{I_{bk}} - R_a \tag{2-20}$$

式中：E_a——制动开始时电动机的电枢电动势；

I_{bk}——制动开始时的最大电枢电流。

由以上分析可知能耗制动的特点是：方法比较简单，运行可靠，且比较经济。制动转矩随转速的下降而减小，因此制动比较平稳，便于准确停车，且制动安全。能耗制动可使反抗性负载准确停车或位能性负载低速下放，适用于要求准确停车的场合制动停车，或提升装置匀速下放重物。

*例2.4 一台他励直流电动机的铭牌数据为：$P_N = 30$ kW，$U_N = 220$ V，$I_N = 157$ A，$n_N = 1500$ r/min，电枢电阻 $R_a = 0.082$ Ω。试求：

(1)电动机拖动反抗性恒转矩负载 $T_L = 0.8T_N$ 运行时，进行能耗制动，允许最大制动电流为 $2I_N$，电枢电路应串多大的电阻？

(2)电动机拖动位能性负载 $T_L = T_N$，以 1000 r/min 的速度下放重物时，电枢电路应串多大的电阻？

解 (1) $$C_e \Phi_N = \frac{U_N - I_N R_a}{n_N} = \frac{220 - 157 \times 0.082}{1500} \approx 0.138$$

忽略空载转矩 T_0 时，额定电磁转矩

$$T_N = C_T \Phi_N I_N = 9.55 C_e \Phi_N I_N = 9.55 \times 0.138 \times 157 \approx 206.9 \text{ N} \cdot \text{m}$$

制动前稳定运行时的转速

$$n = \frac{U_N}{C_e\varPhi_N} - \frac{R_a}{C_e C_T \varPhi_N^2}T = \frac{U_N}{C_e\varPhi_N} - \frac{R_a}{9.55 C_e^2 \varPhi_N^2} \times 0.8 T_N$$

$$= \frac{220}{0.138} - \frac{0.082}{9.55 \times 0.138^2} \times 0.8 \times 206.9 \approx 1519.6 \ \text{r/min}$$

能耗制动开始瞬间的电枢电动势

$$E_a = C_e\varPhi_N n = 0.138 \times 1519.6 \approx 209.7 \ \text{V}$$

能耗制动时电枢应串电阻

$$R_{bk} \geqslant \frac{E_a}{I_{bk}} - R_a = \frac{209.7}{2 \times 157} - 0.082 \approx 0.586 \ \Omega \quad (\text{取} \ I_{bk} = 2I_N)$$

（2）电动机拖动负载 $T_L = T_N$，以 1000 r/min 下放重物即 $n = -1000$ r/min 时，根据式 (2-19) 可得电枢应串电阻

$$R_{bk} = \frac{C_e C_T \varPhi_N^2(-n)}{T_N} - R_a = \frac{9.55 \times 0.138^2 \times 1000}{206.9} - 0.082 \approx 0.797 \ \Omega$$

2.7.2　反接制动

反接制动根据具体的实现方法，又可分为电枢反接制动和倒拉反接制动两种。

1. 电枢反接制动

电枢反接制动是在制动时将电源极性对调，反接在电枢两端，同时还要在电枢电路中串一制动电阻 R_{bk}，如图 2-24(a) 所示为电枢反接制动电路接线图。当接触器的触头 KM_1 闭合，KM_2 断开时，电动机拖动反抗性恒转矩负载在 A 点稳定运行，如图 2-24(b) 所示。电动机制动时，KM_1 断开，KM_2 闭合，电枢所加电压反向，同时在电枢电路中串入了电阻 R_{bk}，这时电枢电压变为负值，电枢电流则为

$$I_a = \frac{-U_N - E_a}{R_a + R_{bk}} = -\frac{U_N + E_a}{R_a + R_{bk}} < 0 \tag{2-21}$$

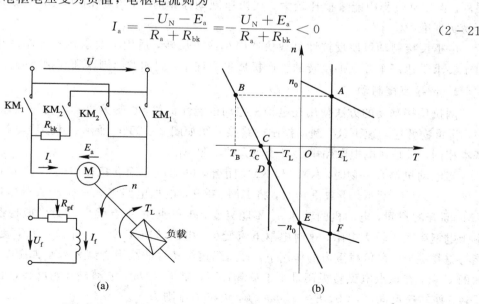

(a)　　　　　　　　　　　(b)

图 2-24　他励直流电动机电枢反接制动电路与机械特性

(a) 电路接线图；(b) 机械特性

由上式可知电枢电流 I_a 变为负值而改变方向,电磁转矩 $T=C_T\Phi I_a$ 也随之变为负值而改变方向,与原转速方向相反,成为制动转矩,使电动机处于制动状态。

电枢反接制动时电动机的机械特性方程式为

$$n=\frac{-U_N}{C_e\Phi_N}-\frac{R_a+R_{bk}}{C_eC_T\Phi_N^2}T=-n_0-\frac{R_a+R_{bk}}{C_eC_T\Phi_N^2}T \qquad (2-22)$$

机械特性如图 2-24(b) 所示的第二象限的直线段部分。在电源反接切换的瞬间,转速 n_A 不变,电动机的工作点由 A 点跳至 B 点,电磁转矩 T 反向,$T<0$,$n>0$,电磁转矩 T 为制动转矩,电动机开始减速,沿机械特性的 BC 段下降,至 C 点时,$n=0$。当负载为反抗性恒转矩负载时,如果在 C 点将电源迅速切除,电动机就停止转动,制动过程结束;如果在 C 点不将电源切除,当 $|T_C|\leqslant T_L$ 时,电动机堵转,当 $|T_C|>T_L$ 时,电动机反向启动,沿曲线 BC 至 D 点时,满足 $|T_C|=T_L$,在 D 点处于反向电动稳定运行状态。

电枢反接制动过程中,$P_1=-U_NI_a>0$,$P_{em}=E_aI_a<0$,这说明一方面电动机仍与电源连接,且从电源吸取电能,另一方面随着转速的降低,系统储存的动能减少,且减少的动能从电动机轴上输入转换为电能,这两部分电能全部消耗在电枢电路的电阻上。

电枢反接制动开始瞬间,电枢电流的大小取决于电源电压 U_N、制动瞬间的电动势 E_a 及电枢电路的电阻 (R_a+R_{bk})。为了把电枢电流限制在 $I_{bk}=(2\sim2.5)I_N$ 范围内,则制动电阻为

$$R_{bk}\geqslant\frac{U_N+E_a}{I_{bk}}-R_a \qquad (2-23)$$

若制动前在额定负载下运行,可认为 $E_a\approx U_N$,则制动电阻的近似值为

$$R_{bk}\geqslant\frac{2U_N}{I_{bk}}-R_a\approx\frac{2U_N}{I_{bk}} \qquad (2-24)$$

由以上分析可知电枢反接制动的特点是:设备简单,操作方便,制动转矩较大,制动强烈。但制动过程中能量损耗较大,在快速制动停车时,若不及时切断电源就可能反转,不易实现准确停车。

电枢反接制动可使反抗性负载快速停车或正反转,适用于要求迅速停车的生产机械,对于要求迅速停车并立即反转的生产机械更为理想,例如龙门刨床和轧钢机等。

2. 倒拉反接制动

倒拉反接制动的方法使用在电动机拖动位能性负载,由提升重物转为下放重物的系统中,将重物低速匀速下放,制动控制电路接线图如图 2-25(a) 所示。其接线与提升重物时基本相同,只是在电枢电路串了一个较大的电阻 R_{bk}。

当电动机提升重物时,KM_1 和 KM_2 闭合,电动机在固有机械特性的 A 点稳定运行,如图 2-25(b) 所示。下放重物时,将 KM_2 断开,电枢电路串入一个较大的电阻 R_{bk},在 KM_2 断开的瞬间,电动机的转速 n_A 不能突变,工作点由 A 点跳至人为机械特性的 B 点,由于电枢串入了较大电阻,这时电枢电流变小,电磁转矩 T 变小,即 $T<T_L$,因此系统不能将重物提升。在负载重力的作用下,转速迅速沿特性曲线下降到 $n=0$,如图 2-25(b) 所示的 C 点,在该点电磁转矩还是小于负载转矩,即 $T_C<T_L$,电动机开始反转,也称为倒拉反转,使转速反向,$n<0$,$E_a=C_e\Phi n<0$,电枢电流则为

$$I_a=\frac{U_N-E_a}{R_a+R_{bk}}=\frac{U_N+|E_a|}{R_a+R_{bk}}>0 \qquad (2-25)$$

由上式可知，电枢电流仍是正值，未改变方向，以致电磁转矩 T 也是正值，未改变方向，但转速已改变方向，因此电磁转矩 T 与转速 n 方向相反，为制动转矩，电动机处于制动状态。由上式可知，随着转速的升高，电枢电流增大，电磁转矩也增大，直到 $T = T_L$ 时，如图 2-25(b) 所示的 D 点，电动机将在 D 点稳定运行，开始匀速下放重物。

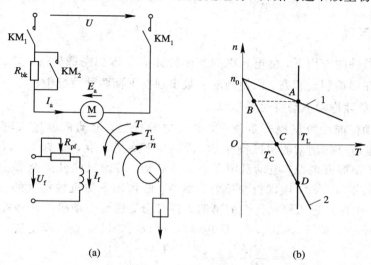

(a)　　　　　　　　　　　(b)

图 2-25　他励直流电动机倒拉反接制动电路与机械特性

(a) 控制电路接线图；(b) 机械特性

倒拉反接制动的机械特性方程式为

$$n = \frac{U_N}{C_e \Phi_N} - \frac{R_a + R_{bk}}{C_e C_T \Phi_N^2} T = n_0 - \frac{R_a + R_{bk}}{C_e C_T \Phi_N^2} T \qquad (2-26)$$

由于电枢电路串接的电阻 R_{bk} 较大，因此 n 为负值，机械特性为第四象限的部分。倒拉反接制动时的制动电阻为

$$R_{bk} = \frac{U_N + |E_a|}{I_{bk}} - R_a \qquad (2-27)$$

倒拉反接制动的功率关系与电枢反接制动的功率关系基本相同，区别在于电枢反接制动时，电动机输入的机械功率由系统储存的动能提供，而倒拉反转制动则是由位能性负载以位能减少来提供的。

倒拉反接制动的特点是：设备简单，操作方便，电枢电路串入的电阻较大，机械特性较软，转速稳定性差，能量损耗较大。

倒拉反接制动仅适用于低速下放重物，不能用于制动停车。

＊例 2.5　一台他励直流电动机的铭牌数据为：$P_N = 5.6 \text{ kW}$，$U_N = 220 \text{ V}$，$I_N = 31 \text{ A}$，$n_N = 1000 \text{ r/min}$，$R_a = 0.4 \ \Omega$，电枢允许的最大电流为 $2I_N$，电动机带额定位能性负载。若采用倒位反接制动以 400 r/min 的速度下放重物，电枢电路应串多大的电阻？

解
$$C_e \Phi_N = \frac{U_N - I_N R_a}{n_N} = \frac{220 - 31 \times 0.4}{1000} \approx 0.208$$

电动机以 400 r/min 的速度下放重物时

$$|E_a| = C_e \Phi_N |n| = 0.208 \times 400 = 83 \text{ V}$$

$$I_{bk} = I_N = 31 \text{ A}$$

电枢电路应串电阻

$$R_{bk} = \frac{U_N + |E_a|}{I_{bk}} - R_a = \frac{220 + 83}{31} - 0.4 \approx 9.8 \ \Omega$$

2.7.3 回馈制动

若在外部条件的作用下,使电动机的实际转速高于理想空载转速,即 $|n| > n_0$ 时,电动机即可运行在回馈制动状态。回馈制动一般出现在下面两种情况中。

1. 位能性负载拖动电动机时

电动机拖动位能性负载提升重物时,若将电源反接,电动机就进入电枢反接制动状态,转速 n 沿电枢反接制动的机械特性 BC 段迅速下降至 C 点,如图 2-24(b)所示。当转速降为零时,若不断开电源,电动机则开始反向启动,转速反向升高至 E 点时,电磁转矩 $T = 0$,但负载转矩 $T_L > 0$,电动机在位能负载 T_L 的作用下沿机械特性的 EF 段继续反向升速($R_{bk} = 0$),工作点进入机械特性的第四象限部分,这时电动机的转速高于理想空载转速,即 $|n| > |-n_0|$,使 $|C_e \Phi_N n| > |-C_e \Phi_N n_0|$,即 $|E_a| > U_N$,则电枢电流

$$I_a = \frac{-U_N - E_a}{R_a + R_{bk}} = \frac{-U_N + |E_a|}{R_a + R_{bk}} > 0$$

因此电磁转矩 $T > 0$,而 $n < 0$,电磁转矩 T 为制动转矩,电动机进入制动状态。由于此时 $|E_a| > U_N$,因此电动机变为发电机,向电源输入电能,故称为回馈制动,在机械特性 EF 段随着转速 n 的反向升高,电动势 E_a 增加,电流 I_a 增加,电磁转矩 T 增加,直到 $T = T_L$ 时,在 F 点稳定运行,匀速下放重物。

回馈制动时,为防止拖动系统的转速过高,通常在电枢电路不串接电阻,让电动机工作在固有机械特性上,如图 2-24(b)所示的 EF 段。

回馈制动稳定运行时,系统减少的位能变换为电能,除电枢电路电阻消耗一小部分外,大部分电能回馈给电源,因此回馈制动能量损耗小,很经济,但只能高速下放重物,安全性差。

2. 电动机降压调速时

在电动机降压调速的过程中,若突然降低电枢电压,感应电动势还来不及变化,就会发生 $n > n_0$,$E_a > U$ 的情况,即出现了回馈制动状态。

如图 2-26 所示,当电压从 U_N 降到 U_1 时,转速逐步下降,在转速从 n_N 降到 n_{01} 的期间,由于 $E_a > U_1$ 将产生回馈制动,此时电枢电流及电磁转矩方向将与正向电动状态时相反,而转速方向未改变。在转速从 n_{01} 降到 n_1 期间,由于 $E_a < U_1$,此时电枢电流及电磁转矩方向将与正向电动状态时相同,电动机恢复到电动状态下工作。

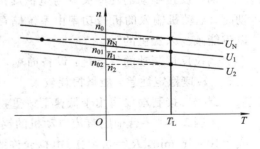

图 2-26 他励直流电动机降压调速过程中的回馈制动

现将他励直流电动机四个象限运行的机械特性画在一起,如图 2-27 所示,便于加深理解和综合分析。

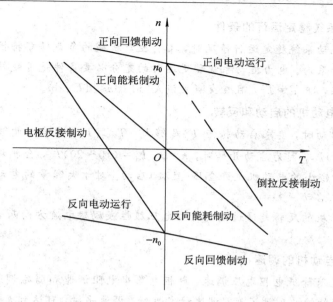

图 2-27　他励直流电动机各种运行状态的机械特性

小　　结

1. 电力拖动系统的运动方程式

电力拖动系统的运动方程式是分析电力拖动系统运动状态的基本表达式，对于单轴电力拖动系统，运动方程式为

$$T - T_{\mathrm{L}} = \frac{GD^2}{375} \frac{\mathrm{d}n}{\mathrm{d}t}$$

应用此方程式分析系统的运动状态时，必须注意各物理量的正方向及各量自身的正、负号。

2. 生产机械的负载转矩特性

生产机械的负载转矩特性，是指生产机械工作机构折算到电动机轴上的转速 n 与负载转矩 T_{L} 之间的关系曲线 $n = f(T_{\mathrm{L}})$。生产机械的负载转矩特性大致分为三类：恒转矩负载转矩特性（包括反抗性和位能性两种）、恒功率负载转矩特性和通风机型负载转矩特性。

3. 他励直流电动机的机械特性

他励直流电动机的机械特性是指 $U=$ 常数，$\Phi=$ 常数，电枢电路总电阻 $R = R_{\mathrm{a}} + R_{\mathrm{pa}}$ 不变时，转速与电磁转矩之间的关系曲线 $n = f(T)$。机械特性方程式为

$$n = \frac{U}{C_e \Phi} - \frac{R}{C_e C_T \Phi^2} T = n_0 - \beta T = n_0 - \Delta n$$

机械特性曲线为向下倾斜的直线。将 $U = U_{\mathrm{N}}$，$\Phi = \Phi_{\mathrm{N}}$，电枢电路不串附加电阻时的机械特性称为固有机械特性。将改变 U、Φ 或 R_{pa} 三个量中的任意一个时的机械特性称为人为机械特性。降低电压 U 时，机械特性向下平移；减小磁通 Φ 时，机械特性向上移，同时斜率也稍有增大，特性变软；电枢串电阻时，n_0 不变，斜率 β 增大，倾斜程度加大，特性变软。

4. 电力拖动系统稳定运行的条件

当分析电力拖动系统稳定运行情况时,常将生产机械的负载转矩特性与电动机的机械特性画在同一坐标系内。电力拖动系统稳定运行的充分必要条件是负载转矩特性与电动机的机械特性有交点,即 $T = T_L$,且在交点处满足 $dT/dn < dT_L/dn$。

5. 他励直流电动机的启动和反转

直流电动机启动时,要求启动转矩 T_{st} 足够大,$T_{st} > T_L$,且启动电流尽可能小,一般要求 $I_{st} = (1.5 \sim 2) I_N$。因为启动开始时,$n = 0$,$I_{st} = (10 \sim 20) I_N$,会损坏电动机和传动机构,所以只有容量较小的电动机允许全压(直接)启动。对于大容量的电动机采用降压启动或电枢电路串电阻启动。

他励直流电动机的反转是通过改变电枢电压极性或励磁电流方向两者中的任意一个来实现的。

6. 他励直流电动机的调速

电动机的调速有降低电枢电压调速、电枢电路串电阻调速和弱磁调速三种。降低电枢电压调速时,机械特性的硬度不变,调速稳定性好,调速平滑,可达到无级调速;电枢电路串电阻调速时,机械特性较软,静差率变大,平滑性不好,调速范围受限制;弱磁调速时,转速仅限于往高调,但不能太高,范围受限制,特性较软,调速平滑,可实现无级调速。

7. 他励直流电动机的制动

制动能够使生产机械快速停车,或位能性负载匀速下放重物。制动方法有能耗制动、反接制动(包括电枢反接制动和倒拉反接制动两种)和回馈制动。能耗制动的控制设备简单,制动平稳可靠,制动效果不强烈,适于平稳、准确停车的场合和低速匀速下放重物。电枢反接制动的制动转矩大,制动强烈,但能量损耗大,转速降为零时必须及时切断电源才能停车,否则可能反转,适用于迅速停车,或快速正反转的场合。倒拉反接制动,设备简单,操作方便,但机械特性较软,转速稳定性差,能量损耗大,适用于低速匀速下放重物。回馈制动的能量损耗小,比较经济,但转速高于理想空载转速,只适于高速下放重物。

思考与练习题

2.1　电力拖动系统由哪几部分组成,各起什么作用?

2.2　电力拖动系统运动方程式中各量的物理意义是什么?它们的正、负号如何确定?

2.3　电力拖动系统稳定运行的充分必要条件是什么?

2.4　他励直流电动机的机械特性指什么?什么是固有机械特性和人为机械特性?

2.5　生产机械的负载转矩特性归纳起来有哪几种类型?

2.6　他励直流电动机一般为什么不能直接启动?对启动有哪些要求?

2.7　启动他励直流电动机时,若未加励磁电压,而将电枢电源接通,会出现什么现象?为什么?

2.8　他励直流电动机有哪几种启动方法?

2.9　如何改变并励直流电动机的转向?

2.10　一台他励直流电动机,$P_N = 10$ kW,$U_N = 110$ V,$n_N = 1500$ r/min,$R_a = 0.096$ Ω,

$\eta_N = 84\%$，试计算：

(1) 直接启动时的启动电流 I_{st} 是额定电流的多少倍？

(2) 如果要求启动电流限制在 $1.5I_N$，则电枢电路应串多大启动电阻？

2.11　电动机的调速指标有哪些？他励直流电动机有哪几种调速方法？各有什么特点？

2.12　正在运行的他励直流电动机，若突然失磁，将会出现什么现象？为什么？

2.13　一台他励直流电动机，$P_N = 13$ kW，$U_N = 220$ V，$I_N = 68.5$ A，$n_N = 1500$ r/min，$R_a = 0.225$ Ω，采用电枢串电阻调速，要求静差率 $\delta_{max} = 30\%$，试求：

(1) 电动机带额定负载时的最低转速；

(2) 调速范围；

(3) 电枢电路需串入的电阻最大值是多少？

2.14　一台他励直流电动机的铭牌数据为：$P_N = 7.5$ kW，$U_N = 220$ V，$I_N = 41$ A，$n_N = 1500$ r/min，$R_a = 0.376$ Ω。拖动额定恒转矩负载运行，若采用降压调速，当电压降到 150 V 时，试求：

(1) 电压降低瞬间，电动机的电枢电流及电磁转矩各为多少？

(2) 稳定运行时的转速是多少？

2.15　一台他励直流电动机，其额定值为：$P_N = 100$ kW，$U_N = 220$ V，$I_N = 511$ A，$n_N = 1500$ r/min，$R_a = 0.04$ Ω，电动机拖动额定恒转矩负载运行，试求：

(1) 采用电枢电路串电阻调速，若将转速调至 600 r/min，应在电枢电路串多大电阻？

(2) 采用降压调速，当电源电压降为 110 V 时，电动机稳定运行时的转速是多少？

(3) 若采用弱磁调速，磁通减小 10%，调速瞬间的电枢电流和稳定运行时的转速是多少？

2.16　电动机的电动运行状态和制动运行状态有什么区别？机械特性各位于哪些象限？

2.17　能耗制动停车和能耗制动运行有何异同点？

2.18　电枢反接制动和倒拉反接制动有何异同点？

2.19　电动机运行在回馈制动状态的特点是什么？

2.20　他励直流电动机的制动方法有哪几种？各有什么特点？适用于哪些场合？

*2.21　一台他励直流电动机，$P_N = 17$ kW，$U_N = 110$ V，$I_N = 185$ A，$n_N = 1000$ r/min，$R_a = 0.04$ Ω，电动机的最大允许电流为 $1.8I_N$，电动机拖动 $T_L = 0.8T_N$ 负载电动运行时进行制动，试求：

(1) 若采用能耗制动停车，电枢电路应串多大电阻？

(2) 若采用电枢反接制动停车，电枢电路应串多大电阻？

(3) 以上两种制动方法在制动开始瞬间的电磁转矩各为多少？

*2.22　一台他励直流电动机拖动卷扬机，电动机的铭牌数据为：$P_N = 11$ kW，$U_N = 440$ V，$I_N = 29.5$ A，$n_N = 730$ r/min，$R_a = 1.05$ Ω，下放此重物时的负载转矩 $T_L = 0.8T_N$，试求：

(1) 采用能耗制动下放此重物时，电动机的最低转速；

(2) 采用倒拉反接制动，以 500 r/min 的转速下放此重物时，电枢电路应串的电阻值；

(3) 采用回馈制动下放此重物时，电动机的最低转速。

第3章 变 压 器

变压器是一种静止的电器,它是利用电磁感应原理,把一种电压等级的交流电能转换为同频率的另一种电压等级的交流电能。变压器在国民经济各个部门及生活中应用十分广泛。

本章主要研究一般用途的电力变压器工作原理、分类、结构和运行特性,最后简要地介绍其他常用变压器的结构特点及工作原理。

3.1 变压器的基本工作原理和基本结构

3.1.1 变压器的基本工作原理

变压器主要由铁芯和套在铁芯上的两个独立绕组组成,如图 3-1 所示。这两个绕组间只有磁的耦合而没有电的联系,且具有不同的匝数,其中接入交流电源的绕组称为一次绕组,其匝数为 N_1;与负载相接的绕组称为二次绕组,其匝数为 N_2。

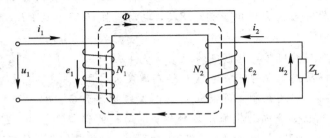

图 3-1 变压器的工作原理示意图

当一次绕组外加电压为 u_1 的交流电源,二次绕组接负载时,一次绕组将流过交变电流 i_1,并在铁芯中产生交变磁通 Φ,该磁通同时交链一、二次绕组,并在两绕组中分别产生感应电动势 e_1、e_2,从而在二次绕组两端产生电压 u_2 和电流 i_2。通常按电工惯例规定各物理量的正方向如图 3 - 1 所示。若不计变压器一、二次绕组的电阻和漏磁通，不计铁芯损耗，即认为是理想变压器，根据电磁感应定律可得

$$\left.\begin{aligned} u_1 &= -e_1 = N_1 \frac{\mathrm{d}\Phi}{\mathrm{d}t} \\ u_2 &= e_2 = -N_2 \frac{\mathrm{d}\Phi}{\mathrm{d}t} \end{aligned}\right\} \tag{3-1}$$

根据式(3 - 1)可得一、二次绕组的电压和电动势有效值与匝数的关系为

$$\frac{U_1}{U_2} = \frac{E_1}{E_2} = \frac{N_1}{N_2} = k \tag{3-2}$$

式中，k——匝数比，亦即电压比，$k = N_1/N_2$。

根据能量守恒定律可得

$$U_1 I_1 = U_2 I_2$$

即

$$\frac{I_1}{I_2} = \frac{U_2}{U_1} = \frac{N_2}{N_1} = \frac{1}{k} \tag{3-3}$$

由式(3 - 3)可知，一、二次绕组的电压与绕组的匝数成正比，一、二次绕组的电流与绕组的匝数成反比，因此只要改变绕组的匝数比，就能达到改变输出电压和输出电流大小的目的，这就是变压器的基本工作原理。

3.1.2 变压器的应用和分类

1. 变压器的应用

变压器不仅能变换电压，还能够变换电流和阻抗，因此在电力系统和电子设备中得到了广泛应用。

电力系统中使用的变压器称作电力变压器，它是电力系统中的重要设备。在输电方面采用高压输电较为经济。因为要将大功率的电能从发电站输送到远距离的用电区，输电线路的电压愈高，输电线路中的电流和损耗就愈小，所以高压输电是较为经济的。我国现有高压线路的输电电压为 110 kV、220 kV、330 kV、500 kV 及 750 kV 等几种。通常发电机输出电压因受绝缘及工艺技术的限制，远远达不到这样高的电压，因此需用升压变压器把发电机发出的电压升高后送入输电线路。当电能输送到用电地区后，为了安全用电，又必须用降压变压器逐步将输电线路上的高电压降到配电系统的配电电压，然后再次用降压变压器降压后供给用户。故从发电、输电、配电到用户，通常需经过多次升压和降压。一般变压器的总容量与发电机的总容量之比为 6 : 1。

另外，变压器的用途还很多，如测量系统中广泛应用的仪用互感器，可将高电压变换成低电压或将大电流变换成小电流，以隔离高压和便于测量；在实验室中广泛应用的自耦调压器，可任意调节输出电压的大小，以适应负载的要求；在电信、自动控制系统中，控制变压器、电源变压器、输入及输出变压器等也被广泛应用。

2. 变压器的分类

变压器的分类方法很多，通常可按用途、相数、绕组数目、铁芯结构和冷却方式等分类。

按用途分：有电力变压器和特种变压器(仪用互感器、自耦变压器、电炉变压器、电焊变压器、整流变压器等)。

按相数分：有单相变压器、三相变压器和多相变压器。

按绕组数目分：有单绕组(自耦)变压器、双绕组变压器、三绕组变压器和多绕组变压器。

按铁芯结构分：有壳式变压器和心式变压器。

按冷却方式分：有干式变压器、油浸式变压器和充气式变压器。

3.1.3　变压器的基本结构

电力变压器主要由铁芯、绕组和油箱等其他附件组成，如图3-2所示。铁芯和绕组是变压器的主要组成部分，称为变压器的器身。下面着重介绍电力变压器的基本结构。

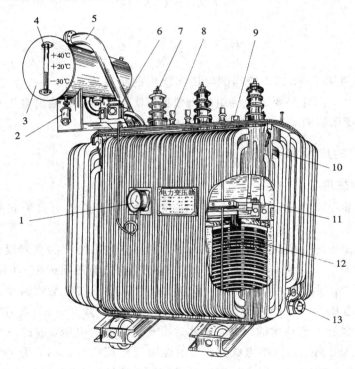

1—信号式温度计；2—吸湿器；3—储油柜；4—油表；5—安全气道；6—气体继电器；7—高压套管；
8—低压套管；9—分接开关；10—油箱；11—铁芯；12—线圈；13—放油阀门

图3-2　油浸式电力变压器

1. 铁芯

铁芯是变压器的磁路，又是绕组的支撑骨架。铁芯由铁芯柱和铁轭两部分组成。铁芯柱上套装有绕组，铁轭则有闭合磁路之用。为了减少铁芯中的磁滞损耗和涡流损耗，铁芯一般由厚度为0.35 mm且表面涂有绝缘漆的热轧或冷轧硅钢片叠装而成。

铁芯的基本结构形式有心式和壳式两种。心式结构的特点是绕组包围着铁芯，如图3-3(a)所示，这种结构比较简单，绕组的装配及绝缘也较容易，因此绝大部分国产变压器均采用心式结构。壳式结构的特点是铁芯包围着绕组，如图3-3(b)所示，这种结构的机械强度较高，但制造工艺复杂，使用材料较多，因此目前除了容量很小的电源变压器以外，很少采用壳式结构。

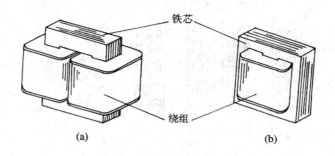

图3-3 心式和壳式变压器
（a）心式；（b）壳式

变压器铁芯的叠装方法是，一般先将硅钢片裁成条形，然后再进行叠装。为了减少叠片接缝间隙以减小励磁电流，硅钢片在叠装时一般采用叠接式，即上层和下层交错重叠的方式，如图3-4所示。

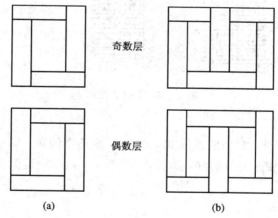

图3-4 变压器铁芯的交错叠片
（a）单相；（b）三相

2. 绕组

绕组是变压器的电路部分，一般是由绝缘铜线或铝线绕制而成的。接于高压电网的绕组称为高压绕组，接于低压电网的绕组称为低压绕组。根据高、低压绕组在铁芯柱上排列方式的不同，变压器的绕组可分为同心式和交叠式两种。

同心式绕组的高、低压绕组同心地套在铁芯柱上，如图3-5所示。为了便于绝缘，一般低压绕组套在里面，高压绕组套在外面。这种绕组具有结构简单，制造方便的特点，主要用在国产电力变压器中。

交叠式绕组一般都做成饼式，高、低压绕组交替地套在铁芯柱上，如图3-6所示。为了便于绝缘，一般最上层和最下层的绕组都是低压绕组。这种绕组机械强度高，引线方便，漏电抗小，但绝缘比较复杂，主要用在大型电炉变压器中。

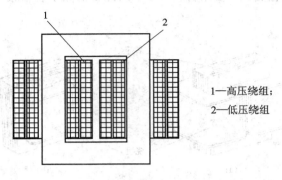

图3-5 同心式绕组

1—高压绕组;
2—低压绕组

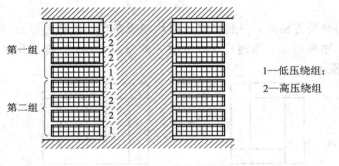

图3-6 交叠式绕组

1—低压绕组;
2—高压绕组

3. 油箱等其他附件

变压器除了器身之外,典型的油浸式电力变压器还有油箱、储油柜、绝缘套管、气体继电器、安全气道、分接开关等附件,如图3-2所示,其作用是保证变压器的安全和可靠运行。

1)油箱

变压器的器身放置在装有变压器油的油箱内,变压器油起着绝缘和冷却散热的作用,它使铁芯和绕组不被潮湿所侵蚀,同时通过变压器油的对流,将铁芯和绕组产生的热量传递给油箱和散热管,再散发到空气中。油箱的结构与变压器的容量、发热情况密切相关。变压器的容量越大,发热问题就越严重。在 20 kV·A 及以下的小容量变压器中采用平板式油箱;一般容量稍大的变压器都采用排管式油箱,在油箱壁上焊有散热管,以增大油箱的散热面积。

2)储油柜

储油柜亦称油枕,它是安装在油箱上面的圆筒形容器,它通过连通管与油箱相连,柜内油面高度随着油箱内变压器油的热胀冷缩而变动。储油柜的作用是保证变压器的器身始终浸在变压器油中,同时减少油和空气的接触面积,从而降低变压器油受潮和老化的速度。

3)绝缘套管

电力变压器的引出线从油箱内穿过油箱盖时,必须穿过瓷质的绝缘套管,以使带电的引出线与接地的油箱绝缘。绝缘套管的结构取决于电压等级，较低电压采用实心瓷套管；10～35 kV 电压采用空心充气式或充油式套管；电压在 110 kV 及以上时采用电容式套管。为了增加表面爬电距离，绝缘套管的外形做成多级伞形，电压越高，级数越多。

4）分接开关

油箱盖上面还装有分接开关，通过分接开关可改变变压器高压绕组的匝数，从而调节输出电压的大小。通常输出电压的调节范围是额定电压的±5%。

3.1.4　变压器的铭牌与主要系列

每台变压器上都有一个铭牌，在铭牌上标明了变压器的型号、额定值及其他有关数据。如图 3-7 所示为三相电力变压器的铭牌。

铝线电力变压器				
产品标准			型　号	SJL—560/10
额定容量	560 kV·A	相　数　3	额定频率	50 Hz
额定电压	高　压　10 kV	额定电流	高　压	32.3 A
	低　压　400～230 V		低　压	808 A
使用条件	户外式	绕组温升 65℃	油面温升 55℃	
短路电压	4.94%	冷却方式	油浸自冷式	
油重 370 kg	器身重 1040 kg	总重 1900 kg	连接组 Yyn0	
出厂序号	×××厂		年　月　出品	

图 3-7　变压器的铭牌

1. 变压器的型号与主要系列

1）变压器的型号

变压器的型号表示了一台变压器的结构特点、额定容量、电压等级和冷却方式等内容。例如 SJL—560/10，其中"S"表示三相，"J"表示油浸式，"L"表示铝导线，"560"表示额定容量为 560 kV·A，"10"表示高压绕组额定电压等级为 10 kV。电力变压器的分类和型号如表 3-1 所示。

表 3-1　电力变压器的分类和型号

代表符号排列顺序	分　类	类　别	代表符号
1	绕组耦合方式	自耦	O
2	相数	单相	D
		三相	S
3	冷却方式	空气自冷	—
		油自然循环	—
		油浸式	J
		风冷	F
		水冷	W
		强迫油循环风冷	FP
		强迫油循环水冷	WP

续表

代表符号排列顺序	分　类	类　别	代表符号
4	绕组数	双绕组 三绕组	— S
5	绕组导线材质	铜 铝	— L
6	调压方式	无励磁调压 有载调压	— Z

2）变压器的主要系列

目前我国生产的各种系列变压器产品有 SJL1(三相油浸铝线电力变压器)、SL7(三相铝线低损耗电力变压器)、S7 和 S9(三相铜线低损耗电力变压器)、SFPL1(三相强油风冷铝线电力变压器)、SFPSL1(三相强油风冷三线圈铝线电力变压器)、SWPO(三相强油水冷自耦电力变压器)等，基本上满足了国民经济各部门发展的要求。

2. 变压器的额定值

额定值是对变压器正常工作状态所作的使用规定，它是正确使用变压器的依据。

1）额定容量 S_N

额定容量 S_N 是指变压器在额定工作条件下输出能力的保证值，即视在功率，单位为 V·A 或 kV·A。对三相变压器而言，额定容量指三相容量之和。

2）额定电压 U_{1N} 和 U_{2N}

额定电压 U_{1N} 是根据变压器的绝缘强度和允许发热条件规定的一次绕组允许施加的电压；U_{2N} 是指变压器一次绕组加额定电压，二次绕组开路时的端电压，单位为 V 或 kV。对三相变压器而言，额定电压是指线电压。

3）额定电流 I_{1N} 和 I_{2N}

额定电流 I_{1N} 和 I_{2N} 是指变压器在额定电压和额定负载情况下，各绕组长期允许通过的电流，单位为 A。I_{1N} 是指一次绕组的额定电流；I_{2N} 是指二次绕组的额定电流。对三相变压器而言，额定电流是指线电流。

由于电力变压器的效率很高，忽略损耗时有：

对单相变压器

$$S_N = U_{1N}I_{1N} = U_{2N}I_{2N} \tag{3-4}$$

对三相变压器

$$S_N = \sqrt{3}U_{1N}I_{1N} = \sqrt{3}U_{2N}I_{2N} \tag{3-5}$$

4）额定频率 f_N

我国规定标准工业用电的频率即工频为 50 Hz。

此外，额定运行时变压器的效率、温升等数据均属于额定值。除额定值外，铭牌上还标有变压器的相数、连接组和接线图、短路电压(或短路阻抗)的标幺值、变压器的运行方式及冷却方式等。为考虑运输，有时铭牌上还标出变压器的总重、油重、器身重量和外形尺寸等附属数据。

例 3.1 一台三相油浸自冷式铝线变压器，连接组为 Yyn，$U_{1N}/U_{2N} = 6000 \text{ V}/400 \text{ V}$，$S_N = 100 \text{ kV} \cdot \text{A}$，试求一、二次绕组的额定电流。

解
$$I_{1N} = \frac{S_N}{\sqrt{3}\,U_{1N}} = \frac{100 \times 10^3}{\sqrt{3} \times 6000} \approx 9.62 \text{ A}$$

$$I_{2N} = \frac{S_N}{\sqrt{3}\,U_{2N}} = \frac{100 \times 10^3}{\sqrt{3} \times 400} \approx 144.3 \text{ A}$$

3.2 单相变压器的空载运行

变压器的空载运行是指变压器一次绕组接在额定频率和额定电压的交流电源上，而二次绕组开路时的运行状态，如图 3-8 所示。

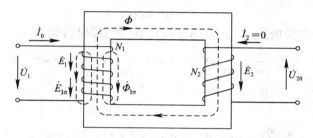

图 3-8 单相变压器的空载运行

3.2.1 空载运行时的物理情况

1. 电磁关系

由于变压器中电压、电流、磁通及电动势的大小和方向都是随时间作周期性变化的，为了能正确表明各量之间的关系，因此要规定它们的正方向。一般按电工惯例来规定，其正方向符合以下内容：

（1）同一支路中，电压 u 与电流 i 的正方向一致。

（2）磁通 ϕ 及 $\phi_{1\sigma}$ 与电流 i 的正方向符合右手螺旋定则。

（3）感应电动势 e 的正方向与磁通 ϕ 的正方向符合右手螺旋定则，并有 $e = -N\dfrac{\mathrm{d}\psi}{\mathrm{d}t}$ 的关系。

当一次绕组加上交流电压 $\dot{U}_1$，二次绕组开路时，一次绕组中便有空载电流 $\dot{I}_0$ 流过，而二次绕组中没有电流，即 $\dot{I}_2 = 0$。空载电流 $\dot{I}_0$ 在一次绕组中产生空载磁动势 $F_0 = \dot{I}_0 N_1$，并建立空载时的磁场，由于铁芯的磁导率比空气或油的磁导率大得多，因此绝大部分磁通 $\dot{\Phi}$ 通过铁芯闭合，同时交链一、二次绕组，这部分磁通称作主磁通；另一小部分磁通 $\dot{\Phi}_{1\sigma}$ 通过空气或变压器油(非铁磁性介质)闭合，只交链一次绕组，这部分磁通称作漏磁通。根据电磁感应原理，主磁通 $\dot{\Phi}$ 在一、二次绕组中感应出电动势 $\dot{E}_1$、$\dot{E}_2$，因此，主磁通参与能量的传递；漏磁通 $\dot{\Phi}_{1\sigma}$ 只在一次绕组中感应电动势 $\dot{E}_{1\sigma}$，因此，漏磁通不参与能量的传递，只增加磁路的饱和程度。另外，空载电流 $\dot{I}_0$ 流过一次绕组的电阻 r_1 还会产生电阻压降 $\dot{I}_0 r_1$。此过程的电磁关系可用图 3-9 表示。

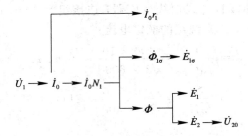

图 3-9 空载运行时的电磁关系

2. 感应电动势

1）电动势 $\dot{E}_1$、$\dot{E}_2$

若主磁通按正弦规律变化，即

$$\psi = \Phi_{\mathrm{m}} \sin\omega t$$

按照图 3-8 中参考方向的规定，则绕组感应电动势的瞬时值为

$$
\begin{aligned}
e_1 &= -N_1 \frac{\mathrm{d}\psi}{\mathrm{d}t} = -\omega N_1 \Phi_{\mathrm{m}} \cos\omega t = \omega N_1 \Phi_{\mathrm{m}} \sin(\omega t - 90°) \\
&= E_{1\mathrm{m}} \sin(\omega t - 90°)
\end{aligned}
\tag{3-6}
$$

同理

$$
e_2 = -N_2 \frac{\mathrm{d}\psi}{\mathrm{d}t} = \omega N_2 \Phi_{\mathrm{m}} \sin(\omega t - 90°) = E_{2\mathrm{m}} \sin(\omega t - 90°)
\tag{3-7}
$$

由上式可知，当主磁通 Φ 按正弦规律变化时，电动势 e_1、e_2 也按正弦规律变化，但 e_1、e_2 滞后于 Φ 90°，且感应电动势的有效值为

$$
E_1 = \frac{E_{1\mathrm{m}}}{\sqrt{2}} = \frac{\omega N_1 \Phi_{\mathrm{m}}}{\sqrt{2}} = \frac{2\pi f N_1 \Phi_{\mathrm{m}}}{\sqrt{2}} = 4.44 f N_1 \Phi_{\mathrm{m}}
$$

同理

$$
E_2 = 4.44 f N_2 \Phi_{\mathrm{m}}
$$

故电动势与主磁通的相量关系为

$$
\left.
\begin{aligned}
\dot{E}_1 &= -\mathrm{j}4.44 f N_1 \dot{\Phi}_{\mathrm{m}} \\
\dot{E}_2 &= -\mathrm{j}4.44 f N_2 \dot{\Phi}_{\mathrm{m}}
\end{aligned}
\right\}
\tag{3-8}
$$

根据式(3-8)可知

$$
\frac{\dot{E}_1}{\dot{E}_2} = \frac{N_1}{N_2} = k
$$

即

$$
\dot{E}_1 = k\dot{E}_2
$$

2）漏电动势 $\dot{E}_{1\sigma}$

根据前面电动势的分析方法可得漏磁通产生的电动势

$$
\dot{E}_{1\sigma} = -\mathrm{j}4.44 f N_1 \dot{\Phi}_{1\sigma\mathrm{m}}
\tag{3-9}
$$

为了简化分析或计算，通常根据电工基础知识把上式由电磁表达形式转化为习惯的电路表

达形式，即

$$\dot{E}_{1\sigma} = -j\dot{I}_0\omega L_{1\sigma} = -j\dot{I}_0 X_1 \tag{3-10}$$

式中：$L_{1\sigma}$——一次绕组的漏电感；

X_1——一次绕组漏电抗，反映漏磁通 $\dot{\Phi}_{1\sigma}$ 对一次侧电路的电磁效应，$X_1 = \omega L_{1\sigma}$。

由于漏磁通的路径是非铁磁性物质，磁路不会饱和，是线性磁路，因此对已制成的变压器，漏电感 $L_{1\sigma}$ 为常数，当频率 f 一定时，漏电抗 X_1 也是常数。

3）空载电流

变压器的空载电流 $\dot{I}_0$ 包含两个分量，一个是无功分量 $\dot{I}_\mu$，与主磁通 $\dot{\Phi}_m$ 同相，其作用是建立变压器的主磁通，因此 $\dot{I}_\mu$ 又称为励磁电流；另一个是有功分量 $\dot{I}_{Fe}$，超前于主磁通 $\dot{\Phi}_m$ 90°，其作用是供给铁芯损耗（包括磁滞损耗和涡流损耗），因此 $\dot{I}_{Fe}$ 又称为铁损耗电流，故空载电流可表示为

$$\dot{I}_0 = \dot{I}_\mu + \dot{I}_{Fe} \tag{3-11}$$

在电力变压器中，由于 $I_\mu \gg I_{Fe}$，当忽略 I_{Fe} 时，$I_0 \approx I_\mu$，因此把空载电流近似称为励磁电流。空载电流越小越好，一般电力变压器，$I_0 = (2\% \sim 10\%)I_{1N}$，容量越大，$I_0$ 相对越小，大型变压器 I_0 在 1% 以下。

3.2.2 电动势平衡方程式和等效电路

1. 电动势平衡方程式

根据基尔霍夫电压定律可得一次绕组的电动势平衡方程式为

$$\dot{U}_1 = -\dot{E}_1 - \dot{E}_{1\sigma} + \dot{I}_0 r_1 = -\dot{E}_1 + \dot{I}_0 r_1 + j\dot{I}_0 X_1 = -\dot{E}_1 + \dot{I}_0 Z_1 \tag{3-12}$$

式中：Z_1——一次绕组的漏阻抗，$Z_1 = r_1 + jX_1$。

由于 $\dot{I}_0$ 很小，电阻 r_1 和漏电抗 X_1 都很小，因此 $\dot{I}_0 Z_1$ 也很小，可忽略不计，由式（3-12）可得

$$U_1 \approx E_1 = 4.44 f N_1 \Phi_m \tag{3-13}$$

上式说明，当忽略漏阻抗压降时，U_1 仅由电动势 E_1 所平衡。若电源频率不变，主磁通 Φ_m 的大小仅仅决定于外施电压 U_1 的大小，即当电源的电压和频率均不变时，主磁通 Φ_m 基本不变，磁路饱和状态基本不变，这是变压器运行时的一个重要结论。

由于变压器空载运行时，二次绕组中没有电流，不产生阻抗压降，因此二次绕组的端电压就等于其感应电动势，即

$$\dot{U}_{20} = \dot{E}_2 \tag{3-14}$$

2. 等效电路

由前面的分析可知，漏磁通在一次绕组感应的电动势 $\dot{E}_{1\sigma}$ 在数值上可用 $\dot{I}_0$ 在漏电抗 X_1 上产生的压降来表示。同理，主磁通在一次绕组感应的电动势 $\dot{E}_1$ 在数值上也可用 $\dot{I}_0$ 在某一电抗 X_m 上产生的压降来表示，但考虑到在变压器铁芯中还产生铁损耗，因而还需引入一个电阻 r_m，故在分析电动势 $\dot{E}_1$ 时实际是引入一个阻抗 Z_m 来表示，即

$$\dot{E}_1 = -\dot{I}_0(r_m + jX_m) = -\dot{I}_0 Z_m \tag{3-15}$$

式中：r_m——励磁电阻，反映铁芯损耗的等效电阻；

X_m——励磁电抗，反映主磁通对一次绕组的电磁效应；

Z_m——励磁阻抗，$Z_m = r_m + jX_m$。

注意：由于主磁通的路径是铁磁性物质，是非线性磁路，因此 r_m 和 X_m 均随电源电压和铁芯饱和程度的变化而变化，通常 r_m 随铁芯饱和程度的增加而增大，X_m 随铁芯饱和程度的增加急剧减小，以致铁芯越饱和，Z_m 越小。

把式(3-15)代入式(3-12)可得

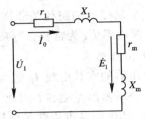

$$\dot{U}_1 = -\dot{E}_1 + \dot{I}_0 Z_1 = \dot{I}_0 Z_m + \dot{I}_0 Z_1$$
$$= \dot{I}_0 (r_1 + jX_1) + \dot{I}_0 (r_m + jX_m) \quad (3-16)$$

根据式(3-16)可画出对应的电路，如图3-10所示。由于该电路既能正确反映变压器内部的电磁过程，又便于工程计算，把一个既有电路关系，又有电磁耦合的实际变压器，用一个纯电路的形式来代替，因此这种电路称为变压器空载运行时的等效电路。

图3-10 变压器空载运行时的等效电路

3.2.3 空载运行时的相量图

为了直观地表示变压器中各物理量之间的大小和相位关系，在同一复平面上将变压器的各物理量用相量的形式来表示，称之为变压器的相量图。

通常根据式(3-12)可作出空载运行时的相量图，如图3-11所示。步骤如下：

(1) 首先以主磁通 $\dot{\Phi}_m$ 为参考相量，画出 $\dot{\Phi}_m$，根据 $\dot{I}_0 = \dot{I}_\mu + \dot{I}_{Fe}$ 画出 $\dot{I}_0$，$\dot{I}_0$ 超前 $\dot{\Phi}_m$ 一个铁耗角 α_{Fe}；

(2) 根据 $\dot{E}_1$ 和 $\dot{E}_2$ 滞后 $\dot{\Phi}_m$ 90°，可作出 $\dot{E}_1$ 和 $\dot{E}_2$（即 $\dot{U}_{20}$）；

(3) 根据式(3-12)，先作相量 $-\dot{E}_1$，在其末端作相量 $\dot{I}_0 r_1$ 平行于 $\dot{I}_0$，然后在相量 $\dot{I}_0 r_1$ 的末端作相量 $j\dot{I}_0 X_1$ 超前于 $\dot{I}_0$ 90°，其末端再与原点相连，即为相量 $\dot{U}_1$。

由图3-11可知，$\dot{U}_1$ 与 $\dot{I}_0$ 之间的相位角 φ_0 接近90°，因此变压器空载时的功率因数很低，一般 $\cos\varphi_0 = 0.1 \sim 0.2$。

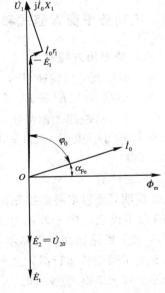

图3-11 变压器空载运行时的相量图

例3.2 某台单相变压器的额定电压为380/220 V，频率为50 Hz。试问：

(1) 如果将低压侧接到频率为50 Hz、额定电压为380 V的电源上，变压器会发生什么情况？

(2) 如果电源电压为额定值，频率提高20%，则励磁电抗 X_m 和空载电流 I_0 会有什么变化？

答 (1) 当低压侧接到380 V电源时，实际电压比额定电压高很多，由 $U_1 \approx 4.44 f N_1 \Phi_m$ 可知，主磁通 Φ_m 将增加很多，从而使铁芯磁路很饱和，磁路的磁导率迅速减小，励磁电抗 X_m 随磁导率成正比地很快减小，这样就会使空载电流 I_0 急剧增加，电流过大可能烧坏变压器绕组及铁芯。

（2）若电源电压为额定值，频率提高 20%，由 $U_1 \approx 4.44 f N_1 \Phi_m$ 可知，主磁通 Φ_m 将减小，从而使铁芯磁路的饱和程度减小，磁路的磁导率增大，励磁电抗 X_m 随磁导率成正比增大，空载电流 I_0 就会减小。

3.3 单相变压器的负载运行

变压器一次绕组接交流电源，二次绕组接负载时的运行状态，称为变压器的负载运行，如图 3 - 12 所示。此时二次绕组有电流 $\dot{I}_2$ 流过，此电流又称为负载电流。

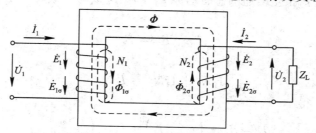

图 3 - 12 变压器的负载运行原理图

3.3.1 负载运行时的物理情况

1. 电磁关系

当变压器二次绕组接上负载时，二次绕组中就有负载电流 $\dot{I}_2$ 流过，$\dot{I}_2$ 流过二次绕组建立磁动势 $\dot{F}_2 = \dot{I}_2 N_2$，$\dot{F}_2$ 也要在铁芯中产生磁通，因此 $\dot{F}_2$ 的出现将对空载时的主磁通 $\dot{\Phi}_m$ 有去磁作用，使铁芯中的主磁通趋于减小，随之电动势 $\dot{E}_1$ 和 $\dot{E}_2$ 也减小，从而破坏了空载运行时的电动势平衡关系，使一次绕组的电流由 $\dot{I}_0$ 增加到 $\dot{I}_1$。但由于从空载到负载运行时，电源的电压和频率都为常数，始终有 $U_1 \approx E_1 = 4.44 f N_1 \Phi_m$，铁芯中的主磁通应基本恒定，因此一次绕组增加的磁动势必须抵消二次绕组磁动势 $\dot{F}_2$ 的去磁作用，以保持主磁通基本不变。故变压器负载运行时，铁芯中的主磁通是由一、二次绕组的磁动势 $\dot{F}_1$ 和 $\dot{F}_2$ 共同建立的，负载运行时的电磁关系可用图 3 - 13 表示。

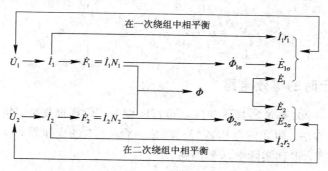

图 3 - 13 变压器负载运行时的电磁关系

2. 感应电动势

由主磁通产生的感应电动势为式(3-8)，由漏磁通产生的感应电动势为

$$\left.\begin{aligned} \dot{E}_{1\sigma} &= -\mathrm{j}\dot{I}_1\omega L_{1\sigma} = -\mathrm{j}\dot{I}_1 X_1 \\ \dot{E}_{2\sigma} &= -\mathrm{j}\dot{I}_2\omega L_{2\sigma} = -\mathrm{j}\dot{I}_2 X_2 \end{aligned}\right\}$$

式中：$L_{2\sigma}$——二次绕组的漏电感，$L_{2\sigma}$ 为常数；

X_2——二次绕组的漏电抗，反映漏磁通 $\dot{\Phi}_{2\sigma}$ 对二次绕组的电磁效应，$X_2 = \omega L_{2\sigma}$。

3.3.2 负载运行时的基本方程式

1. 磁动势平衡方程式

当变压器由空载运行到负载运行时，由于电源电压 $\dot{U}_1$ 保持不变，则主磁通 $\dot{\Phi}_{\mathrm{m}}$ 基本保持不变，因此负载时产生主磁通的总磁动势 $\dot{F}_1 + \dot{F}_2$ 应该与空载时产生主磁通的空载磁动势 $\dot{F}_0$ 基本相等，即

$$\dot{F}_1 + \dot{F}_2 = \dot{F}_0$$

或

$$\dot{I}_1 N_1 + \dot{I}_2 N_2 = \dot{I}_0 N_1 \tag{3-17}$$

将上式两边除以 N_1 得

$$\dot{I}_1 = \dot{I}_0 + \left(-\frac{N_2}{N_1}\dot{I}_2\right) = \dot{I}_0 + \left(-\frac{\dot{I}_2}{k}\right)$$

上式表明，负载时一次绕组的电流 $\dot{I}_1$ 由两个分量组成，一个是励磁电流 $\dot{I}_0$，用于建立主磁通；另一个是负载电流分量 $-\dot{I}_2/k$，用于抵消二次绕组磁动势的去磁作用，以保持主磁通基本不变。

2. 电动势平衡方程式

根据基尔霍夫电压定律，由图 3-12 与图 3-13 可得

$$\dot{U}_1 = -\dot{E}_1 - \dot{E}_{1\sigma} + \dot{I}_1 r_1 = -\dot{E}_1 + \mathrm{j}\dot{I}_1 X_1 + \dot{I}_1 r_1 = -\dot{E}_1 + \dot{I}_1 Z_1 \tag{3-18}$$

$$\dot{U}_2 = \dot{E}_2 + \dot{E}_{2\sigma} - \dot{I}_2 r_2 = \dot{E}_2 - \mathrm{j}\dot{I}_2 X_2 - \dot{I}_2 r_2 = \dot{E}_2 - \dot{I}_2 Z_2 \tag{3-19}$$

综上所述，将变压器负载时的基本电磁关系归纳起来，可得以下基本方程式

$$\left.\begin{aligned} \dot{U}_1 &= -\dot{E}_1 + \dot{I}_1(r_1 + \mathrm{j}X_1) \\ \dot{U}_2 &= \dot{E}_2 - \dot{I}_2(r_2 + \mathrm{j}X_2) \\ \dot{I}_1 N_1 &+ \dot{I}_2 N_2 = \dot{I}_0 N_1 \\ \dot{E}_1 &= k\dot{E}_2 \\ \dot{E}_1 &= -\dot{I}_0 Z_{\mathrm{m}} \\ \dot{U}_2 &= \dot{I}_2 Z_{\mathrm{L}} \end{aligned}\right\} \tag{3-20}$$

3.3.3 负载运行时的等效电路

使用方程式(3-20)来求解具体变压器运行问题时，计算很复杂，精确度降低，因此一般要采用"归算"的方法，将实际变压器"归算"成一台 $k=1$ 的变压器，再进行分析，得到结果后，再经过逆运算，得到实际变压器的解。

1. 绕组归算

绕组归算就是把变压器的一、二次绕组归算成相同的匝数，同时保持归算前后磁动势平衡关系、各种功率关系均不变。通常是将二次侧归算到一次侧，即用一个匝数为 N_1 的

等效绕组代替匝数为 N_2 的实际二次绕组。因为归算前后二次绕组的匝数不同，所以归算后的二次侧绕组各物理量的大小与归算前的不同，归算后的二次侧各物理量均由原符号右上角加"′"表示。具体推导如下：

1）二次侧电流的归算

根据归算前后二次绕组磁动势不变的原则，可得

$$I_2'N_1 = I_2 N_2$$

即

$$I_2' = \frac{N_2}{N_1}I_2 = \frac{I_2}{k} \tag{3-21}$$

2）二次侧电动势及电压的归算

根据归算前后主磁通不变的原则，可得

$$\frac{E_2'}{E_2} = \frac{N_2'}{N_2} = \frac{N_1}{N_2}$$

即

$$E_2' = kE_2 \tag{3-22}$$

同理

$$E_{2\sigma}' = kE_{2\sigma}$$
$$U_2' = kU_2$$

3）二次侧阻抗的归算

根据归算前后二次绕组铜损耗及漏电感中无功功率不变的原则，可得

$$I_2'^2 r_2' = I_2^2 r_2, \quad r_2' = \left(\frac{I_2}{I_2'}\right)^2 r_2 = k^2 r_2$$

$$I_2'^2 X_2' = I_2^2 X_2, \quad X_2' = \left(\frac{I_2}{I_2'}\right)^2 X_2 = k^2 X_2$$

随之可得

$$Z_2' = k^2 Z_2 \tag{3-23}$$

同理

$$Z_L' = k^2 Z_L$$

综上所述，归算后，变压器负载运行时的基本方程式变为

$$\left. \begin{aligned}
\dot{U}_1 &= -\dot{E}_1 + \dot{I}_1(r_1 + jX_1) \\
\dot{U}_2' &= \dot{E}_2' - \dot{I}_2'(r_2' + jX_2') \\
\dot{I}_1 + \dot{I}_2' &= \dot{I}_0 \\
\dot{E}_1 &= \dot{E}_2' \\
\dot{E}_1 &= -\dot{I}_0 Z_m \\
\dot{U}_2' &= \dot{I}_2' Z_L'
\end{aligned} \right\} \tag{3-24}$$

上述归算分析，是将二次侧的各物理量归算到一次侧，归算后仅改变二次侧各量的大小，而不改变其相位或幅角。

2. 等效电路

根据归算后变压器负载运行时的基本方程式分别画出变压器的部分等效电路，如图

3-14(a)所示,其中变压器一、二次绕组之间磁的耦合作用反映在由主磁通在绕组中产生的感应电动势 $\dot{E}_1$ 和 $\dot{E}_2'$ 上,根据 $\dot{E}_1=\dot{E}_2'=-\dot{I}_0 Z_m$ 和 $\dot{I}_1+\dot{I}_2'=\dot{I}_0$ 的关系式,可将图 3-14 (a)的三个部分等效电路联系在一起,得到一个由阻抗串、并联的"T"形等效电路,如图 3-14(b)所示。其中励磁电流 $\dot{I}_0$ 流过的支路称为励磁支路。

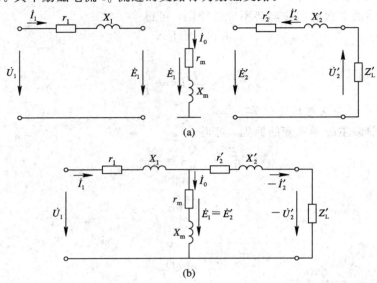

(a)

(b)

图 3-14 变压器"T"形等效电路形成过程
(a) 部分等效电路;(b) "T"形等效电路

在一般变压器中,因为 $Z_m \gg Z_1$,同时 I_0 很小,在一定电源电压下,I_0 不随负载而变化,这样便可把励磁支路从"T"形等效电路中部移到电源端去,如图 3-15 所示。这种电路称为近似等效电路。

由于一般变压器励磁电流 I_0 很小,因而在分析变压器负载运行的某些问题时,为了便于计算,可把励磁电流 I_0 忽略,即去掉励磁支路,从而得到一个更简单的阻抗串联电路,如图 3-16 所示,这种电路称为变压器的简化等效电路。

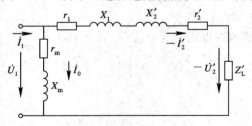

图 3-15 变压器的近似等效电路   图 3-16 变压器的简化等效电路

图 3-16 中:r_k 为短路电阻,$r_k=r_1+r_2'$;X_k 为短路电抗,$X_k=X_1+X_2'$,因此,短路阻抗为 $Z_k=r_k+jX_k$。

例 3.3 一台单相变压器,$S_N=10$ kV·A,$U_{1N}/U_{2N}=380$ V/220 V,$r_1=0.14$ Ω,$r_2=0.035$ Ω,$X_1=0.22$ Ω,$X_2=0.055$ Ω,$r_m=30$ Ω,$X_m=310$ Ω。一次侧加额定频率的额定电压并保持不变,二次侧接负载阻抗 $Z_L=(4+j3)$ Ω。试用简化等效电路计算:

(1) 一、二次电流及二次电压。

（2）一、二次侧的功率因数。

解 先求参数

$$k = \frac{U_{1N}}{U_{2N}} = \frac{380}{220} \approx 1.727$$

$$r_2' = k^2 r_2 = 1.727^2 \times 0.035 \approx 0.1044 \ \Omega$$

$$X_2' = k^2 X_2 = 1.727^2 \times 0.055 \approx 0.164 \ \Omega$$

$$Z_L' = k^2 Z_L = 1.727^2 \times (4 + j3) \approx (11.93 + j8.95) \approx 14.91 \underline{/36.87°} \ \Omega$$

$$Z_k = r_k + jX_k = (r_1 + r_2') + j(X_1 + X_2')$$

$$= [0.14 + 0.1044 + j(0.22 + 0.164)]$$

$$\approx (0.244 + j0.384) \approx 0.455 \underline{/57.57°} \ \Omega$$

（1）

$$\dot{I}_1 = -\dot{I}_2' = \frac{\dot{U}_1}{Z_k + Z_L'} = \frac{380 \underline{/0°}}{0.244 + j0.384 + 11.93 + j8.95} \approx 24.77 \underline{/-37.48°} \ \text{A}$$

$$I_1 = I_2' = 24.77 \ \text{A}$$

$$I_2 = kI_2' = 1.727 \times 24.77 \approx 42.78 \ \text{A}$$

$$\dot{U}_2' = \dot{I}_2' Z_L' = -24.77 \underline{/-37.48°} \times 14.91 \underline{/36.87°} \approx 369.32 \underline{/179.39°} \ \text{V}$$

$$U_2 = \frac{U_2'}{k} = \frac{369.32}{1.727} \approx 213.85 \ \text{V}$$

（2）

$$\cos\varphi_1 = \cos 37.48° \approx 0.79 \ （感性）$$

$$\cos\varphi_2 = \cos 36.87° \approx 0.8 \ （感性）$$

*3.4 变压器参数的测定

从上节可知，使用基本方程式和等效电路来分析计算变压器的运行问题时，都必须首先知道变压器的各个参数。变压器的参数可通过空载试验和短路试验来测定。下面分别予以介绍。

3.4.1 空载试验

空载试验是在变压器空载运行情况下进行的，试验的目的是通过测量变压器的空载电流 I_0 和空载损耗 p_0，再求得电压比 k 和励磁参数 r_m、X_m 和 Z_m。

空载试验可在高压侧或低压侧加电压，但考虑到空载试验电压要加到额定电压，因此为了便于试验和安全起见，通常在低压侧加压试验，高压侧开路。单相变压器空载试验电路如图 3-17 所示。应当注意，空载运行时的空载电流很小，功率因数很低，电压表及功率表的电压线圈必须接在电流表及功率表的电流线圈前面，而且必须使用低功率因数的瓦特表，以减小测量误差。

空载试验时，调压器输入端接工频的正弦交流电源，输出端接变压器的低压侧，调节调压器输出电压即空载电压 U_0 使其等于低压侧的额定电压 U_{2N}，然后测量空载电流 I_0、空

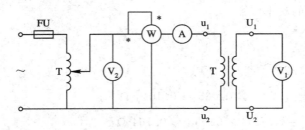

图 3 - 17 变压器的空载试验电路图

载损耗 p_0(空载输入功率)和高压侧的开路电压 U_{1N}。

空载试验时,变压器不输出有功功率,输入功率 p_0 全部用于变压器的内部损耗,即铁芯损耗和绕组电阻上的铜损耗,故 p_0 又称为空载损耗,且 $p_0 = p_{Fe} + p_{Cu}$。由于变压器低压侧所加电压为额定值,铁芯中的主磁通达到正常运行数值,因此铁芯损耗 p_{Fe} 也达到正常运行时的数值。又由于空载电流 I_0 很小,绕组铜损耗相对很小,即 $p_{Cu} \ll p_{Fe}$,因此 p_{Cu} 可忽略不计,$p_0 \approx p_{Fe}$。

变压器空载试验的等效电路如图 3 - 18 所示,根据等效电路可知,$p_0 \approx p_{Fe} = I_0^2 r_m$,空载阻抗 $Z_0 = (r_2 + jX_2) + (r_m + jX_m) \approx r_m + jX_m = Z_m$。这样根据测量结果,可计算

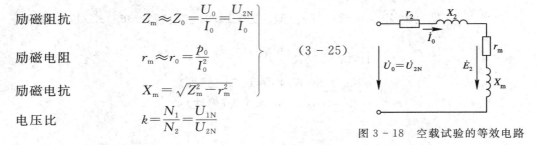

$$
\left.
\begin{array}{ll}
\text{励磁阻抗} & Z_m \approx Z_0 = \dfrac{U_0}{I_0} = \dfrac{U_{2N}}{I_0} \\[2mm]
\text{励磁电阻} & r_m \approx r_0 = \dfrac{p_0}{I_0^2} \\[2mm]
\text{励磁电抗} & X_m = \sqrt{Z_m^2 - r_m^2} \\[2mm]
\text{电压比} & k = \dfrac{N_1}{N_2} = \dfrac{U_{1N}}{U_{2N}}
\end{array}
\right\} \quad (3 - 25)
$$

图 3 - 18 空载试验的等效电路

3.4.2 短路试验

短路试验是在变压器二次绕组短路的条件下进行的,试验的目的是通过测量短路电压 U_k 和短路损耗 p_k,再求得短路参数 r_k、X_k 和 Z_k。

由于短路试验外加电源电压很低,一般为额定电压的 $5\% \sim 10\%$,电流较大(达到额定值),因此为了便于测量,一般在高压侧加电压,低压侧短路。单相变压器短路试验的接线图如图 3 - 19 所示。应当注意,短路试验时,所加电压较低,短路电流较大,电流表及功率表的电流线圈必须接在电压表及功率表的电压线圈前面,而且必须使用普通瓦特表,以减小测量误差。

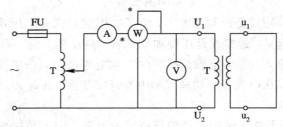

图 3 - 19 变压器短路试验的电路图

短路试验时，调节调压器输出电压 U_k，从零开始缓慢增大，使高压侧短路电流 I_k 从零上升到额定电流 I_{1N} 为止，然后测量 $I_k=I_{1N}$ 时的短路电压 U_k、短路电流 I_k 和短路损耗 p_k（短路输入功率），并记录试验时的室温 $t(℃)$。为了避免绕组发热引起电阻变化，试验应尽快进行。

短路试验时，由于高压侧外加电压很低，铁芯中的主磁通很小，因此铁芯损耗可忽略不计，这时输入功率 p_k 就可以认为完全用于一、二次绕组电阻的铜损耗，即 $p_k \approx p_{Cu}$。

短路试验的等效电路如图 3-20 所示，由等效电路可知，$p_k \approx p_{Cu}=I_k^2(r_1+r_2')=I_k^2 r_k$。根据等效电路和测量结果，可计算室温下的短路参数如下：

短路阻抗　　　$Z_k \approx \dfrac{U_k}{I_k}=\dfrac{U_k}{I_{1N}}$

短路电阻　　　$r_k \approx \dfrac{p_k}{I_k^2}=\dfrac{p_k}{I_{1N}^2}$　　　(3-26)

短路电抗　　　$X_k = \sqrt{Z_k^2-r_k^2}$

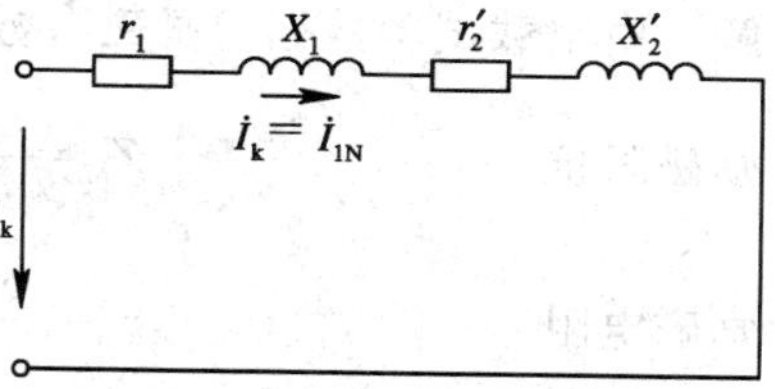

图 3-20　短路试验的等效电路

按式(3-26)求得的 r_k 是室温 t 条件下的数值，而不是实际运行的变压器的电阻值。按国家标准规定，变压器的标准工作温度是 75℃，因此应将 r_k 换算到 75℃时，换算公式如下：

铜线变压器　　　　　　　$r_{k75℃}=r_k \dfrac{235+75}{235+t}$

铝线变压器　　　　　　　$r_{k75℃}=r_k \dfrac{228+75}{228+t}$　　　(3-27)

求出 $r_{k75℃}$ 之后，由于 X_k 与温度无关，则 75℃时的短路阻抗为

$$Z_{k75℃} = \sqrt{X_k^2+r_{k75℃}^2}$$

一般不用分开一、二次绕组的参数，求出 $r_{k75℃}$ 和 $Z_{k75℃}$ 即可。对大、中型电力变压器，可假设 $r_1=r_2'=r_k/2$，$X_1=X_2'=X_k/2$。

另外，短路电流等于额定电流时的短路损耗 p_{kN} 和短路电压 U_{kN} 换算到 75℃时的数值，即

$$p_{kN75℃} = I_{1N}^2 r_{k75℃}$$
$$U_{kN75℃} = I_{1N} Z_{k75℃}$$

为了便于比较，常把 $U_{kN75℃}$ 表示为对一次侧额定电压的相对值的百分数，称作短路电压 u_k，即

$$u_k = \dfrac{U_{kN75℃}}{U_{1N}} \times 100\%　　　(3-28)$$

一般中、小型变压器的 u_k 为 $4\% \sim 10.5\%$，大型变压器的 u_k 为 $12.5\% \sim 17.5\%$。

短路电压 u_k 也称为阻抗电压，是变压器的一个重要参数，常标在变压器的铭牌上，它的大小反映了变压器在额定负载下运行时漏阻抗压降的大小。

说明：

(1) 实际工作中，变压器的参数均指标准工作温度下的数值(不再注出下标 75℃)。

(2) 空载试验是在低压侧进行的，故测得的励磁参数是低压侧的数值。如果需要得到归算高压侧的数值，必须乘以 k^2，这里的 k 必须是高压侧对低压侧的电压比。

（3）短路试验是在高压侧进行的，因此测得的短路参数是归算到高压侧的数值。如果要得到低压侧的数值，应除以 k^2。

（4）对于三相变压器，应用上述公式时，必须采用每相的数值，即采用相电压、相电流和一相的损耗等进行计算。

例3.4 一台三相电力变压器，型号为 SL—750/10，$S_N = 750$ kV·A，$U_{1N}/U_{2N} = 10\,000$ V/400 V，Yyn 接线。在低压侧做空载试验，测得数据为 $U_0 = 400$ V，$I_0 = 60$ A，$p_0 = 3800$ W。在高压侧做短路试验，测得数据为 $U_k = 440$ V，$I_k = 43.3$ A，$p_k = 10\,900$ W，室温为 20℃。试求：归算到高压侧的励磁参数和短路参数。

解 由空载试验数据求励磁参数：

励磁阻抗

$$Z_m = \frac{U_0/\sqrt{3}}{I_0} = \frac{400/\sqrt{3}}{60} \approx 3.85 \ \Omega$$

励磁电阻

$$r_m = \frac{p_0/3}{I_0^2} = \frac{3800/3}{60^2} \approx 0.35 \ \Omega$$

励磁电抗

$$X_m = \sqrt{Z_m^2 - r_m^2} \approx 3.83 \ \Omega$$

电压比

$$k = \frac{U_{1N}/\sqrt{3}}{U_{2N}/\sqrt{3}} = \frac{10\,000/\sqrt{3}}{400/\sqrt{3}} = 25$$

归算到高压侧的励磁参数为

$$Z_m' = k^2 Z_m = 25^2 \times 3.85 = 2406.25 \ \Omega$$

$$r_m' = k^2 r_m = 25^2 \times 0.35 = 218.75 \ \Omega$$

$$X_m' = k^2 X_m = 25^2 \times 3.83 = 2393.75 \ \Omega$$

由短路试验数据求短路参数：

短路阻抗

$$Z_k = \frac{U_k/\sqrt{3}}{I_k} = \frac{440/\sqrt{3}}{43.3} \approx 5.87 \ \Omega$$

短路电阻

$$r_k = \frac{p_k/3}{I_k^2} = \frac{10\,900/3}{43.3^2} \approx 1.94 \ \Omega$$

短路电抗

$$X_k = \sqrt{Z_k^2 - r_k^2} = \sqrt{5.87^2 - 1.94^2} \approx 5.54 \ \Omega$$

换算到 75℃ 的短路参数为

$$r_{k75℃} = \frac{228+75}{228+20} \times 1.94 \approx 2.37 \ \Omega$$

$$Z_{k75℃} = \sqrt{r_{k75℃}^2 + X_k^2} = \sqrt{2.37^2 + 5.54^2} \approx 6.03 \ \Omega$$

额定短路损耗为

$$p_{kN75℃} = 3 I_{1N\phi}^2 r_{k75℃} = 3 \times 43.3^2 \times 2.37 \approx 13\,330.47 \ W$$

短路电压相对值为

$$u_k = \frac{U_{kN75℃}}{U_{1N}} \times 100\% = \frac{43.3 \times 6.03}{10\,000/\sqrt{3}} \times 100\% \approx 4.52\%$$

3.5　变压器的运行特性

对于负载来讲，变压器的二次侧相当于一个电源，对于电源，我们所关心的是它的运行性能。

变压器的运行特性主要有外特性和效率特性。

表征变压器运行性能的主要指标有电压变化率和效率。下面分别予以讨论。

3.5.1　变压器的外特性和电压变化率

变压器的外特性是指电源电压和负载的功率因数为常数时，二次侧端电压随负载电流变化的规律，即 $U_2 = f(I_2)$。

变压器负载运行时，二次侧端电压的变化程度通常用电压变化率表示。电压变化率是指，当一次侧接在额定电压的电网上，负载功率因数 $\cos\varphi_2$ 一定时，从空载到负载运行时二次侧端电压的变化量与额定电压的百分比，用 Δu 表示，即

$$\Delta u = \frac{U_{20} - U_2}{U_{2N}} \times 100\% = \frac{U_{2N} - U_2}{U_{2N}} \times 100\% = \frac{U_{1N} - U_2'}{U_{1N}} \times 100\% \qquad (3-29)$$

用上述公式求电压变化率有诸多不便，因此根据式(3-29)和变压器的近似等效电路相量图，可以推导出电压变化率的实用计算公式为

$$\Delta u = \beta \frac{I_{1N\phi}}{U_{1N\phi}}(r_k \cos\varphi_2 + X_k \sin\varphi_2) \times 100\% \qquad (3-30)$$

式中：β ——变压器负载系数，$\beta = I_1 / I_{1N} = I_2 / I_{2N}$；

$U_{1N\phi}$、$I_{1N\phi}$ ——一次侧的额定相电压、相电流。

从式(3-30)可看出，变压器的电压变化率 Δu 不仅决定于它的短路参数 r_k、X_k 和负载系数 β，还与负载的功率因数 $\cos\varphi_2$ 有关。

根据式(3-30)可画出变压器的外特性，如图 3-21 所示。由于电力变压器的 X_k 比 r_k 大得多，因此对纯电阻负载，$\cos\varphi_2 = 1$，Δu 很小且为正值，外特性稍微下降，即 U_2 随 I_2 的增大略微下降；对感性负载 $(\varphi_2 > 0)$，$\cos\varphi_2 > 0$，$\sin\varphi_2 > 0$，Δu 较大且为正值，外特性下

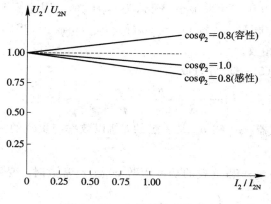

图 3-21　变压器的外特性

降较多,即 U_2 随 I_2 的增大而下降较多;对容性负载($\varphi_2 < 0$), $\cos\varphi_2 > 0$, $\sin\varphi_2 < 0$, 当 $|X_k \sin\varphi_2| > |r_k \cos\varphi_2|$ 时, Δu 为负值,外特性是上升的,即 U_2 随 I_2 的增大而升高。

电压变化率 Δu 表征了变压器二次侧供电电压的稳定性,一定程度上反映了电能的质量。Δu 越大,供电质量越差。一般电力变压器,当 $\cos\varphi_2 \approx 1$ 时,额定负载下的电压变化率约为 2%～3%,当 $\cos\varphi_2 = 0.8$(感性)时,额定负载下的电压变化率约为 4%～7%,Δu 大大增加,可见,提高负载的功率因数有利于减小电压变化率,提高供电质量。

3.5.2 变压器的损耗和效率特性

1. 变压器的损耗

变压器在传递能量的过程中会产生损耗,致使变压器的输出功率小于输入功率。由于变压器没有旋转部件,因此没有机械损耗。变压器的损耗主要包括铁损耗和铜损耗,即

$$\sum p = p_{Fe} + p_{Cu}$$

变压器的铁损耗 p_{Fe} 与外加电源电压的大小有关,而与负载的大小无关。当电源电压一定时,从空载到额定负载(满载)时,铁损耗基本不变,故铁损耗又称为不变损耗。

变压器的铜损耗 p_{Cu} 与负载电流的平方成正比,随负载电流的变化而变化,故铜损耗又称为可变损耗。

2. 变压器的效率

变压器的效率是指变压器的输出功率 P_2 与输入功率 P_1 之比,用百分数表示,即

$$\eta = \frac{P_2}{P_1} \times 100\% = \left(1 - \frac{\sum p}{P_1}\right) \times 100\% = \left(1 - \frac{p_{Cu} + p_{Fe}}{P_2 + p_{Cu} + p_{Fe}}\right) \times 100\% \quad (3-31)$$

由于变压器的效率很高,用直接负载法测量 P_1 和 P_2,进而确定效率往往很难得到准确的结果,工程上常用间接法,即利用空载试验和短路试验数据及额定值来计算效率,首先假设:

(1) 以额定电压下的空载损耗 p_0 作为铁损耗 p_{Fe},并认为 $p_0 = p_{Fe} = $ 常数;

(2) 以额定电流时的短路损耗 p_{kN} 作为额定电流时的铜损耗 p_{CuN},并认为铜损耗与负载系数的平方成正比,即 $p_{Cu} = \left(\dfrac{I_2}{I_{2N}}\right)^2 p_{kN} = \beta^2 p_{kN}$;

(3) 由于变压器的电压变化率很小,可认为 $U_2 \approx U_{2N}$,因此输出功率为

$$P_2 = mU_{2N\phi}I_{2\phi}\cos\varphi_2 = \beta mU_{2N\phi}I_{2N\phi}\cos\varphi_2 = \beta S_N\cos\varphi_2$$

式中:m——变压器的相数。

作以上假定后,式(3-31)可写成

$$\eta = \left(1 - \frac{p_0 + \beta^2 p_{kN}}{\beta S_N\cos\varphi_2 + p_0 + \beta^2 p_{kN}}\right) \times 100\% \quad (3-32)$$

对于已制成的变压器,p_0 和 p_{kN} 是一定的,所以效率与负载的大小及功率因数有关。

3. 效率特性

效率特性是指电源电压和负载的功率因数 $\cos\varphi_2 = $ 常数时,变压器的效率随负载电流变化的规律,即 $\eta = f(\beta)$。

根据式(3-32)可绘出效率特性曲线,如图 3-22 所示。从效率特性曲线上可以看出,

第 3 章 变 压 器 — 75 —

当负载增大到某一数值时，效率达到最大值 η_{max}。将式(3-32)对 β 求导，并令 $d\eta/d\beta=0$，便得产生最大效率的条件

$$\beta_m^2 p_{kN} = p_0 \quad \text{或} \quad \beta_m = \sqrt{\frac{p_0}{p_{kN}}} \tag{3-33}$$

式中：β_m——最大效率时的负载系数。

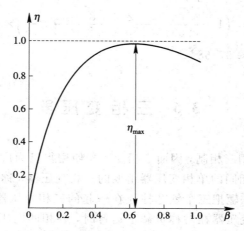

图 3-22 变压器的效率特性

式(3-33)表明变压器的可变损耗等于不变损耗时，效率达到最大值，将 β_m 代入式 (3-32)即可求出变压器的最大效率 η_{max}。

例 3.5 试用例 3.4 中的数据求：

(1) 额定负载且功率因数 $\cos\varphi_2=0.8$(感性)时的二次侧端电压和效率；

(2) 功率因数 $\cos\varphi_2=0.8$(感性)时的最大效率。

解 (1) 额定负载且功率因数 $\cos\varphi_2=0.8$(感性)时

电压变化率

$$\Delta u = \beta\left(\frac{I_{1N\phi}r_k\cos\varphi_2 + I_{1N\phi}X_k\sin\varphi_2}{U_{1N\phi}}\right)\times 100\%$$

$$= 1\times\left(\frac{43.3\times 2.37\times 0.8 + 43.3\times 5.54\times 0.6}{10\,000/\sqrt{3}}\right)\times 100\%$$

$$\approx 1\times(0.0178\times 0.8 + 0.0415\times 0.6)\times 100\%$$

$$\approx 3.91\%$$

二次侧端电压

$$U_2 = (1-\Delta u)U_{2N} = (1-0.0391)\times 400\text{ V} \approx 384.34\text{ V}$$

效率

$$\eta = \left(1 - \frac{p_0 + \beta^2 p_{kN}}{\beta S_N\cos\varphi_2 + p_0 + \beta^2 p_{kN}}\right)\times 100\%$$

$$= \left(1 - \frac{3.8 + 1^2\times 13.330\,47}{1\times 750\times 0.8 + 3.8 + 1^2\times 13.330\,47}\right)\times 100\%$$

$$\approx 97.22\%$$

（2）$\cos\varphi_2 = 0.8$（滞后）时的最大效率

$$\beta_m = \sqrt{\frac{p_0}{p_{kN}}} = \sqrt{\frac{3.8}{13.330\ 47}} \approx 0.534$$

$$\eta_{max} = \left(1 - \frac{2p_0}{\beta_m S_N \cos\varphi_2 + 2p_0}\right) \times 100\%$$

$$= \left(1 - \frac{2 \times 3.8}{0.534 \times 750 \times 0.8 + 2 \times 3.8}\right) \times 100\%$$

$$\approx 97.68\%$$

3.6 三相变压器

现代电力系统均采用三相制，因而三相变压器使用得极为广泛。三相变压器有两种类型：一种是由三个完全相同的单相变压器组成的三相变压器，称为三相组式变压器或三相变压器组；另一种是由铁轭把三个铁芯柱连在一起的三相变压器，称为三相心式变压器。从运行原理来看，三相变压器在对称负载下运行时，各相的电压、电流大小相等，相位上彼此相差120°，就其一相来说，与单相变压器没有什么区别。因此单相变压器的基本方程式、等效电路和运行特性等完全适用于三相变压器，这里就不再重复。本节仅讨论三相变压器的特有问题，即三相变压器的磁路系统和电路系统。

3.6.1　三相变压器的磁路系统

三相变压器的磁路系统按其铁芯结构可分为组式磁路和心式磁路。

1. 三相变压器组的磁路

三相变压器组是由三台完全相同的单相变压器组成的，相应的磁路为组式磁路，如图3 - 23所示。组式磁路的特点是三相磁通各有自己单独的磁路，互不相关，三相磁阻对称。因此当一次侧外加对称三相电压时，各相的主磁通必然对称，各相空载电流也是对称的。

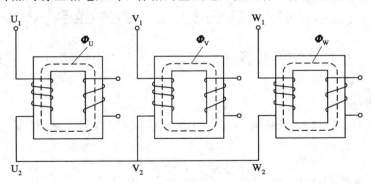

图3 - 23　三相变压器组的磁路系统

2. 三相心式变压器的磁路

三相心式变压器的磁路是由三相变压器组演变而来的。把组成三相变压器组的三个单相变压器的铁芯合并成图3 - 24(a)所示，当外加三相对称电压时，三相主磁通是对称的，但中间铁芯柱内的主磁通为 $\Phi_U + \Phi_V + \Phi_W = 0$，因此可将中间铁芯柱省去，即可变成图 3 - 24(b)所示的结构形式。为了制造方便和节省材料，常把三相铁芯柱布置在同一平面内，即成为目前广泛采用的三相心式变压器的铁芯，如图 3 - 24(c)所示。

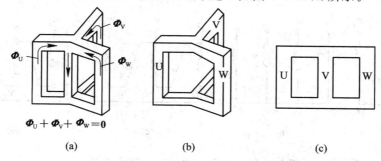

图 3 - 24　三相心式变压器的磁路系统

（a）三个单相变压器的铁芯合并时；（b）将中间铁芯柱省去；

（c）将三相铁芯柱布置在同一平面内

三相心式变压器的磁路特点是：

（1）各相磁路彼此相关，每相磁通均以其他两相磁路作为自己的闭合回路；

（2）三相磁路长度不等，磁阻不对称。因此当一次侧外加三相对称电压时，三相空载电流不对称，但由于空载电流很小，因此这种不对称对变压器的负载运行影响很小，可忽略不计。

比较以上两种类型的三相变压器的磁路系统可以看出，在相同的额定容量下，三相心式变压器比三相变压器组具有效率高、维护方便、节省材料、占地面积小等优点和磁路不对称的缺点。而三相变压器组中的每个单相变压器都比三相心式变压器的体积小、重量轻、运输方便，另外还可减少备用容量，所以现在广泛采用的是三相心式变压器。对于一些超高压、特大容量的三相变压器，为减少制造及运输困难，常采用三相变压器组。

3.6.2　三相变压器的电路系统——连接组

1. 三相绕组的连接法

为了使用三相变压器时能正确连接三相绕组，变压器绕组的每个出线端都应有一个标志，规定变压器绕组首、末端的标志，如表 3 - 2 所示。

表 3 - 2　变压器绕组的首端和末端标志

绕组名称	单相变压器		三相变压器		中性点
	首端	末端	首端	末端	
高压绕组	U_1	U_2	U_1、V_1、W_1	U_2、V_2、W_2	N
低压绕组	u_1	u_2	u_1、v_1、w_1	u_2、v_2、w_2	n
中间绕组	U_{1m}	U_{2m}	U_{1m}、V_{1m}、W_{1m}	U_{2m}、V_{2m}、W_{2m}	N_m

三相电力变压器主要采用星形和三角形两种连接方法。把三相绕组的末端连接在一起成为中性点，而把三个首端引出，便是星形连接，用字母 Y 或 y 表示，如果有中性点引出，则用 YN 或 yn 表示，如图 3 - 25(a)、(b)所示；把不同相绕组的首、末端连接在一起，顺

次连成一闭合回路,然后从首端引出,便是三角形连接,用字母 D 或 d 表示,如图 3 - 25(c)、(d)所示。大写字母 Y 或 D 表示高压绕组的连接法,小写字母 y 或 d 表示低压绕组的连接法。

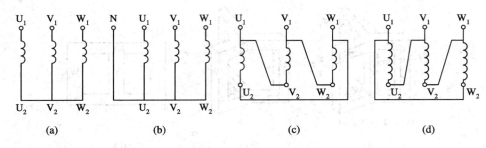

图 3 - 25 三相绕组的星形、三角形连接

(a) 星形连接;(b) 星形连接中点引出;(c) 三角形逆连;(d) 三角形顺连

2. 单相变压器的连接组

单相变压器高、低压绕组绕在同一个铁芯柱上,被同一个主磁通所交链。当主磁通交变时,高、低压绕组之间有一定的极性关系,即在同一瞬间,高压绕组某一个端点的电位为正(高电位)时,低压绕组必有一个端点的电位也为正(高电位),这两个具有相同极性的端点称为同极性端或同名端,在同名端的对应端点旁用符号"·"或"*"表示,如图 3 - 26所示。同名端与绕组的绕向有关。对于已制成的变压器,都有同名端的标记。如果既没有标记,又看不出绕组的绕向,可通过试验的方法确定同名端(参见思考与练习题 3.17)。

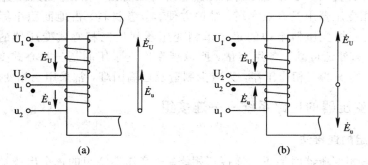

图 3 - 26 单相变压器的连接组

(a) II0 连接组;(b) II6 连接组

单相变压器的连接组用以表达高、低压绕组的连接方式及其电动势之间的相位关系,其中高、低压绕组电动势之间的相位差用连接组号表示。例如,连接组"II6"中,第一和第二个"I"表示高、低压绕组均为单相,"6"为连接组标号,表示高、低压绕组电动势的相位差为 $6 \times 30° = 180°$。连接组标号通常采用"时钟表示法",即把高压绕组的电动势相量作为时钟的长针,始终指向时钟钟面"12"(即"0")处,把低压绕组的电动势相量作为时钟的短针,短针所指的钟点数即为连接组标号。

若规定高、低压绕组电动势的方向都是从首端指向末端,则单相变压器的连接组有两种情况:

(1)当高、低压绕组的首端(或末端)为同名端时,高、低压绕组的电动势同相,如图

3-26(a)所示，根据"时钟表示法"可确定其连接组标号为 0，故该单相变压器的连接组为 II0，其中前后两个 I 分别表示高、低压绕组均为单相，0 表示连接组标号。

（2）当高、低压绕组的首端（或末端）为异名端时，高、低压绕组的电动势反相，如图 3-26(b)所示，根据"时钟表示法"可确定其连接组标号为 6，故该单相变压器的连接组为 II6。实际中，单相变压器只采用 II0 连接组。

3. 三相变压器的连接组

由于三相变压器的绕组可以采用不同的连接，从而使得三相变压器高、低压绕组的对应线电动势会出现不同的相位差，因此为了简明地表达高、低压绕组的连接方法及对应线电动势之间的相位关系，把变压器绕组的连接分成各种不同的组合，此组合就称为变压器的连接组，其中高、低压绕组线电动势的相位差用连接组标号来表示。三相变压器的连接组标号仍采用"时钟表示法"，即把高压绕组线电动势（如 $\dot{E}_{UV}$）作为时钟的长针，始终指向时钟钟面"12"（即"0"）处，把低压绕组对应的线电动势（如 $\dot{E}_{uv}$）作为时钟的短针，短针所指的钟点数即为三相变压器的连接组标号，将标号数字乘以 30°，就是低压绕组线电动势滞后于对应高压绕组线电动势的相位角。

标识三相变压器的连接组时，表示三相变压器高、低压绕组连接法的字母按额定电压递减的次序标注，紧接着标出其连接组标号，如"Yy0""Yd11"等。

三相变压器的连接组标号不仅与绕组的同名端及首末端的标记有关，还与三相绕组的连接法有关。三相绕组的连接图按传统的方法，高压绕组位于上面，低压绕组位于下面。

根据绕组连接图，用"时钟表示法"判断连接组标号一般分为四个步骤：

第一步：标出高、低压绕组相电动势的参考正方向。

第二步：作出高压侧的电动势相量图（按 U→V→W 的相序），确定某一线电动势相量（如 $\dot{E}_{UV}$）的方向。

第三步：确定高、低压绕组的对应相电动势的相位关系（同相或反相），作出低压侧的电动势相量图，确定对应的线电动势相量（如 $\dot{E}_{uv}$）的方向。为了方便比较，将高、低压侧的电动势相量图画在一起，取 U_1 与 u_1 点重合。

第四步：根据高、低压侧对应线电动势的相位关系确定连接组的标号。

下面具体分析不同连接法的三相变压器的连接组。

1）"Yy0"连接组和"Yy6"连接组

对图 3-27(a)所示的连接图，首先，在图 3-27(a)中标出高、低压绕组相电动势的参考正方向；其次，画出高压侧的电动势相量图，即作 $\dot{E}_U$、$\dot{E}_V$、$\dot{E}_W$ 三个相量使其构成一个星形，并在三个矢量的首端分别标上 U_1、V_1、W_1，再依据 $\dot{E}_{UV}=\dot{E}_U-\dot{E}_V$，画出高压侧线电动势的相量 $\dot{E}_{UV}$，如图 3-27(b)所示；第三，由于对应高、低压绕组的首端为同名端，因此高、低压绕组的相电动势同相，据此作相量 $\dot{E}_u$、$\dot{E}_v$、$\dot{E}_w$ 得低压侧电动势相量图（注意使 U_1 与 u_1 重合），再画出低压侧的线电动势相量 $\dot{E}_{uv}$，如图 3-27(b)所示；第四，由该相量图可知 $\dot{E}_{UV}$ 与 $\dot{E}_{uv}$ 同相，若把相量 $\dot{E}_{UV}$ 作为时钟的长针且指向钟面"0"处，把相量 $\dot{E}_{uv}$ 作为时钟的短针，则短针指向钟面"0"处，所以该连接组的标号是"0"，即为"Yy0"连接组。

在图 3-27(a)中，如将高、低压绕组的异名端作为首端，则高、低压绕组对应的相电动势反相，如图 3-28(a)所示。用同样的方法可确定，线电动势 $\dot{E}_{UV}$ 与 $\dot{E}_{uv}$ 的相位差为 180°，如图 3-28(b)所示，所以该连接组的标号是"6"，即为"Yy6"连接组。

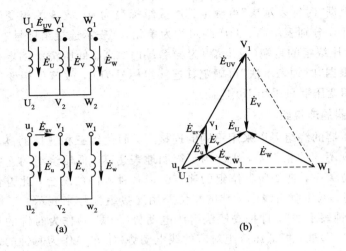

图 3 - 27 "Yy0"连接组

(a) 接线图；(b) 相量图

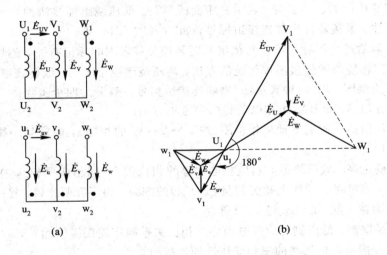

图 3 - 28 "Yy6"连接组

(a) 接线图；(b) 相量图

2)"Yd11"连接组

对图 3 - 29(a)所示的连接图，根据判断连接组的方法，画出高、低压侧相量图，如图 3 - 29(b)所示。此时应注意，低压绕组为三角形连接，作低压侧相量图时，应使相量 $\dot{E}_u$、$\dot{E}_w$、$\dot{E}_v$ 构成一个三角形，并注意 $\dot{E}_{uv} = -\dot{E}_v$。由该相量图可知，$\dot{E}_{uv}$ 滞后于 $\dot{E}_{UV}$ 330°，当 $\dot{E}_{UV}$ 指向钟面"0"处时，$\dot{E}_{uv}$ 指向"11"处，故其连接组为"Yd11"。

变压器连接组的数目很多，为了方便制造和并联运行，对于三相双绕组电力变压器，一般采用"Yyn0""Yd11""YNd11""YNy0""Yy0"等五种标准连接组，其中前三种最常用。"Yyn0"用于低压侧电压为 400～230 V 的配电变压器中，供给动力与照明混合负载。"Yd11"用于低压侧电压超过 400 V 的线路中。"YNd11"用于高压侧需接地且低压侧电压超过 400 V 的线路中。"YNy0"用于高压侧需接地的场合。"Yy0"只用于三相动力负载。

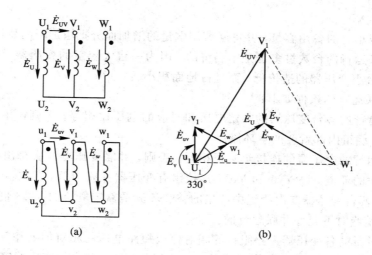

图 3 - 29 "Yd11"连接组

（a）接线图；（b）相量图

3.6.3 三相变压器的并联运行

在近代电力系统中，常采用多台变压器并联运行的运行方式，所谓并联运行，就是将两台或两台以上的变压器的一、二次绕组分别并联到公共母线上，同时对负载供电。图 3 - 30 为两台变压器的并联运行接线图。

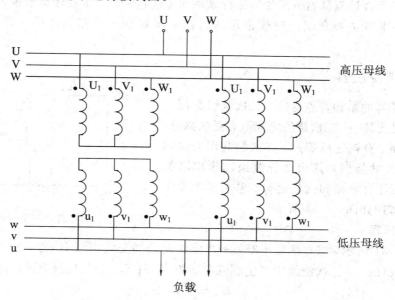

图 3 - 30 两台变压器的并联运行接线图

变压器并联运行时有很多优点：

（1）提高供电的可靠性。并联运行的某台变压器发生故障或需要检修时，可以将它从电网上切除，而电网仍能继续供电。

（2）提高运行的经济性。当负载有较大的变化时，可以调整并联运行的变压器台数，以提高运行的效率。

(3) 可以减小总的备用容量,并可随着用电量的增加而分批增加新的变压器。

当然,并联运行的台数过多也是不经济的,因为一台大容量的变压器,其造价要比总容量相同的几台小变压器的造价低,而且占地面积小。

变压器并联运行的条件如下:

(1) 并联运行的各台变压器的额定电压和对应的电压比相等。否则,并联变压器空载时,其一、二次绕组内部就会产生环流。

(2) 并联运行的变压器的连接组必须相同。否则,并联变压器二次绕组线电压相位不同,会引起很大的环流。以 Yy0 和 Yd11 连接组有变压器并联为例,其二次绕组线电压相位差为 30°,在两台变压器二次绕组中产生的空载环流是额定电流的 5.18 倍,所以连接组不同的变压器是绝对不允许并联运行的。

(3) 并联运行的各变压器短路阻抗的相对值或短路电压的相对值要相等。这样在带上负载时,各变压器承担的负载按其容量大小成比例分配,使并联的变压器容量得到充分发挥。但实际中短路电压的相对值难以完全相等,选择并联变压器时,容量大的 u_k 小一些,这样容量大的变压器先达到满载,使并联组的变压器利用率尽可能高些。

3.7 其他常用变压器

前面分析了普通双绕组变压器的运行原理和特性,尽管变压器种类繁多,但基本原理都是相同的。本节主要介绍一些较常用的自耦变压器和仪用互感器的工作原理与结构特点。

3.7.1 自耦变压器

自耦变压器的结构特点是一、二次绕组共用一部分绕组,因此其一、二次绕组之间既有磁的耦合,又有电的联系。自耦变压器一、二次侧共用的这部分绕组称作公共绕组,其余部分绕组称作串联绕组。自耦变压器有单相和三相之分。单相自耦变压器的接线原理图如图 3 - 31 所示。

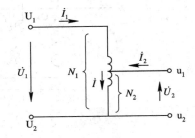

图 3 - 31 降压自耦变压器的接线原理图

1. 工作原理

如图 3 - 31 所示,当自耦变压器的一次绕组两端加交流电压 $\dot{U}_1$ 时,铁芯中产生主磁通 $\dot{\Phi}_m$,并分别在一、二次绕组中产生感应电动势 $\dot{E}_1$ 和 $\dot{E}_2$,若忽略漏阻抗压降,则

$$U_1 \approx E_1 = 4.44 f N_1 \Phi_m$$
$$U_2 \approx E_2 = 4.44 f N_2 \Phi_m$$

故

$$\frac{U_1}{U_2} \approx \frac{E_1}{E_2} = \frac{N_1}{N_2} = k_a \qquad (3 - 34)$$

式中:k_a——自耦变压器的电压比。

由图 3 - 31 可知其磁动势平衡关系为

$$\dot{I}_1(N_1 - N_2) + (\dot{I}_1 + \dot{I}_2)N_2 = \dot{I}_0 N_1$$

若忽略励磁电流 $\dot{I}_0$，则

$$\dot{I}_1 N_1 + \dot{I}_2 N_2 = 0$$

即

$$\dot{I}_1 = -\frac{N_2}{N_1}\dot{I}_2 = -\frac{\dot{I}_2}{k_a} \tag{3-35}$$

由图 3 - 31 可知公共绕组的电流为

$$\dot{I} = \dot{I}_1 + \dot{I}_2 = \left(1 - \frac{1}{k_a}\right)\dot{I}_2 \tag{3-36}$$

由式(3 - 35)可知，$\dot{I}_1$ 与 $\dot{I}_2$ 相位相反，因此由上式又可得以下有效值关系：

$$I = I_2 - I_1 \tag{3-37}$$

2. 容量关系

自耦变压器的额定容量为

$$S_N = U_{1N} I_{1N} = U_{2N} I_{2N} \tag{3-38}$$

根据式(3 - 37)可得

$$I_{2N} = I_N + I_{1N}$$

把上式代入式(3 - 38)可得

$$S_N = U_{1N} I_{1N} = U_{2N} I_{2N} = U_{2N}(I_N + I_{1N}) = U_{2N} I_N + U_{2N} I_{1N} = S_{感应} + S_{传导} \tag{3-39}$$

由式(3 - 39)可知，自耦变压器的额定容量可分成两部分，一部分是通过公共绕组的电磁感应作用，由一次侧传递到二次侧的电磁容量 $S_{感应} = U_{2N} I_N$，另一部分是通过串联绕组的电流 I_{1N}，由电源直接传导到负载的传导容量 $S_{传导} = U_{2N} I_{1N}$。故自耦变压器负载上的功率不是全部通过磁耦合关系从一次侧得到的，而是有一部分功率可直接从电源得到。但普通双绕组变压器的负载不可能直接从电源获得功率。这是自耦变压器与双绕组变压器的根本区别。

3. 自耦变压器的特点

（1）与额定容量相同的双绕组变压器相比，自耦变压器绕组容量小，耗材少，因而造价低、重量轻、尺寸小，便于运输和安装，同时因损耗小，而效率高。

（2）由于自耦变压器一、二次绕组间有电的直接联系，因此要求变压器内部绝缘和过电压保护都必须加强，以防止高压侧的过电压传递到低压侧。

目前，在高电压大容量的输电系统中，三相自耦变压器可作联络变压器之用，主要用来连接两个电压等级相近的电力网。在工厂里，三相自耦变压器可用作异步电动机的启动补偿器。在实验室中，自耦变压器二次绕组的引出线做成可在绕组上滑动的形式，以便调节二次侧电压，这种自耦变压器称作自耦调压器。

3.7.2 仪用互感器

仪用互感器是一种用于测量的专用设备，主要用来测量电力系统的高电压或大电流，有电压互感器和电流互感器两种。

使用互感器有两个好处：一是使测量回路与高压电网隔离，以保证工作人员的安全；

二是可以使用低量程的电压表或电流表测量高电压或大电流。

互感器除了用于测量电压和电流外，还可用于各种继电保护装置的测量系统，因此它的应用很广。下面分别对电压互感器与电流互感器进行介绍。

1. 电压互感器

图 3 - 32 为电压互感器的原理图。电压互感器在结构上类似普通双绕组变压器，其一次绕组匝数很多、线径较细，并接在被测的高电压上，二次绕组匝数很少、线径较粗，并接在高阻抗的测量仪表上（如电压表、功率表的电压线圈等）。

由于电压互感器二次侧所接仪表的阻抗很大，运行时相当于二次侧处于开路状态，因此电压互感器实际上相当于一台空载运行的降压变压器。

若忽略漏阻抗压降，则有

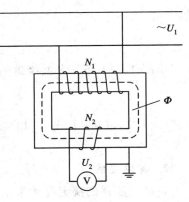

图 3 - 32　电压互感器的原理图

$$\frac{U_1}{U_2} = \frac{N_1}{N_2} = k_u \qquad (3-40)$$

式中：k_u——电压互感器的变压比，是常数。

电压互感器二次侧额定电压通常设计为 100 V，如果电压表与电压互感器配套，则电压表指示的数值已按变压比被放大，可直接读取被测电压数值。电压互感器的额定电压等级有 3000 V/100 V、10 000 V/100 V 等。

实际的电压互感器，由于绕组漏阻抗上有压降，因此变压比 k_u 只是近似等于一个常数，必然存在误差。根据误差的大小，将电压互感器的准确度分为 0.5、1.0、3.0 三个等级，每个等级允许误差见有关技术指标。

使用电压互感器时须注意以下事项：

（1）二次侧绝对不允许短路，否则，短路电流将很大，会使绕组过热而烧坏互感器。

（2）二次绕组及铁芯应可靠接地，以防绝缘损坏时，一次侧的高电压传到铁芯及二次侧，危及仪表及操作人员安全。

（3）二次侧不宜接过多的仪表，以免影响互感器的精度等级。

2. 电流互感器

图 3 - 33 为电流互感器的原理图，其结构也类似普通双绕组变压器，一次绕组匝数很少、线径较粗，串接在被测电路中，二次绕组匝数很多、线径较细，与阻抗很小的仪表（如电流表和功率表的电流线圈）组成闭合回路。

由于电流互感器二次侧所接仪表的阻抗很小，运行时二次侧相当于短路，因此电流互感器实际运行时相当于一台二次侧短路的升压变压器。

为了减小测量误差，电流互感器铁芯中的磁通密度一般设计得较低，所以励磁电流很小。若忽略励磁电流，由磁动势平衡关系可得

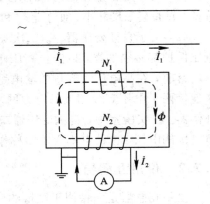

图 3 - 33　电流互感器的原理图

$$\frac{I_1}{I_2} = \frac{N_2}{N_1} = k_i \tag{3-41}$$

式中：k_i——电流互感器的变流比，是常数。

电流互感器的规格各种各样，但其二次侧额定电流通常设计为 5 A。与电压互感器一样，电流表指示的数值已按变流比被放大，可直接读取被侧电流。电流互感器的额定电流等级有 100 A/5 A、500 A/5 A、2000 A/5 A 等。

电流互感器同样存在着误差，变流比 k_i 只是近似等于常数。根据误差的大小，电流互感器的准确度可分为 0.2、0.5、1.0、3.0、10.0 五个等级。

使用电流互感器时须注意以下事项：

(1) 二次绕组绝对不允许开路。若二次侧开路，电流互感器将空载运行，此时被测线路的大电流将全部成为励磁电流，铁芯中的磁通密度就会猛增，磁路严重饱和，一方面造成铁芯过热而烧坏绕组绝缘，另一方面二次绕组将会感应很高的电压，可能击穿绝缘，危及仪表及操作人员的安全。

(2) 二次绕组及铁芯应可靠接地。

(3) 二次侧所接电流表的内阻抗必须很小，否则会影响测量精度。

另外，在实际工作中，为了方便在带电现场检测线路中的电流，工程上常采用一种钳形电流表，其工作原理与电流互感器相同，外形结构如图 3 - 34 所示。其结构特点是：铁芯像一把钳子可以张合，二次绕组与电流表串联组成一个闭合回路。在测量导线中的电流时，不必断开被测电路，只要压动手柄，将铁芯钳口张开，把被测导线夹于其中即可，此时被测载流导线就充当一次绕组，利用电磁感应作用，由二次绕组所接的电流表可直接读出被测导线中电流的大小。

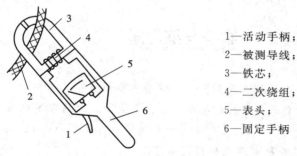

1—活动手柄；
2—被测导线；
3—铁芯；
4—二次绕组；
5—表头；
6—固定手柄

图 3 - 34　钳形电流表

小　结

变压器是一种静止的电气设备，可以实现变压、变流和变换阻抗的功能。

变压器的基本结构是铁芯和绕组，铁芯构成磁路，绕组则构成电路。

1. 变压器的运行原理

变压器有空载运行和负载运行两种状态，空载运行是负载运行的一种特殊形式。对两种运行状态的理论分析主要集中在基本方程式、等效电路及相量图上。基本方程式是电磁关系的数学表达形式；等效电路是从基本方程式出发，用电路形式来模拟实际变压器；相量图是基本方程式的一种相量图形表示法。这三者是完全一致的，只是从不同侧面来说明变压器运行的物理关系。在定量计算时，常采用等效电路求解。

通过空载试验和短路试验可求取变压器的励磁参数、电压比和短路参数。

2. 变压器的运行特性

变压器的运行特性有外特性和效率特性。电压变化率和效率是衡量变压器运行性能的主要指标。电压变化率表征了变压器负载运行时二次侧电压的稳定性和供电质量，而效率则表征了变压器运行的经济性。

3. 三相变压器

三相变压器分为三相组式变压器和三相心式变压器。三相组式变压器每相有独立的磁路，三相心式变压器各相磁路彼此相关。

三相变压器的电路系统是研究变压器绕组的连接法及高、低压侧线电动势之间的相位关系，此相位关系即连接组号，通常用"时钟表示法"来确定。三相变压器连接组不但与三相绕组的连接方式有关，还与绕组绕向和首末端标记有关。

三相变压器并联运行时必须满足一定条件。

4. 其他常用变压器

其他常用变压器主要介绍了自耦变压器和仪用互感器。自耦变压器的特点是一、二次绕组间不仅有磁的耦合，而且有电的直接联系。仪用互感器是测量用的变压器，使用时应注意将铁芯及二次侧接地，电流互感器二次侧绝不允许开路，而电压互感器二次侧绝不允许短路。

思考与练习题

3.1 变压器是根据什么原理工作的？它有哪些主要用途？

3.2 变压器有哪些主要部件，其功能是什么？变压器二次侧额定电压是怎样定义的？

3.3 有一台 $S_N = 5000\text{ kV·A}$，$U_{1N}/U_{2N} = 10\text{ kV}/6.3\text{ kV}$，Y，d 连接的三相变压器，试求：变压器一、二次绕组的额定电压和额定电流。

3.4 变压器的铁芯为什么要用硅钢片叠成？铁芯若用整块硅钢片材料，有什么不好？

3.5 变压器的主磁通和漏磁通的作用有何不同？在等效电路中是如何反映它们的作用的？

3.6 变压器空载电流的性质和作用如何？空载电流大了好还是小了好？

3.7 电源频率降低，其他各量不变，试分析变压器铁芯饱和程度、励磁电抗、励磁电流的变化情况。

3.8 某台单相变压器，$U_{1N}/U_{2N} = 220\text{ V}/110\text{ V}$，若错把二次侧当成一次侧接到 220 V 的交流电源上，会产生什么现象？为什么？

3.9 如果变压器接在额定电压的直流电源上，这时铁芯中的磁通和一次绕组的电流将有什么变化? 会发生什么情况? 为什么?

3.10　变压器一、二次绕组并无电的联系, 但负载运行时, 二次侧电流增减的同时, 一次侧电流为什么也随之增减?

3.11　某单相变压器 $S_N = 2$ kV·A, $U_{1N}/U_{2N} = 1100$ V/110 V, $f_N = 50$ Hz, 短路阻抗 $Z_k = (8 + j28.91)$ Ω, 额定电压时空载电流 $\dot{I}_0 = (0.01 - j0.09)$ A, 所接负载阻抗 $Z_L = (10 + j5)$ Ω。试根据变压器的简化等效电路求:

(1) 变压器的一、二次侧电流及输出电压;

(2) 变压器的输入功率 P_1、输出功率 P_2。

3.12　为什么变压器的空载损耗可以近似看成是铁损耗, 短路损耗可以近似看成是铜损耗?

3.13　做变压器空载、短路试验时, 电压可加在高压侧, 也可加在低压侧。两种方法试验时, 电源输入的有功功率是否相同? 测得的参数是否相同?

3.14　什么是变压器的电压变化率和效率? 它们与哪些因素有关? 何时效率最高?

3.15　已知三相变压器 $S_N = 5600$ kV·A, $U_{1N}/U_{2N} = 10$ kV/6.3 kV; Yd11 连接组, 空载及短路试验数据如下:(室温 25℃, 铜绕组)

试验名称	电压/V	电流/A	功率/W	备　注
空载	6300	7.4	18 000	低压侧加电压
短路	550	32.3	56 000	高压侧加电压

试求:

(1) 归算到高压侧的励磁参数和短路参数;

(2) 额定负载且功率因数 $\cos\varphi_2 = 0.8$(滞后)时的二次侧端电压及效率;

(3) $\cos\varphi_2 = 0.8$(滞后)时的最大效率。

3.16　三相组式变压器和三相心式变压器, 在磁路上各有什么特点?

3.17　变压器出厂前要进行"极性"试验, 如图 3-35 所示, 在 U_1、U_2 端加电压, 将 U_2 和 u_2 相连, 用电压表测 U_1 与 u_1 间的电压。设变压器额定电压为 220 V/110 V, 若 U_1 和 u_1 为同名端, 则电压表的读数为多少? 若 U_1 和 u_1 为异名端, 则电压表的读数又为多少?

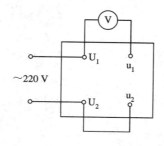

图 3-35　变压器的极性试验图

3.18　什么是三相变压器的连接组? 影响连接组的因素有哪些? 如何用时钟表示法来确定连接组标号?

3.19 三相变压器的一、二次绕组按图 3 - 36 连接，试判断其连接组。

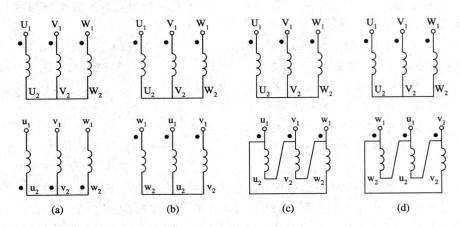

图 3 - 36 三相变压器的一、二次绕组连接图

3.20 变压器为什么要并联运行？并联运行的条件有哪些？

3.21 自耦变压器是如何传递功率的？具有什么特点？

3.22 电压互感器和电流互感器的功能是什么？使用时须注意哪些事项？

第 4 章　三相异步电动机

【学习目标】

（1）理解三相交流绕组的旋转磁场的形成，掌握旋转磁场的特点及三相异步电动机的基本工作原理。

（2）熟悉三相异步电动机的基本结构，理解定子绕组的构成和感应电动势的计算公式。

（3）掌握三相异步电动机运行时的电磁关系、基本方程式和等效电路，并会应用等效电路进行有关分析计算。

（4）掌握三相异步电动机的功率及转矩平衡方程式，并熟练运用方程式进行有关分析计算。

（5）理解三相异步电动机的工作特性，了解其参数测定方法。

交流电机可分为同步电机和异步电机两大类，它们的定、转子磁场都是旋转的，而直流电机的磁场是静止的。同步电机运行时转子转速始终与旋转磁场的转速相等，不随负载的大小而变化。异步电机运行时转子转速与旋转磁场的转速不相等，且随着负载大小的变化而变化。

异步电机有异步发电机和异步电动机之分。因为异步发电机的性能较差，所以异步电机一般都作电动机使用。异步电动机（又称感应电动机）又分为单相异步电动机和三相异步电动机两类。单相异步电动机常用于家用电器和医疗器械等中，而三相异步电动机在工农业、交通运输、国防工业的电力拖动装置中应用非常广泛，这是因为三相异步电动机具有结构简单、制造方便、价格低廉、运行可靠等一系列优点；还具有较高的运行效率和较好的工作特性，能满足各行各业大多数生产机械的传动要求。但是异步电动机运行时，必须从电网吸取感性的无功功率，以建立旋转磁场，使电网的功率因数降低，而且运行时受电网电压波动的影响较大；另外，异步电动机不能经济地实现范围较广的平滑调速，其调速性能逊色于直流电动机。总之，由于大多数生产机械并不要求大范围的平滑调速，且电网的功率因数又可采取其他办法进行补偿，特别是随着晶闸管元件及交流调速系统的发展，异步电动机的调速性能已可与直流电动机相媲美，因此异步电动机不失为电力拖动系统中一个极为重要的元件。

本章首先叙述旋转磁场的产生、三相异步电动机的基本工作原理和基本结构、定子绕组的构成、感应电动势的求取等；再沿用变压器的分析方法分析三相异步电动机运行时的电磁关系、基本方程式和等效电路；然后，根据等效电路，进一步分析三相异步电动机的功率及转矩平衡方程式；最后分析三相异步电动机的工作特性和参数测定方法。

4.1 三相异步电动机的基本工作原理

4.1.1 三相交流电的旋转磁场

单相交流电通过单相绕组时产生的磁动势，其幅值与电流的瞬时值成正比，即随时间按正弦规律变化，该磁动势的轴线位置始终在该相绕组的轴线上，这种磁动势称为脉振磁动势。因为三相异步电动机的定子绕组为三相对称绕组，所以当三相异步电动机的定子绕组通入三相对称交流电时，各相定子绕组产生的磁动势都是一个脉振磁动势，而三个脉振磁动势合成后就是三相定子绕组产生的总磁动势，通过分析可以证明该磁动势是一个幅值恒定不变的旋转磁动势，即圆形旋转磁动势。三相异步电动机定子绕组的旋转磁动势将会在气隙中产生一个旋转磁场。

1. 旋转磁场的产生

三相异步电动机的定子绕组为三相对称绕组，只要三相对称绕组通入三相对称交流电流，就会在气隙中产生旋转磁场。我们先考察三相对称绕组每相仅由一个线圈组成的情况，如图 4-1 所示，U_1—U_2、V_1—V_2、W_1—W_2 三个完全相同的线圈空间彼此互隔 $120°$ 分布在定子铁芯内圆的圆周上，构成了三相对称绕组。这个三相对称绕组在空间的位置是沿着逆时针方向，V 相从 U 相后移 $120°$，W 相从 V 相后移 $120°$。当三相对称绕组接上三相对称电源时，在绕组中将流过三相对称电流。若各相电流的瞬时表达式为

$$i_U = I_m \cos\omega t$$
$$i_V = I_m \cos(\omega t - 120°)$$
$$i_W = I_m \cos(\omega t + 120°)$$

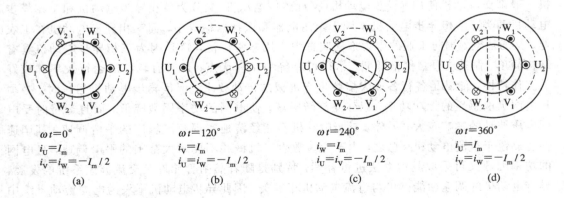

$$\omega t = 0° \qquad\qquad \omega t = 120° \qquad\qquad \omega t = 240° \qquad\qquad \omega t = 360°$$
$$i_U = I_m \qquad\qquad i_V = I_m \qquad\qquad i_W = I_m \qquad\qquad i_U = I_m$$
$$i_V = i_W = -I_m/2 \quad i_U = i_W = -I_m/2 \quad i_U = i_V = -I_m/2 \quad i_V = i_W = -I_m/2$$

(a) (b) (c) (d)

图 4-1 两极旋转磁场示意图

(a) $\omega t = 0°$时的旋转磁场；(b) $\omega t = 120°$时的旋转磁场；

(c) $\omega t = 240°$时的旋转磁场；(d) $\omega t = 360°$时的旋转磁场

则各相电流随时间变化的曲线如图 4－2 所示。由于三相电流随时间的变化是连续的，且极为迅速，因此为了便于考察三相电流产生的合成磁效应，我们可以通过几个特定的瞬间，以窥其全貌。为此，选择 $\omega t = 0°$、$\omega t = 120°$、$\omega t = 240°$、$\omega t = 360°$ 四个特定瞬间，并规定：电流为正值时，电流从每相绕组的首端（U_1、V_1、W_1）流进，末端（U_2、V_2、W_2）流出；电流为负值时，电流从每相绕组的末端流进，首端流出。在表示线圈导线的"○"内，用"×"号表示电流流入，用"·"号表示电流流出。

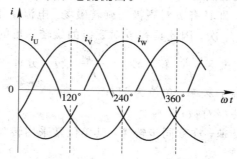

图 4－2　三相电流的变化曲线

首先看 $\omega t = 0°$ 这个瞬间，从电流变化曲线可得出，$i_U = I_m$，$i_V = i_W = -I_m/2$。将各相电流方向表示在各相线圈剖面图上，如图 4－1(a)所示。从图可看出，V_2、U_1、W_2 三个线圈边中的电流都是从纸面流进，且 V_2、W_2 中的电流数值相等，根据右手螺旋定则可知这三个线圈边中的电流产生的合成磁场分布必以 U 相线圈边为中心，两边反向对称，磁场通过转子时，其方向为从上向下。同理可确定 V_1、U_2、W_1 三个线圈边中的电流产生的合成磁场分布。因此，整个磁场的分布左右对称，与一对磁极产生的磁场一样。用同样的方法可画出 $\omega t = 120°$、$240°$、$360°$ 三个瞬间的电流方向与磁场分布情况，分别如图 4－1(b)、(c)、(d)所示。依次观察图 4－1(a)、(b)、(c)、(d)，便会看出三相对称电流通过三相对称绕组建立的合成磁场并不是静止不动的，也不是方向交变的，而是犹如一对磁极旋转产生的磁场。从 $\omega t = 0°$ 的瞬间到 $120°$、$240°$、$360°$ 的瞬间，随着三相电流的变化，合成磁场在空间相应地转过了 $120°$、$240°$、$360°$。由此可证明，当三相对称电流通过三相对称绕组时，必然产生一个极性不变，转速一定的旋转磁场。

2. 旋转磁场的旋转方向

由图 4－2 可知，流入三相定子绕组的电流 i_U、i_V、i_W 是按 U→V→W 的相序达到最大值的；而由图 4－1 可知，旋转磁场的旋转方向也是从 U 相绕组轴线转向 V 相绕组轴线，再转向 W 相绕组轴线的，即按 U→V→W 的顺序旋转（图中为逆时针方向），而且当某相电流达到最大值时，合成磁场的矢量也正好转到该相绕组的轴线上。因此，在三相定子绕组空间排序不变的条件下，旋转磁场的转向取决于三相电流的相序，即从电流超前相转向电流滞后相。若要改变旋转磁场的方向，只需将三相电源进线中的任意两相对调即可。

3. 旋转磁场的转速

由图 4－1 和图 4－2 所示的两极旋转磁场的旋转情况与三相电流的变化情况可知，当三相电流随时间变化一个周期时，旋转磁场在空间相应地转过 $360°$，即电流变化一次，旋转磁场转过一转，因此，电流每秒钟变化 f_1（即频率）次，则旋转磁场每秒钟转过 f_1 转。由此可知，在旋转磁场为一对磁极即 $p = 1$ 的情况下，其转速 n_1 为

$$n_1 = f_1 \quad 转/秒$$

如果把三相对称绕组按如图 4-3 所示的方向排列，使每相绕组分别由两个线圈串联组成，每个线圈的跨距为 1/4 圆周，用同样的方法可确定该三相绕组流入三相对称电流时所建立的合成磁场，仍然是一个旋转磁场，不过磁场的极数变为 4 个，即具有 $p=2$ 对磁极，而且当电流变化一次，旋转磁场仅转过 1/2 转。如果将绕组按一定规则排列，则可得到 3 对、4 对及 p 对磁极的旋转磁场，同理可知，相应旋转磁场的转速 n_1 与磁极对数 p 之间的关系是一种反比关系，即具有 p 对磁极的旋转磁场，电流变化一次，磁场转过 $1/p$ 转。由于交流电流每秒钟变化 f_1 次，因此具有 p 对磁极的旋转磁场的转速为

$$n_1 = \frac{f_1}{p} \quad 转/秒 = \frac{60f_1}{p} \quad 转/分钟 \tag{4-1}$$

式中：f_1——定子交流电流的频率，单位为 Hz；

p ——旋转磁场的磁极对数；

n_1——旋转磁场的转速，亦称同步转速，其单位常采用转/分钟(r/min)。

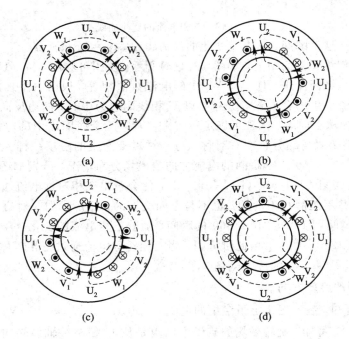

图 4-3 四极旋转磁场示意图

(a) $\omega t=0°$；(b) $\omega t=120°$；(c) $\omega t=240°$；(d) $\omega t=360°$

国产的异步电动机，定子绕组所接交流电源的频率为 50 Hz，所以不同极对数的异步电动机对应的同步转速也就不同，如表 4-1 所示。

表 4-1 异步电动机转速和极对数的对应关系

p	1	2	3	4	5
$n_1/(\text{r/min})$	3000	1500	1000	750	600

4.1.2　三相异步电动机的基本工作原理

三相异步电动机的定子铁芯上嵌有三相对称定子绕组，在圆柱体的转子铁芯上嵌有三相或多相对称转子绕组。当三相定子绕组接到三相对称电源以后，就会在定、转子之间的气隙内建立一个以同步转速 n_1 旋转的旋转磁场。由于转子绕组上的导条被旋转磁场切割，根据电磁感应定律，转子导条内就会产生感应电动势和感应电流，若旋转磁场按顺时针方向旋转，如图 4-4 所示，转子导条将逆时针切割旋转磁场，根据右手定则可以判断，转子上半部导条中电动势的方向都是出来的，而下半部导条中电动势的方向都是进去的。如果不考虑导条中电流与电动势的相位差，则电动势的瞬时方向就是电流的瞬时方向。由于转子导条处在旋转磁场中，并载有感应电流，根据安培定律，转子导条必然会受到电磁力的作用，电磁力的方向可用左手定则判断。从图 4-4 可看出，转子上所有导条受到的电磁力形成一个顺时针方向的电磁转矩 T，于是转子就沿顺时针方向转动，其转速为 n，且转向与旋转磁场方向相同。如果转子与生产机械连接，则转子上产生的电磁转矩将克服负载转矩而做功，从而实现机电能量转换，这就是三相异步电动机的基本工作原理。

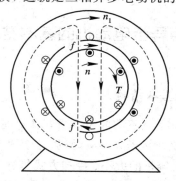

图 4-4　三相异步电动机的工作原理

一般情况下，异步电动机的转速 n 不能达到旋转磁场的转速 n_1，总是略小于 n_1。因为异步电动机的转子之所以受到电磁转矩作用而转动，关键在于转子导条与旋转磁场之间存在一种相对运动，才会产生电磁感应作用。如果转子转速 n 达到同步转速 n_1，则转子导条与旋转磁场之间就不再有相对运动，转子导条内就不可能产生感应电动势，也就不会产生电磁力和电磁转矩。所以，异步电动机的转速 n 总是低于旋转磁场的转速 n_1，这就是异步电动机"异步"的含义。n_1 与 n 之差称为"转差"，转差的存在是异步电动机运行的必要条件。通常将转差 n_1-n 表示为同步转速 n_1 的百分值，称为转差率，用 s 表示，即

$$s = \frac{n_1 - n}{n_1} \times 100\% \qquad (4-2)$$

转差率是异步电动机的一个基本参数，它对电机的运行有着极大的影响。它的大小也能反映转子转速，由式（4-2）可导出转子转速

$$n = n_1(1 - s)$$

正常情况下，异步电动机的转向与旋转磁场方向一致，但转子转速低于同步转速，此时，异步电动机把电网输入的电功率转变成机械功率输出，工作在"电动机"状态，其转差率的变化范围是：$0 \leqslant s \leqslant 1$。其中，$s=0$ 是理想空载状态；$s=1$ 是启动瞬间。对普通的三相

异步电动机，为了使额定运行时的效率较高，通常设计它的额定转速 n_N 略低于同步转速 n_1，所以额定转差率 s_N 一般为 1.5%～5%。

例 4.1 某台 50 Hz 的三相异步电动机的额定转速 $n_N = 730$ r/min，空载转差率 $s_0 = 0.267\%$。试求该电机的极对数、同步转速、空载转速和额定负载时的转差率。

解 因为电源频率为 50 Hz，由同步转速 $n_1 = \dfrac{60 f_1}{p} = \dfrac{60 \times 50}{p} = \dfrac{3000}{p}$ 可知 $p = 4$ 时，$n_1 = 750$ r/min。又已知 $n_N = 730$ r/min，由于额定转速略低于同步转速，因此该电机的同步转速必定为 750 r/min，相应的极对数为 $p = 4$。

空载转速为

$$n_0 = n_1(1 - s_0) = 750(1 - 0.267\%) \text{ r/min} \approx 748 \text{ r/min}$$

额定转差率为

$$s_N = \frac{n_1 - n_N}{n_1} \times 100\% = \frac{750 - 730}{750} \times 100\% \approx 2.67\%$$

4.2 三相异步电动机的基本结构和铭牌

4.2.1 三相异步电动机的基本结构

三相异步电动机的种类很多，从不同的角度看，有不同的分类方法。若按转子绕组结构分类，有笼型异步电动机和绕线转子异步电动机；若按机壳的防护形式分类，有防护式、封闭式、开启式。还可按电动机容量的大小、冷却方式等分类。

虽然三相异步电动机的种类很多，但其基本结构是相同的，它们都是由定子和转子两大基本部分组成的，在定子和转子之间具有一定的气隙。图 4-5 是三相绕线转子异步电动机的结构剖面图。

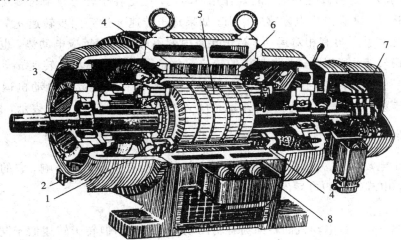

1—转子绕组；2—端盖；3—轴承；4—定子绕组；5—转子；6—定子；7—集电环；8—出线盒

图 4-5 三相绕线转子异步电动机的结构剖面图

下面介绍三相异步电动机各主要部件的结构及作用。

1. 定子

三相异步电动机的定子主要由定子铁芯、定子绕组、机座和端盖等组成。

1) 定子铁芯

定子铁芯是电动机主磁路的一部分，并要放置定子绕组。为了导磁性能良好和减少交变磁场在铁芯中的铁芯损耗，定子铁芯采用两面涂有绝缘漆的 0.5 mm 厚的硅钢冲片叠压而成，定子铁芯及定子冲片的示意图如图 4 - 6 所示。为了放置定子绕组，在定子铁芯内圆开有槽，槽的形状有半闭口槽、半开口槽和开口槽，如图 4 - 7 所示，它们分别对应放置小型、中型、大中型三相异步电动机的定子绕组。

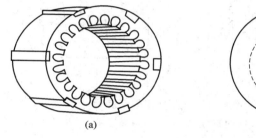

图 4 - 6　定子铁芯及冲片示意图

（a）定子铁芯；（b）定子冲片

2) 定子绕组

定子绕组是电动机的定子电路部分，它将通过三相电流建立旋转磁场，并感应电动势以实现机电能量转换。三相定子绕组的每一相由许多线圈按一定规律嵌放在定子铁芯槽内。小容量异步电机常采用单层绕组，如图 4 - 7(a)所示；容量较大的异步电机常采用双层绕组，如图 4 - 7(b)、(c)所示。绕组的线圈边与铁芯槽之间必须要有槽绝缘，若是双层绕组，层间还需用层间绝缘。槽口的绕组线圈边还需用槽楔固定之。不同相的绕组线圈边之间还需用相间绝缘。绕组线圈通常采用高强度漆包铜线或铝线绕制而成，槽绝缘、层间绝缘及相间绝缘常采用聚酯薄膜青壳纸、聚酯薄膜玻璃漆布复合箔等绝缘材料制作，槽楔常用竹、胶布板或环氧玻璃布板等非磁性材料制作。

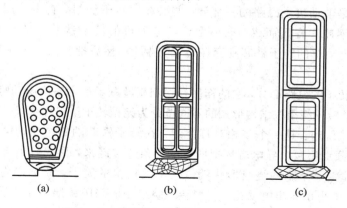

图 4 - 7　定子铁芯槽型和绕组分布示意图

（a）半闭口槽；（b）半开口槽；（c）开口槽

三相定子绕组的六个出线端都引至接线盒上，首端分别为 U_1、V_1、W_1，末端分别为 U_2、V_2、W_2。为了接线方便，这六个出线端在接线板上的排列如图 4−8 所示，根据需要可接成星形或三角形。

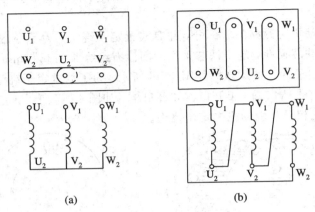

(a)   (b)

图 4−8   定子绕组的连接
(a) 星形连接；(b) 三角形连接

3) 机座

机座是电动机机械结构的组成部分，主要作用是固定和支撑定子铁芯以及固定端盖。在中小型电动机中，端盖兼有轴承座的作用，因此机座还要支撑电动机的转子部分，故机座要有足够的机械强度和刚度。中小型异步电动机一般采用铸铁机座，大容量的异步电动机采用钢板焊接的机座。对于封闭式中小型异步电动机，其机座表面有散热筋以增加散热面积，使紧贴在机座内壁上的定子铁芯中的铁损耗和铜损耗产生的热量通过机座表面很快散发到周围空气中，不致使电动机过热。对于大型的异步电动机，机座内壁与定子铁芯之间隔开一定距离而作为冷却空气的通道，因而不需要散热筋。

2. 转子

三相异步电动机的转子主要由转子铁芯、转子绕组、转轴和风扇等组成。

1) 转子铁芯

转子铁芯也是电动机主磁路的一部分，并要放置转子绕组。它也采用 0.5 mm 厚的冲有转子槽型的硅钢冲片叠压而成。中小型异步电动机的转子铁芯一般都直接固定在转轴上，而大型异步电动机的转子铁芯则套在转子支架上，然后把支架固定在转轴上。

2) 转子绕组

转子绕组是转子的电路部分，它的作用是切割旋转磁场产生感应电动势和感应电流，从而产生电磁转矩。转子绕组按结构形式的不同可分为笼型转子绕组和绕线转子绕组两种。

(1) 笼型转子绕组：是一个多相对称绕组。在转子铁芯的每个槽内插入一根导条，在伸出铁芯的两端分别用两个导电端环把所有的导条连接起来，形成一个自行闭合的短路绕组。如果去掉铁芯，剩下来的绕组形状就像一个关松鼠的笼子，故称之为笼型绕组，如图 4−9 所示。对于中小型异步电动机，笼型转子绕组一般采用铸铝，将导条、端环和风叶一次铸出，如图 4−9(b) 所示。对于 100 kW 以上的大容量电动机，由于铸铝质量不易保证，常采用铜条插入转子槽内，在铜条两端焊上铜环，构成笼型绕组，如图 4−9(a) 所示。其实，实际生产中的笼型转子铁芯槽沿轴向是斜的，导致导条也是斜的，这样主要是为了削弱由于定子、转子铁芯开槽引起的齿谐波，以改善笼型电动机的启动性能。

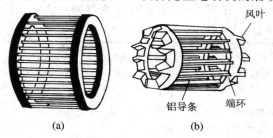

图 4 - 9　笼型转子绕组结构示意图

(a) 铜条笼型绕组；(b) 铸铝笼型绕组

（2）绕线转子绕组：与定子绕组一样也是一个三相对称绕组。这个三相对称绕组连接成星形后，其三根引出线分别接到转轴上的三个集电环，再经电刷引出而与外部电路接通，如图 4 - 10(a) 所示。这种转子绕组的特点是，通过集电环和电刷可在转子电路中接入附加电阻或其他控制装置，以便改善电动机的启动性能和调速性能。

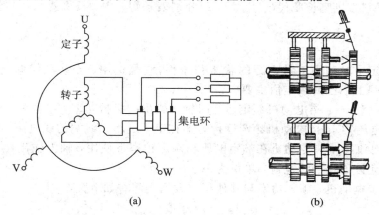

图 4 - 10　绕线转子异步电动机示意图

（a）接线图；（b）提刷装置

为了减少电动机在运行中的电刷磨损和摩擦损耗，中等容量以上的异步电动机还装有一种提刷短路装置，如图 4 - 10(b) 所示。这种装置当电动机启动以后而又不需要调速时，移动其手柄，可使电刷提起，与集电环脱离接触，同时使三只集电环彼此短接起来。

3）转轴

转轴是支撑转子铁芯和输出转矩的部件，它必须具有足够的刚度和强度。转轴一般用中碳钢车削加工而成，轴伸端铣有键槽，用来固定带轮或联轴器。

3. 气隙

三相异步电动机定、转子之间的气隙比同容量的直流电动机的气隙要小得多，中小型电机一般仅为 0.2～1.5 mm。气隙的大小对三相异步电动机的性能影响极大。气隙大，则磁阻大，由电网提供的励磁电流（滞后的无功电流）大，使电动机的功率因数降低。然而，磁阻大，可减少气隙磁场中的谐波含量，从而减小附加损耗，且改善启动性能。气隙过小，将使装配困难和运转不安全。如何决定气隙大小，应权衡利弊，全面考虑。

4.2.2 三相异步电动机的铭牌

每一台三相异步电动机,在其机座上都有一块铭牌,铭牌上标注有型号、额定值等,如图 4 - 11 所示。

三相异步电动机		
型号　Y112M—2	功率　4 kW	频率　50 Hz
电压　380 V	电流　8.2 A	接法　△
转速　2890 r/min	绝缘等级　B	工作方式　连续
××年××月	编号　××××	××电机厂

图 4 - 11　三相异步电动机的铭牌

1. 型号

异步电动机型号的表示方法与其他电动机一样,一般由大写字母和数字组成,可以表示电动机的种类、规格和用途等。

例如,Y112M—2 的"Y"为产品代号,代表 Y 系列异步电动机;"112"代表机座中心高为 112 mm;"M"为机座长度代号(S、M、L 分别表示短、中、长机座);"2"代表磁极数为 2,即两个磁极。

2. 额定值

额定值规定了电动机正常运行的状态和条件,它是选用、安装和维修电动机的依据。异步电动机铭牌上标注的额定值主要有:

(1) 额定功率 P_N:指电动机额定运行时轴上输出的机械功率,单位为 kW。

(2) 额定电压 U_N:指电动机额定运行时加在定子绕组出线端的线电压,单位为 V。

(3) 额定电流 I_N:指电动机在额定电压和额定频率下使用,轴上输出额定功率时,定子绕组中长期允许通过的线电流,单位为 A。

对三相异步电动机,额定功率与其他额定数据之间有如下关系:

$$P_N = \sqrt{3} U_N I_N \eta_N \cos\varphi_N \qquad\qquad (4-3)$$

式中:$\cos\varphi_N$——额定功率因数;

$\quad\eta_N$——额定效率。

(4) 额定频率 f_N:指电动机所接的交流电源的频率,我国电网的频率(即工频)规定为 50 Hz。

(5) 额定转速 n_N:指电动机在额定运行情况下转子的转速,单位为 r/min。

此外,铭牌上还标明绕组的连接法、绝缘等级及工作方式等。对于绕线转子异步电动机,还标明转子绕组的额定电压(指定子绕组加额定频率的额定电压而转子绕组开路时集电环间的电压)和额定电流,以作为配用启动变阻器的依据。

例 4.2 一台 Y160M2—2 三相异步电动机的额定数据如下:$P_N = 15$ kW,$U_N = 380$ V,$\cos\varphi_N = 0.88$,$\eta_N = 88.2\%$,定子绕组为△连接。试求该电动机的额定电流和对应的相电流。

解 该电动机的额定电流为

$$I_N = \frac{P_N}{\sqrt{3} U_N \eta_N \cos\varphi_N} = \frac{15 \times 10^3}{\sqrt{3} \times 380 \times 0.88 \times 0.882} \approx 29.4 \text{ A}$$

相电流为

$$I_{N\phi} = \frac{I_N}{\sqrt{3}} = \frac{29.4}{\sqrt{3}} \approx 17 \text{ A}$$

从此题看，在数值上有 $I_N \approx 2P_N$，这也是额定电压为 380 V 的三相异步电动机的一般规律。在实际中，可以根据此规律对额定电流进行估算，即每千瓦按 2 A 电流估算。

4.2.3　三相异步电动机的主要系列简介

同一系列的电机，其结构、形状基本相似，零部件通用性很高，而且随功率按一定的比例递增。由于电机产品的系列化，因此便于对产品进行管理、设计、制造和使用。

我国统一设计和生产的异步电动机经历了三次换代。第一次是 1953 年设计的 J 系列和 JO 系列；第二次是 1958 年设计的 J_2 系列和 JO_2 系列；第三次是 20 世纪 70 年代设计的 Y 系列，从 20 世纪 80 年代开始，Y(IP23)系列替代 J_2 系列，Y(IP44)系列替代 JO_2 系列，IP 是防护的英文缩写，指外壳结构防护形式。

Y 系列产品效率高、节能、启动转矩大、噪声低、振动小，其性能指标、规格参数和安装尺寸等完全符合国际电工委员会(IEC)标准，便于进出口产品的配套。常用 Y 系列三相异步电动机的型号、名称、使用特点和场合如表 4-2 所示。

表 4-2　常用 Y 系列三相异步电动机的型号、名称、使用特点和场合

型号	名　称	使用特点和场合
Y (IP44) Y (IP23)	(封闭式) 小型三相异步电动机 (防护式)	为一般用途三相笼型异步电动机，可用于启动性能、调速性能及转差率无特殊要求的机械设备，如金属切削、机床、水泵、运输机械、农用机械。 IP44 能防止灰尘、水滴大量进入电动机内部，适用于灰尘多、水滴飞溅的场合。IP23 能防止水滴或其他杂物从与垂直线成 60°角的范围内落入电动机内部，适用于环境比较干净、防护要求较低的场合
YX	高效率三相异步电动机	电动机效率指标较基本系列平均提高 3%，适用于运行时间长、负载率较高的场合，可较大幅度地节约电能
YD	变极多速三相异步电动机	电动机的转速可逐步调节，有双速、三速和四速三种类型，调节方法比较简单，适用于不要求平滑调速的升降机、车床切削等
YH	高转差率三相异步电动机	较高的启动转矩，较小的启动电流，转差率高、机械特性软，适用于具有冲击性负载启动及逆转较频繁的机械设备，如剪床、冲床、锻冶机械等
YB	防爆型三相异步电动机	电动机结构采取防爆措施，可用于含有可燃性气体(如瓦斯和煤尘)或蒸气与空气形成的爆炸混合物的化工、煤矿等易燃易爆场所
YCT	电磁调速三相异步电动机	由普通笼型电动机、电磁转差离合器组成，用晶闸管可控直流电源进行无级调速，具有结构简单、控制功率小、调速范围较广等特点，转速变化率精度可小于 3%，适用于纺织、化工、造纸、水泥等恒转矩和通风机负载
YR (IP44) YR (IP23)	(封闭式) 绕线转子三相异步电动机 (防护式)	能在转子电路中串入电阻，减小启动电流，增大启动转矩，并能进行调速，适用于对启动转矩要求高及需要小范围调速的场合。 IP44 与 IP23 的适用情况见表格前述
YZ YZR	(笼型) 起重冶金三相异步电动机 (绕线型)	适用于冶金辅助设备及启动重型机械电力传动用的动力设备，电动机为断续工作制，基准工作制为 S_3、40%

4.3 三相异步电动机的定子绕组和感应电动势

由三相异步电动机的工作原理可知,定子三相绕组是建立旋转磁场,进行能量转换的重要部件。三相异步电动机定子绕组的种类很多,按槽内层数分,有单层、双层和单双层混合绕组;按绕组端接部分的形状分,单层绕组又有链式、交叉式和同心式之分;双层绕组又有叠绕组和波绕组之分。但无论怎么分类,构成绕组的原则是一致的,下面仅以三相单层绕组为例说明绕组的排列和连接规律。

为了便于掌握绕组的排列和连接规律,先介绍一些交流绕组的基本术语。

4.3.1 交流绕组的基本知识

1. 电角度与机械角度

电机圆周在几何上度量为 360°,这个角度称为机械角度。从电磁观点看,若磁场在空间按正弦规律分布,则经过 N、S 一对磁极恰好相当于正弦曲线的一个周期。若有导体去切割这种磁场,则经过 N、S 一对磁极,导体中所感应的正弦电动势亦变化一个周期,变化一个周期即经过 360°电角度,因而一对磁极占有的空间是 360° 电角度。若电机有 p 对磁极,电机圆周按电角度计算就为 $p \times 360°$ 电角度,而其机械角度总是 360°,因此

$$电角度 = p \times 机械角度$$

2. 线圈

线圈由一匝或多匝串联而成,是组成交流绕组的基本单元。每个线圈放在铁芯槽内的部分称为有效边,槽外的部分称为端部,如图 4 - 12 所示。

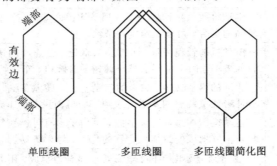

图 4 - 12 交流绕组线圈示意图

3. 极距 τ

每个磁极沿定子铁芯内圆所占的范围称为极距。极距可用磁极所占范围的长度或定子槽数或电角度表示:

$$\tau = \frac{\pi D}{2p} \quad 或 \quad \tau = \frac{z_1}{2p} \quad 或 \quad \tau = \frac{p \times 360°}{2p} = 180°$$

式中:D ——定子铁芯内径;

z_1 ——定子铁芯槽数。

4. 节距 y

一个线圈的两个有效边所跨定子内圆上的距离称为节距，一般节距 y 用槽数计算。节距应接近极距。$y=\tau$ 的绕组称为整距绕组；$y<\tau$ 的绕组称为短距绕组；$y>\tau$ 的绕组称为长距绕组。常用的是整距和短距绕组。

5. 槽距角 α

相邻两槽之间的电角度称为槽距角，槽距角 α 可表示为

$$\alpha = \frac{p360^\circ}{z_1}$$

6. 每极每相槽数 q

每个极下每相绕组所占有的槽数称为每极每相槽数，每极每相槽数 q 可表示为

$$q = \frac{z_1}{2m_1 p}$$

式中：m_1——定子绕组的相数。对三相定子绕组，$m_1=3$。

7. 相带

每个极距内属于同一相的槽所连续占有的区域称为相带。因为一个极距为 180° 电角度，而三相绕组在每个极距内均分，占有等分相同的区域，所以在每个极距内每相绕组占有的区域都是 60° 电角度，即每个相带为 60° 电角度，这样排列的三相对称绕组称为 60° 相带绕组。

三相异步电动机一般都采用 60° 相带绕组。如图 4 - 13 所示，其中图（a）和图（b）分别对应两极和四极的 60° 相带。由于 U、V、W 三相对称绕组在空间互隔 120° 电角度，且相邻极下导体感应电动势的方向相反，因此根据节距的概念可知：一对磁极范围内相带的排列顺序为 U_1、W_2、V_1、U_2、W_1、V_2。

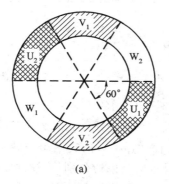
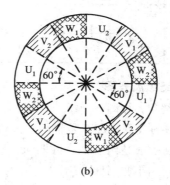

(a)　　　　　　　　　　(b)

图 4 - 13　60° 相带绕组

（a）两极；（b）四极

4.3.2　三相单层绕组的排列和连接

三相对称定子绕组由三个匝数、线径及分布规律完全相同，而且在空间互差 120° 电角度的独立绕组所组成，所以只要以给定的槽数和极数为依据，按照所建立的旋转磁场要求，确定一相绕组在定子槽内的排列及线圈间的连接，其余两相绕组按空间彼此互差 120°

电角度的原则,再进行相似的排列和连接,就可构成整个三相对称绕组。下面以三相单层绕组为例进行分析。

单层绕组的每一个槽内只有一个线圈边,整个绕组的线圈数等于槽数的一半。小型三相异步电动机常采用单层绕组,因为这种绕组嵌线比较方便,槽内没有层间绝缘,槽的利用率高,但它的磁动势和电动势波形比双层绕组稍差,一般只能用于小型异步电动机中。下面以 4 极 24 槽电机为例说明三相单层绕组的排列和连接规律。

1. 计算绕组数据

极距
$$\tau = \frac{z_1}{2p} = \frac{24}{4} = 6$$

每极每相槽数
$$q = \frac{z_1}{2m_1 p} = \frac{24}{2 \times 3 \times 2} = 2$$

槽距角
$$\alpha = \frac{p \times 360°}{z_1} = \frac{2 \times 360°}{24} = 30°$$

2. 划分相带

在平面上画 24 根垂直线表示定子的 24 个槽和槽中的线圈边,并且按 1、2、3……顺序编号;据每极每相槽数 $q=2$ 来划分相带,即相邻两个槽组成一个相带,两对极共有 12 个相带。每对极按 U_1、W_2、V_1、U_2、W_1、V_2 的顺序给相带命名,如表 4-3 所示。由表可知,划分相带实际上是给定子每个槽划分相属,如属于 U 相绕组的槽号有 1、2、7、8、13、14、19、20 这 8 个槽。

表 4-3　槽号与相带对照表

相带〳槽号	U_1	W_2	V_1	U_2	W_1	V_2
第一对极	1、2	3、4	5、6	7、8	9、10	11、12
第二对极	13、14	15、16	17、18	19、20	21、22	23、24

3. 画定子绕组展开图

先画 U 相绕组。如图 4-14(a)所示,从同属于 U 相的 1 号槽开始,若选择 $y = \tau = 6$,则可以把 1 号槽的线圈边和 7 号槽的线圈边组成一个整距线圈,把 2 号槽的线圈边和 8 号槽的线圈边组成一个整距线圈,再把同一极下相邻的 $q=2$ 的这两个线圈串联成一个线圈组(又称极相组)。同理,把 13 与 19、14 与 20 槽中的线圈边分别组成线圈后再串联成另一个线圈组。可见,此例的 U 相绕组有等于极对数 $p=2$ 的两个线圈组,而且这两个线圈组所处的磁极位置完全相同,它们既可以串联也可以并联,从而组成相绕组。图 4-14(a)所示是 $p=2$ 个线圈组串联的情况,即每相绕组并联支路数 $a=1$。而且该绕组是一整距等元件绕组,称之为整距叠绕组。

由此可推知:单层绕组每相共有 p 个线圈组,而且这 p 个线圈组所处的磁极位置完全相同,它们既可以串联也可以并联组成相绕组。故单层绕组的每相并联支路数 $a_{max} = p$。

一定要注意:线圈之间串联或线圈组之间串并联的原则是,同一相的相邻极下的线圈边电流方向应相反,以形成符合要求的磁场极数。

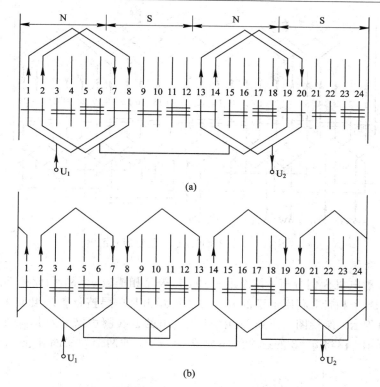

图 4 - 14 三相单层($q=2$)U 相绕组展开图

(a) 整距叠绕组；(b) 链式绕组

4. 单层绕组的改进

为了缩短端部连线，节省用铜量和便于嵌线、散热，在实际应用中，单层绕组常采用以下几种改进的形式。

1) 链式绕组

以上例 U 相绕组为例，保持图 4 - 14(a)中 U 相绕组的各线圈边槽号及其电流方向不变，如图 4 - 14(b)所示，仅将各线圈边按照 $y=\tau-1$ 的规律连接起来组成线圈，而各线圈之间仍按照同一相的相邻极下的线圈边电流方向应相反的原则，连成一路串联($a=1$)，其连接规律是：线圈之间尾尾相连，首首相连。视一相绕组的形状，我们称之为链式绕组。比较图 4 - 14(a)和图 4 - 14(b)所示的 U 相绕组，显然，由于属于 U 相的线圈边槽号未变，因此 U 相绕组所产生的磁场和感应电动势均未变，从电磁观点看，图 4 - 14(b)所示的链式绕组与图 4 - 14(a)所示的整距叠绕组是等效的。但链式绕组不仅为等元件绕组，而且线圈跨距小，端部短，可节省用铜量，还有 $q=2$ 的两个相邻的线圈各朝两边翻，散热好。因此，一般 $q=2$ 的单层绕组常采用链式绕组。

由于定子三相绕组依次相差 120°电角度，即相差 4 个槽，因此仿照 U 相绕组，可分别画出滞后于 U 相 120°电角度的 V 相绕组(从 6 号槽开始)、滞后于 V 相 120°电角度的 W 相绕组(从 10 号槽开始)，从而得到三相对称绕组 U_1U_2、V_1V_2、W_1W_2 的展开图，如图 4 - 15 所示。应该注意在实际嵌线中，三相绕组并不是一相相分开嵌线，而是三相连续轮换地嵌线，从而构成三相对称绕组。

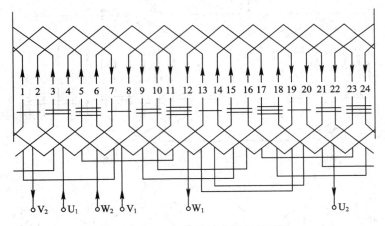

图 4 - 15 三相单层链式绕组展开图

2) 交叉式绕组

以 4 极 36 槽电机为例分析,其极距 $\tau=9$,每极每相槽数 $q=3$,因此相邻 3 个槽组成一个相带,共有 12 个相带,利用上面的分析方法可画出其单层整距叠绕组 U 相绕组展开图,如图 4 - 16(a)所示。保持图 4 - 16(a)中 U 相绕组的各线圈边槽号及其电流方向不变,如图 4 - 16(b)所示,仅将 $q=3$ 的三个线圈分成 $y=\tau-1$ 的两个大线圈和 $y=\tau-2$ 的一个小

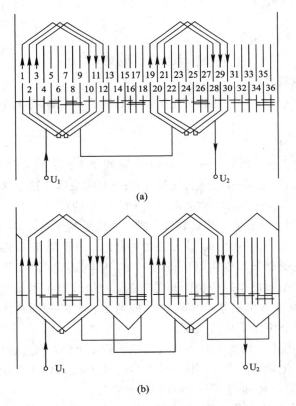

(a)

(b)

图 4 - 16 三相单层($q=3$)U 相绕组展开图

(a) 整距叠绕组;(b) 交叉式绕组

线圈各朝两边翻，而各线圈之间仍按照同上的原则，连成一路串联($a=1$)，其连接规律是：大线圈之间，尾首相连；大线圈与小线圈之间，尾尾相连，首首相连。由于一相绕组始终按"两大一小"的顺序交错排列，故称之为交叉式绕组。同理，从电磁观点看，交叉式绕组与整距叠绕组是等效的。但交叉式绕组线圈跨距小，端部短，可节省用铜量，而且重叠层数较少，散热好，因此，一般 $q=3$ 的单层绕组常采用交叉式绕组。

　　3）同心式绕组

　　以 2 极 24 槽电机为例分析，其极距 $\tau=12$，每极每相槽数 $q=4$，因此相邻 4 个槽组成一个相带，共有 6 个相带，利用上面的分析方法可画出其单层整距叠绕组 U 相绕组展开图，如图 4 - 17(a)所示。保持图 4 - 17(a)中 U 相绕组的各线圈边槽号及其电流方向不变，如图 4 - 17(b)所示，仅将 $q=4$ 的四个线圈分成两组 $y=\tau-3$ 和 $y=\tau-1$ 的两个轴线重合的线圈，而各线圈之间仍按照同上的原则，连成一路串联($a=1$)，其连接规律是：同心式线圈组内部尾首相连，线圈组之间尾尾相连，首首相连。由于每组的两个线圈同心，故称之为同心式绕组。从电磁观点看，同心式绕组与整距叠绕组仍是等效的。同心式绕组的优点是端接部分互相错开，重叠层数较少，便于布置，散热较好；缺点是线圈大小不等，绕线不便。因此，一般 $q=4$ 的单层绕组常采用同心式绕组。

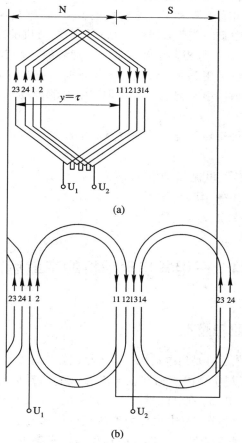

图 4 - 17　三相单层($q=4$)U 相绕组展开图

(a) 整距叠绕组；(b) 同心式绕组

双层绕组的每个槽内有上下两个线圈边,整个绕组的线圈数等于槽数。双层绕组可采用合适的短距,从而改善磁动势和电动势的波形。而且双层绕组所有线圈尺寸相同,便于绕制,端接部分形状排列整齐,有利于散热和增强机械强度。此处不再介绍。

4.3.3　异步电动机的感应电动势

异步电动机气隙中的磁场旋转时,定子绕组切割旋转磁场将产生感应电动势,经推导可得每相定子绕组的基波感应电动势为

$$E_1 = 4.44 f_1 N_1 k_{w1} \Phi_1 \tag{4-4}$$

式中：f_1——定子绕组的电流频率,即电源频率(Hz);

$\quad\quad\Phi_1$——每极基波磁通(Wb);

$\quad\quad N_1$——每相定子绕组的串联匝数;

$\quad\quad k_{w1}$——定子绕组的基波绕组因数,它反映了集中、整距绕组(如变压器绕组)变为分布、短距绕组后,基波电动势应打的折扣,一般 $0.9 < k_{w1} < 1$。

式(4-4)不但是异步电动机每相定子绕组电动势有效值的计算公式,也是交流绕组感应电动势有效值的普遍公式。该公式与变压器一次绕组的感应电动势公式 $E_1 = 4.44 f N_1 \Phi_m$ 在形式上相似,只多了一个绕组因数 k_{w1},若 $k_{w1} = 1$,两个公式就一致了。这说明变压器的绕组是集中整距绕组,其 $k_{w1} = 1$;异步电动机的绕组是分布短距绕组,其 $k_{w1} < 1$。故 $N_1 k_{w1}$ 也可以理解为每相定子绕组基波电动势的有效串联匝数。

虽然异步电动机的绕组采用分布、短距后,基波电动势略有减小,但是可以证明,由磁场的非正弦引起的高次谐波电动势将大大削弱,使电动势波形接近正弦波,这将有利于电动机的正常运行。

同理可得转子转动时每相转子绕组的基波感应电动势为

$$E_{2s} = 4.44 f_2 N_2 k_{w2} \Phi_1 \tag{4-5}$$

式中：f_2——转子绕组的转子电流频率(Hz);

$\quad\quad N_2$——每相转子绕组的串联匝数;

$\quad\quad k_{w2}$——转子绕组的基波绕组因数。

4.4　三相异步电动机的空载运行

4.4.1　空载运行时的物理情况

三相异步电动机的空载运行是指电动机的定子绕组接三相交流电源,轴上不带机械负载时的运行状态。此时,定子绕组中的三相空载电流 $\dot{I}_0$ 将在气隙内形成一个以转速 n_1 旋转的磁动势,即空载磁动势 F_0,由 F_0 在气隙中建立旋转磁场,根据作用不同,可将由 F_0 产生的旋转磁场的每极磁通分为两部分,其中大部分磁通经过气隙与定、转子绕组同时交链,这部分磁通称为主磁通,用 $\dot{\Phi}_1$ 表示,另一小部分磁通仅与定子绕组交链,这部分磁通称为漏磁通,用 $\dot{\Phi}_{1\sigma}$ 表示。主磁通分别在定、转子绕组中感应出定子电动势 $\dot{E}_1$ 和转子电动势 $\dot{E}_{2s}$;漏磁通只在定子绕组中感应出电动势 $\dot{E}_{1\sigma}$。由于转子绕组闭合,因此转子电动势 $\dot{E}_{2s}$ 将在转子绕组

中产生感应电流 $\dot{I}_2$，于是转子电流和气隙磁场相互作用产生了电磁转矩，使转子转动。

　　由于空载运行时，电动机的电磁转矩仅需克服机械摩擦、风阻引起的空载阻转矩 T_0（很小），因此转子转速 n 接近同步转速 n_1，转差率 s 很小，即转子和旋转磁场之间的相对转速很小，使转子电动势很小，转子电流也很小，$\dot{I}_2 \approx 0$。所以可近似认为，电动机空载运行时，气隙中建立旋转磁场的励磁磁动势就是由三相空载电流 $\dot{I}_0$ 所产生的空载磁动势 F_0。另外，定子绕组还有电阻 r_1 存在，空载电流通过电阻又会产生电压降 $\dot{I}_0 r_1$。上述电磁关系可归纳为图 4 - 18 所示(应注意图中电的量为每相的量，而磁的量为三相合成的量)。

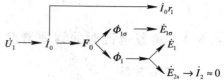

图 4 - 18　异步电动机空载运行时的电磁关系

　　与变压器一样，主磁通和漏磁通分别在定子绕组中感应的电动势为

$$\dot{E}_1 = -j4.44 f_1 N_1 k_{w1} \dot{\Phi}_1 \qquad (4-6)$$

$$\dot{E}_{1\sigma} = -j4.44 f_1 N_1 k_{w1} \dot{\Phi}_{1\sigma} = -j\dot{I}_0 X_1 \qquad (4-7)$$

式中：X_1——每相定子绕组的漏电抗，$X_1 = 2\pi f_1 L_{1\sigma}$。

4.4.2　电动势平衡方程式和等效电路

　　仿照变压器的分析方法，可得定子绕组的电动势平衡方程式为

$$\dot{U}_1 = -\dot{E}_1 - \dot{E}_{1\sigma} + \dot{I}_0 r_1 = -\dot{E}_1 + j\dot{I}_0 X_1 + \dot{I}_0 r_1 = -\dot{E}_1 + \dot{I}_0 Z_1 \qquad (4-8)$$

式中：Z_1——每相定子绕组的漏阻抗，$Z_1 = r_1 + jX_1$。

　　由于 I_0 相对额定电流很小，$I_0|Z_1| \ll E_1$，因此在上式中将 $\dot{I}_0 Z_1$ 忽略，得

$$\dot{U}_1 \approx -\dot{E}_1 \qquad 或 \qquad U_1 \approx E_1 = 4.44 f_1 N_1 k_{w1} \Phi_1 \qquad (4-9)$$

　　上式说明，当电源频率一定时，电动机的主磁通 Φ_1 仅与外施电压 U_1 成正比。一般情况下，由于电压 U_1 为额定值，因此主磁通 Φ_1 基本恒定，当负载变化时，Φ_1 也基本不变。

　　另外，与变压器一样，$\dot{E}_1$ 的电磁表达式也可通过引入励磁参数而转化为阻抗压降的形式，即

$$\dot{E}_1 = -\dot{I}_0 (r_m + jX_m) = -\dot{I}_0 Z_m \qquad (4-10)$$

式中：r_m——励磁电阻，反映铁芯损耗的等效电阻；

　　　　X_m——励磁电抗，反映气隙主磁通 $\dot{\Phi}_1$ 对定子绕组的电磁效应；

　　　　Z_m——励磁阻抗，$Z_m = r_m + jX_m$。

　　与变压器一样，励磁电阻 r_m 随电源频率和铁芯饱和程度的增大而增大，X_m 随铁芯饱和程度的增加急剧减小，因此励磁阻抗 Z_m 也不是一个常量。但是，电动机在实际运行时，电源电压波动不大，所以铁芯主磁通的变化也不大，Z_m 可基本认为是常量。

　　把式(4-10)代入式(4-8)可得定子绕组的电动势平衡方程式还可表示为

$$\dot{U}_1 = -\dot{E}_1 + \dot{I}_0 Z_1 = \dot{I}_0 Z_m + \dot{I}_0 Z_1$$
$$= \dot{I}_0 (r_m + jX_m) + \dot{I}_0 (r_1 + jX_1)$$

　　根据上面的电动势平衡方程式，可作出与变压器相似的等效电路，如图 4 - 19 所示。

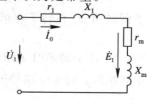

图 4 - 19　异步电动机空载运行时的等效电路

4.5 三相异步电动机的负载运行

4.5.1 负载运行时的物理情况

1. 电磁关系

当异步电动机负载运行时，由于轴上带上了机械负载，原空载时的电磁转矩不足以平衡轴上的负载转矩，电动机转速 n 开始降低，旋转磁场与转子之间的相对运动速度增加，于是转子绕组中感应的电动势 $\dot{E}_{2s}$ 及转子电流 $\dot{I}_2$ 都增大了，不但定子三相电流 $\dot{I}_1$ 要在气隙中建立一个转速为 n_1 的旋转磁动势 $\boldsymbol{F}_1$，而且转子电流 $\dot{I}_2$ 也要在气隙中建立一个转子磁动势 $\boldsymbol{F}_2$。这个 $\boldsymbol{F}_2$ 的性质怎样？它与 $\boldsymbol{F}_1$ 的关系如何？这是首先要说明的问题。

可以证明转子磁动势 $\boldsymbol{F}_2$ 是一个旋转磁动势，而且 $\boldsymbol{F}_2$ 与定子磁动势 $\boldsymbol{F}_1$ 在空间相对静止，即两者在空间转向相同，转速均为 n_1，因此可把 $\boldsymbol{F}_1$ 与 $\boldsymbol{F}_2$ 进行叠加，于是负载运行时，产生旋转磁场的励磁磁动势就是定、转子的合成磁动势($\boldsymbol{F}_1 + \boldsymbol{F}_2$)，即由 ($\boldsymbol{F}_1 + \boldsymbol{F}_2$) 共同建立气隙内的每极主磁通。

电动机负载运行时的电磁关系如图 4-20 所示。

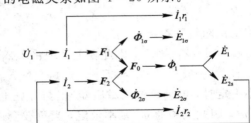

图 4-20 异步电动机负载运行时的电磁关系

2. 转子电流频率和转子电动势

由于异步电动机转动时，转子转速为 n，而旋转磁场的转速为 n_1，两者转向相同，因此旋转磁场以 $(n_1 - n)$ 的相对转速切割转子绕组。若电动机的极对数为 p(任何类型电动机的定、转子极对数必须相同)，则在转子绕组中感应的转子电动势的频率为

$$f_2 = \frac{p(n_1 - n)}{60} = \frac{pn_1}{60} \cdot \frac{n_1 - n}{n_1} = sf_1 \tag{4-11}$$

与变压器相似，主磁通 $\dot{\Phi}_1$ 在转子绕组中感应的电动势为

$$\dot{E}_{2s} = -\text{j}4.44 f_2 N_2 k_{w2} \dot{\Phi}_1 \tag{4-12}$$

转子漏磁通 $\dot{\Phi}_{2\sigma}$ 在转子绕组中感应的电动势为

$$\dot{E}_{2s\sigma} = -\text{j}4.44 f_2 N_2 k_{w2} \dot{\Phi}_{2\sigma} = -\text{j}\dot{I}_2 X_{2s} \tag{4-13}$$

式中：X_{2s}——转子转动时每相转子绕组的漏电抗，$X_{2s} = 2\pi f_2 L_{2\sigma}$。

转子转动时，转子电动势的有效值为

$$E_{2s} = 4.44 f_2 N_2 k_{w2} \Phi_1$$

由于转子电动势的频率为 $f_2 = sf_1$，当转子静止时，$s=1$，$f_2 = f_1$，因此转子静止时，转子电动势的有效值为

$$E_2 = 4.44 f_1 N_2 k_{w2} \Phi_1 \tag{4-14}$$

故转子转动与转子静止时的转子电动势有以下关系：

$$E_{2s} = 4.44 f_2 N_2 k_{w2} \Phi_1 = 4.44 s f_1 N_2 k_{w2} \Phi_1 = sE_2 \tag{4-15}$$

同理，转子转动时的漏电抗 X_{2s} 与转子静止时的漏电抗 X_2 也有以下关系：

$$X_{2s} = 2\pi f_2 L_{2\sigma} = 2\pi s f_1 L_{2\sigma} = sX_2 \tag{4-16}$$

与变压器一样，对于已制成的异步电动机而言，r_1、X_1、r_2、X_2 都是常量，所以由上式可知，转子转动时的漏电抗 X_{2s} 与转差率 s 成正比。

我们把 E_1 与 E_2 的比值称为电动势比，因此电动势比 k_e 为

$$k_e = \frac{E_1}{E_2} = \frac{4.44 f_1 N_1 k_{w1} \Phi_1}{4.44 f_1 N_2 k_{w2} \Phi_1} = \frac{N_1 k_{w1}}{N_2 k_{w2}} \tag{4-17}$$

可见，异步电动机的电动势比是定、转子绕组的每相有效串联匝数比，这与变压器的电压比是一、二次绕组的匝数之比有所不同。

4.5.2 负载运行时的基本方程式

1. 磁动势平衡方程式

与变压器相似，从空载到负载运行时，由于电源的电压和频率都不变，而且 $U_1 \approx E_1 = 4.44 f_1 N_1 k_{w1} \Phi_1$，因此每极主磁通 $\dot{\Phi}_1$ 几乎不变，这样励磁磁动势也基本不变，故负载时的励磁磁动势等于空载时的励磁磁动势，即

$$\boldsymbol{F}_1 + \boldsymbol{F}_2 = \boldsymbol{F}_0 \tag{4-18}$$

这就是三相异步电动机负载运行时的磁动势平衡方程式。

式(4-18)中，每个磁动势与对应的相电流的关系分别为

$$\left. \begin{aligned} F_1 &= 0.9 \frac{m_1}{2} \frac{N_1 k_{w1}}{p} \dot{I}_1 \\ F_2 &= 0.9 \frac{m_2}{2} \frac{N_2 k_{w2}}{p} \dot{I}_2 \\ F_0 &= 0.9 \frac{m_1}{2} \frac{N_1 k_{w1}}{p} \dot{I}_0 \end{aligned} \right\} \tag{4-19}$$

式中：m_1、m_2——定、转子绕组的相数。

把式(4-19)代入式(4-18)中，可得

$$\dot{I}_1 + \frac{1}{k_i} \dot{I}_2 = \dot{I}_0 \tag{4-20}$$

式中：k_i——异步电动机的电流比，$k_i = \dfrac{m_1 N_1 k_{w1}}{m_2 N_2 k_{w2}}$。

式(4-20)就是用电流相量表达的磁动势平衡方程式，该式经变换可得

$$\dot{I}_1 = \dot{I}_0 + \left(-\frac{1}{k_i} \dot{I}_2 \right)$$

上式说明负载运行时，异步电动机的定子电流可看成由两部分组成，一部分是励磁电流 $\dot{I}_0$，用以产生主磁通 $\dot{\Phi}_1$；另一部分是负载电流 $-\dfrac{1}{k_i} \dot{I}_2$，用以抵消转子电流所产生的磁效应。

2. 电动势平衡方程式

由于异步电动机的转子绕组正常运行时处于短接状态，其端电压 $U_2 = 0$，因此仿照变压器的分析，可得三相异步电动机负载运行时定、转子绕组的电动势平衡方程式分别为

$$\left. \begin{array}{l} \dot{U}_1 = -\dot{E}_1 - \dot{E}_{1\sigma} + \dot{I}_1 r_1 = -\dot{E}_1 + j\dot{I}_1 X_1 + \dot{I}_1 r_1 = -\dot{E}_1 + \dot{I}_1 Z_1 \\ \dot{E}_{2s} = -\dot{E}_{2\sigma s} + \dot{I}_2 r_2 = j\dot{I}_2 X_{2s} + \dot{I}_2 r_2 = \dot{I}_2 Z_{2s} \end{array} \right\} \quad (4-21)$$

式中：Z_{2s}——转子转动时每相转子绕组的漏阻抗，$Z_{2s} = r_2 + jX_{2s}$。

综上所述，异步电动机负载运行时的基本方程式列在一起如下：

$$\dot{U}_1 = -\dot{E}_1 + \dot{I}_1(r_1 + jX_1) = -\dot{E}_1 + \dot{I}_1 Z_1$$

$$\dot{E}_{2s} = s\dot{E}_2 = \dot{I}_2(r_2 + jX_{2s}) = \dot{I}_2 Z_{2s}$$

$$\dot{E}_1 = -\dot{I}_0(r_m + jX_m) = -\dot{I}_0 Z_m$$

$$\dot{E}_1 = k_e \dot{E}_2$$

$$\dot{I}_1 + \frac{1}{k_i}\dot{I}_2 = \dot{I}_0$$

4.5.3 负载运行时的等效电路

根据三相异步电动机定、转子电路的电动势平衡方程式(4-21)，可分别作出电动机的等效定、转子电路，如图 4-21 所示。

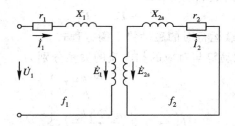

图 4-21 三相异步电动机的定、转子电路

图 4-21 所示的电动机电路因定、转子电路的频率不同，要得到像变压器那样的 T 形等效电路，首先必须进行频率归算，然后再和变压器一样进行绕组归算。

1. 频率归算

三相异步电动机的频率归算实质上就是用一个频率为 f_1 的等效转子电路去代换实际的转子电路。这里的"等效"包括两个含义：

(1) 代换以后，转子电路对定子电路的电磁效应不变，即转子磁动势必须保持不变(同转速、同幅值、同相位角)。

(2) 等效转子电路的各种功率必须和实际转子电路一样。

因为 $f_2 = sf_1$，当转子静止时，$f_2 = f_1$，这说明转子频率和定子频率相等时，转子是静止的，所以要进行频率归算，就需用一个静止的转子电路去代换实际转动的转子电路。但静止的转子电路能否与实际的转子电路等效？

首先，因为实际转子的转子磁动势在空间的转速是同步转速 n_1，与转子电流的频率无关，所以，用静止的转子电路代换实际转子电路以后，虽然转子的频率变为 f_1，但转子磁

动势在空间的转速还是同步转速,这种代换不会影响转子磁动势的转速。

其次,因为转子磁动势 F_2 的幅值与相位角完全取决于对应相电流 $\dot{I}_2$ 的有效值与相位角。如果用静止的转子电路去代换实际转子电路,而转子电流相量 $\dot{I}_2$ 保持不变,则可保证 F_2 的幅值与相位角不变。

根据式(4-21),转子电流

$$\dot{I}_2 = \frac{\dot{E}_{2s}}{r_2 + jX_{2s}} \tag{4-22}$$

如果将上式的分子、分母都除以 s,则上式可表示为

$$\dot{I}_2'' = \frac{\dot{E}_2}{(r_2/s) + jX_2} = \frac{\dot{E}_2}{r_2 + (1-s)r_2/s + jX_2} \tag{4-23}$$

从以上两式可以看出,虽然 $\dot{I}_2 = \dot{I}_2''$,即 $\dot{I}_2$ 与 $\dot{I}_2''$ 的有效值与相位角分别相等,但是两式所表达的物理意义却不同。式(4-22)中的电流 $\dot{I}_2$ 代表实际转动的转子所具有的电流,其频率为 f_2;而式(4-23)中的电流 $\dot{I}_2''$ 代表静止转子所具有的电流,其频率为 f_1,这是因为 $\dot{E}_2$、X_2 表示静止的转子所具有的电动势和漏电抗。所以要用静止的转子电路代替实际的转子电路,除改变与频率有关的参数和电动势以外,还要用 r_2/s 去代替 r_2,即还需在转子电路串一附加电阻 $(1-s)r_2/s$,才能保持 $\dot{I}_2$ 不变,F_2 也不变。

经过频率归算后的三相异步电动机的定、转子电路如图4-22所示。图中,r_2 为转子的实际电阻,$(1-s)r_2/s$ 相当于转子电路串入的一个附加电阻,它与转差率 s 有关。在附加电阻 $(1-s)r_2/s$ 上会产生损耗 $I_2^2(1-s)r_2/s$,而实际转子电路中并不存在这部分损耗,只产生机械功率,因此附加电阻就相当于等效负载电阻,附加电阻上的损耗实质上就是异步电动机的总机械功率。

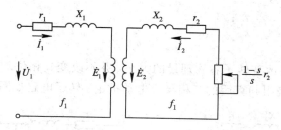

图4-22　频率归算后的三相异步电动机的定、转子电路

2. 绕组归算

对异步电动机进行频率归算之后,其定、转子电路如图4-22所示。定、转子频率虽然相同了,但是还不能把定、转子电路连接起来,所以还要像变压器那样进行绕组归算,才可得出等效电路。

与变压器一样,三相异步电动机的绕组归算就是用一个相数、每相串联匝数以及绕组因数均与定子绕组一样的等效绕组去代换参数分别为 m_2、N_2、k_{w2} 并经过频率归算的转子绕组。这里的"等效"与频率归算时的"等效"具有相同的含义。

为了区别起见,归算后的各转子物理量均加"′"表示。

1) 电流的归算

根据转子磁动势保持不变,可得

$$0.9\frac{m_1}{2}\frac{N_1 k_{w1}}{p}I_2' = 0.9\frac{m_2}{2}\frac{N_2 k_{w2}}{p}I_2$$

所以根据上式及式(4-24)可得

$$\dot{I}_2' = \frac{m_2 N_2 k_{w2}}{m_1 N_1 k_{w1}}\dot{I}_2 = \frac{1}{k_i}\dot{I}_2 \tag{4-24}$$

2) 电动势的归算

根据转子总的视在功率保持不变,可得

$$m_1 E_2' I_2' = m_2 E_2 I_2$$

所以根据上式及式(4-24)可得

$$E_2' = \frac{N_1 k_{w1}}{N_2 k_{w2}}E_2 = k_e E_2 \tag{4-25}$$

根据式(4-25)及式(4-17)可得

$$E_2' = k_e E_2 = \frac{E_1}{E_2}E_2 = E_1 \tag{4-26}$$

3) 阻抗的归算

根据转子绕组铜损耗不变,可得

$$m_1 I_2'^2 r_2' = m_2 I_2^2 r_2$$

$$r_2' = \frac{m_2}{m_1}\left(\frac{I_2}{I_2'}\right)^2 r_2 = \frac{m_2}{m_1}\left(\frac{m_1 N_1 k_{w1}}{m_2 N_2 k_{w2}}\right)^2 r_2 = k_e k_i r_2 \tag{4-27}$$

根据转子绕组的无功功率不变,同理可得

$$X_2' = k_e k_i X_2 \tag{4-28}$$

所以

$$Z_2' = k_e k_i Z_2 \tag{4-29}$$

应该注意:归算只改变转子各物理量的大小,并不改变其相位。

经过频率归算和绕组归算后的三相异步电动机定、转子电路如图4-23(a)所示。

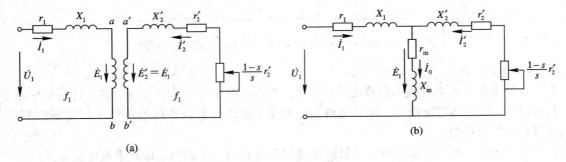

图 4-23 三相异步电动机的等效电路
(a) 等效定、转子电路;(b) T 形等效电路

3. T 形等效电路

经过频率归算和绕组归算后,异步电动机转子绕组的频率、相数、每相串联匝数以及绕组因数都和定子绕组一样,三相异步电动机负载运行时的所有基本方程式变为

$$\left.\begin{array}{l}
\dot{U}_1 = -\dot{E}_1 + \dot{I}_1(r_1 + jX_1) = -\dot{E}_1 + \dot{I}_1 Z_1 \\[2mm]
\dot{E}_2' = \dot{I}_2' \dfrac{1-s}{s} r_2' + \dot{I}_2'(r_2' + jX_2') = \dot{I}_2' \dfrac{1-s}{s} r_2' + \dot{I}_2' Z_2' \\[2mm]
\dot{I}_1 + \dot{I}_2' = \dot{I}_0 \\[2mm]
\dot{E}_1 = \dot{E}_2' \\[2mm]
\dot{E}_1 = -\dot{I}_0(r_m + jX_m) = -\dot{I}_0 Z_m
\end{array}\right\} \qquad (4-30)$$

仿照变压器的分析方法，根据归算后的基本方程式(4-30)，可将图 4-23(a)所示异步电动机的等效定、转子电路转变为图 4-23(b)所示的 T 形等效电路。

三相异步电动机的 T 形等效电路以电路形式综合了电动机的电磁过程，因此它必然反映电动机的各种运行情况。下面我们从 T 形等效电路去看几种典型的运行情况。

1) 异步电动机空载运行时

电动机空载运行时，转差率 $s \approx 0$，T 形等效电路中代表机械负载的附加电阻 $(1-s)r_2'/s \to \infty$，转子电路相当于开路，这时转子电流 $\dot{I}_2' \approx 0$，$\dot{I}_1 = \dot{I}_0$，且 $\dot{I}_0$ 主要用于产生主磁通，所以空载运行时，定子电流即空载电流很小，且功率因数很低。

2) 异步电动机额定运行时

异步电动机带有额定负载时，转差率 $s_N \approx 0.02 \sim 0.06$，这时 $r_2'/s \gg X_2'$，转子电路基本上是电阻性的，所以转子的功率因数 $\cos\varphi_2 \approx 1$，定子电流 $\dot{I}_1$ 由励磁分量 $\dot{I}_0$ 和负载分量 $-\dot{I}_2'$ 两部分组成，且增加到额定值，定子的功率因数 $\cos\varphi_1 \approx 0.8 \sim 0.9$。

3) 异步电动机启动时

异步电动机的"启动"瞬间即为转子的"堵转"状态，此时，$s=1$，代表机械负载的附加电阻 $(1-s)r_2'/s = 0$，相当于转子电路处于短路状态，所以转子电流很大，且转子功率因数很低，使定子电流即启动电流也很大，定子功率因数也很低。

4. 近似等效电路

图 4-23(b)所示的 T 形等效电路是一个混联电路，计算和分析都比较复杂。因此在实际应用时，常把励磁支路前移到输入端，如图 4-24 所示。这样电路就简化为单纯的并联电路，使计算简单，这种等效电路称为异步电动机的近似等效电路。但根据此电路算出的定、转子电流比用 T 形等效电路算出的稍大，且电动机越小，相对偏差越大。

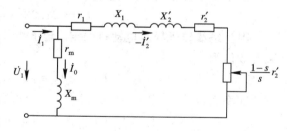

图 4-24　三相异步电动机的近似等效电路

必须注意：三相异步电动机的电动势平衡方程式和等效电路都是针对每相绕组而言的。

例 4.3　有一台 Y 形连接的三相绕线转子异步电动机，$U_N = 380$ V，$f_N = 50$ Hz，$n_N = 1440$ r/min，其参数为 $r_1 = r_2' = 0.4$ Ω，$X_1 = X_2' = 1$ Ω，$X_m = 40$ Ω，忽略 r_m，已知定、转子有效匝数比为 4。

(1) 求额定负载时的转差率 s_N 和转子电流频率 f_{2N}；

(2) 根据近似等效电路求额定负载时的定子电流 I_1、转子电流 I_2、励磁电流 I_0 和功率

因数 $\cos\varphi_1$。

解 (1) 额定负载时的转差率

$$s_N = \frac{n_1 - n_N}{n_1} = \frac{1500 - 1440}{1500} = 0.04$$

额定负载时的转子电流频率

$$f_{2N} = s_N f_N = 0.04 \times 50 = 2 \text{ Hz}$$

(2) 根据近似等效电路可知

负载支路阻抗

$$Z_1 + \frac{r_2'}{s_N} + jX_2' = 0.4 + j1 + \frac{0.4}{0.04} + j1 = 10.4 + j2 \approx 10.59 \underline{/10.89°} \ \Omega$$

励磁支路阻抗

$$Z_m \approx jX_m = j40 \ \Omega$$

若以定子相电压为参考相量，则

$$\dot{U}_1 = \frac{380}{\sqrt{3}} \underline{/0°} \approx 220 \underline{/0°} \ \text{V}$$

转子电流

$$-\dot{I}_2' = \frac{\dot{U}_1}{Z_1 + r_2'/s_N + jX_2'} = \frac{220 \underline{/0°}}{10.59 \underline{/10.89°}} \approx 20.72 \underline{/-10.89°} \ \text{A}$$

励磁电流

$$\dot{I}_0 = \frac{\dot{U}_1}{Z_m} = \frac{220 \underline{/0°}}{j40} \approx 5.5 \underline{/-90°} \ \text{A}$$

定子电流

$$\dot{I}_1 = -\dot{I}_2' + \dot{I}_0 = 20.72 \underline{/-10.89°} + 5.5 \underline{/-90°} \approx 22.22 \underline{/-23.65°} \ \text{A}$$

由于定子绕组为 Y 形连接，相电流即是线电流，所以各线电流有效值为

$$I_1 = 22.22 \text{ A}, \quad I_0 = 5.5 \text{ A}$$

因为绕线转子异步电动机的定、转子相数相等，所以该电动机的 $k_e = k_i = 4$，转子线电流有效值为

$$I_2 = k_i I_2' = 4 \times 20.72 = 82.88 \text{ A}$$

功率因数

$$\cos\varphi_1 = \cos 23.65° \approx 0.92 \text{（滞后）}$$

4.6 三相异步电动机的功率和转矩

三相异步电动机的机电能量转换过程和直流电动机相似，不过异步电动机中的电磁功率却在定子绕组中发生，然后经由气隙送给转子，扣除一些损耗以后，从轴上输出。异步电动机在能量转换过程中产生的一些损耗，其种类与性质也和直流电动机相似。下面根据异步电动机的 T 形等效电路说明其功率转换过程，然后进一步推导其功率平衡方程式和转矩平衡方程式。

4.6.1　功率转换过程

异步电动机负载运行时，由电源供给的从定子绕组输入的电功率为 P_1，从图 4-23(b)所示的 T 形等效电路可以看出，P_1 的一小部分用于定子电阻上的铜损耗 p_{Cu1}，还有一小部分用于定子铁芯中的铁损耗 p_{Fe}，余下的大部分电功率借助于气隙旋转磁场由定子传送到转子，这部分功率就是异步电动机的电磁功率 P_{em}。电磁功率 P_{em} 传递到转子以后，必伴生转子电流，电流在转子绕组中流过，在转子电阻上又产生了铜损耗 p_{Cu2}。气隙旋转磁场在传递电磁功率的过程中，与转子铁芯存在着相对运动，理应在转子铁芯中引起铁损耗，但实际上由于电动机正常运行时转差率很小，以致转子铁芯中磁通变化的频率很低，通常仅为 $1\sim3$ Hz，所以转子铁损耗可以略去不计。这样，从定子传递到转子的电磁功率仅需扣除转子铜损耗，便是使转子旋转的总机械功率 P_m。总机械功率还不是输出的机械功率，因为电动机运行时还有轴承摩擦和风磨耗等机械损耗 p_m 以及高次谐波和转子铁芯中的横向电流引起的附加损耗 p_{ad}，所以总机械功率补偿了机械损耗 p_m 和附加损耗 p_{ad} 后，才是轴上输出的净机械功率 P_2。异步电动机功率和能量转换的关系可形象地用功率流程图来表示，如图 4-25 所示。

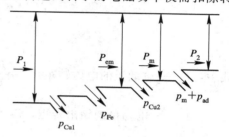

图 4-25　三相异步电动机的功率流程图

4.6.2　功率平衡方程式

根据上述功率转换过程，可建立功率平衡方程式如下：

$$P_1 - p_{Cu1} - p_{Fe} = P_{em} \tag{4-31}$$

$$P_{em} - p_{Cu2} = P_m \tag{4-32}$$

$$P_m - p_m - p_{ad} = P_2 \tag{4-33}$$

综上可得

$$\begin{aligned}
P_2 &= P_1 - p_{Cu1} - p_{Fe} - p_{Cu2} - p_m - p_{ad} \\
&= P_1 - (p_{Cu1} + p_{Fe} + p_{Cu2} + p_m + p_{ad}) \\
&= P_1 - \sum p
\end{aligned}$$

三相异步电动机的效率为

$$\eta = \frac{P_2}{P_1} \times 100\% \tag{4-34}$$

另外，由 T 形等效电路又可知

$$P_1 = m_1 U_1 I_1 \cos\varphi_1, \quad p_{Fe} = m_1 I_0^2 r_m, \quad p_{Cu1} = m_1 I_1^2 r_1$$

$$P_{em} = m_1 E_2' I_2' \cos\varphi_2 = \frac{m_1 I_2'^2 r_2'}{s} \tag{4-35}$$

$$p_{Cu2} = m_1 I_2'^2 r_2' \tag{4-36}$$

$$P_m = \frac{m_1 I_2'^2 (1-s) r_2'}{s} \tag{4-37}$$

上式中，U_1、I_1、$\cos\varphi_1$ 分别为定子的相电压、相电流和功率因数，$\cos\varphi_2$ 为转子的功率因数。

比较式(4-35)、式(4-36)和式(4-37)可得

$$p_{Cu2} = sP_{em} \tag{4-38}$$

$$P_m = (1-s)P_{em} \tag{4-39}$$

由式(4-38)可知转子铜损耗是电磁功率的 s 倍,所以转子铜损耗又称转差功率。

4.6.3 转矩平衡方程式

由于机械功率等于相应的转矩与机械角速度的乘积,把异步电动机的功率平衡方程式 $P_m = P_2 + p_m + p_{ad}$ 两边同除以转子的机械角速度 Ω,就可以得到相应的稳态运行时的转矩平衡方程式为

$$\frac{P_m}{\Omega} = \frac{P_2}{\Omega} + \frac{p_m + p_{ad}}{\Omega}$$

即

$$T = T_2 + T_0 \tag{4-40}$$

式中: T——电动机的电磁转矩, $T = \dfrac{P_m}{\Omega} = 9.55\dfrac{P_m}{n}$;

T_2——电动机的输出转矩, $T_2 = \dfrac{P_2}{\Omega} = 9.55\dfrac{P_2}{n}$;

T_0——电动机的空载阻转矩, $T_0 = \dfrac{p_m + p_{ad}}{\Omega} = 9.55\dfrac{p_m + p_{ad}}{n}$。

只有满足转矩平衡关系,电动机才能以一定的转速稳定运行。稳态运行时,电动机的输出转矩 T_2 等于负载转矩 T_L,T_L 和 T_0 均为制动转矩,它们与驱动性质的电磁转矩 T 方向相反。

电动机在额定运行时,$P_2 = P_N$,$T_2 = T_N$,$n = n_N$,则

$$T_N = 9.55\frac{P_N}{n_N} \tag{4-41}$$

从上面我们已经知道了电磁转矩 $T = P_m/\Omega$,因为 $P_m = (1-s)P_{em}$,转子的机械角速度 Ω 与旋转磁场的机械角速度 Ω_1 又有关系,即 $\Omega = \dfrac{2\pi n}{60} = \dfrac{2\pi n_1(1-s)}{60} = (1-s)\Omega_1$,所以

$$T = \frac{P_m}{\Omega} = \frac{(1-s)P_{em}}{(1-s)\Omega_1} = \frac{P_{em}}{\Omega_1} = 9.55\frac{P_{em}}{n_1} \tag{4-42}$$

例 4.4 有一台 Y 形连接的 6 极三相异步电动机,$P_N = 145$ kW,$U_N = 380$ V,$f_N = 50$ Hz。额定运行时 $p_{Cu2} = 3000$ W,$p_m + p_{ad} = 2000$ W,$p_{Cu1} + p_{Fe} = 5000$ W,$\cos\varphi_1 = 0.8$。试求:

(1)额定运行时的电磁功率 P_{em}、额定转差率 s_N、额定效率 η_N 和额定电流 I_N。

(2)额定运行时的电磁转矩 T、额定转矩 T_N 和空载阻转矩 T_0。

解 (1)额定运行时的电磁功率

$$P_{em} = P_N + p_m + p_{ad} + p_{Cu2} = 145 + 2 + 3 = 150 \text{ kW}$$

由式(4-38)可知额定转差率为

$$s_N = \frac{p_{Cu2}}{P_{em}} = \frac{3}{150} = 0.02$$

额定运行时的输入功率为

$$P_1 = P_{em} + p_{Cu1} + p_{Fe} = 150 + 5 = 155 \text{ kW}$$

额定效率为

$$\eta_N = \frac{P_N}{P_1} \times 100\% = \frac{145}{155} \times 100\% \approx 93.5\%$$

额定电流为

$$I_N = \frac{P_1}{\sqrt{3}\,U_N \cos\varphi_1} = \frac{155 \times 10^3}{\sqrt{3} \times 380 \times 0.8} \approx 294.4 \text{ A}$$

（2）由于此电机是 6 极异步电动机，因此其同步转速 $n_1 = 1000$ r/min。

额定转速为

$$n_N = n_1(1 - s) = 1000 \times (1 - 0.02) = 980 \text{ r/min}$$

额定运行时的电磁转矩为

$$T = 9.55\,\frac{P_{em}}{n_1} = 9.55 \times \frac{150 \times 10^3}{1000} = 1432.5 \text{ N} \cdot \text{m}$$

额定转矩为

$$T_N = 9.55\,\frac{P_N}{n_N} = 9.55 \times \frac{145 \times 10^3}{980} \approx 1413 \text{ N} \cdot \text{m}$$

空载阻转矩为

$$T_0 = T - T_N = 1432.5 - 1413 = 19.5 \text{ N} \cdot \text{m}$$

4.7 三相异步电动机的工作特性

异步电动机的工作特性是指在额定电压和额定频率时，电动机的转速 n、定子电流 I_1、功率因数 $\cos\varphi_1$、电磁转矩 T、效率 η 等与输出功率 P_2 的关系，即 $U_1 = U_N$、$f_1 = f_N$ 时，$n = f(P_2)$、$I_1 = f(P_2)$、$\cos\varphi_1 = f(P_2)$、$T = f(P_2)$、$\eta = f(P_2)$。下面从物理概念上分析工作特性的形状。

1. 转速特性 $n = f(P_2)$

当异步电动机空载时，$P_2 = 0$，由于空载阻转矩很小，因此转子的转速接近于同步转速，即 $n \approx n_1$；当负载增加，即输出功率 P_2 增大时，必使转速略有下降。因为只有转速降低，才能使转子电动势 E_{2s} 增大，从而使转子电流 I_2 增大，以产生更大的电磁转矩去和负载转矩平衡。所以三相异步电动机的转速特性是一条稍向下倾斜的曲线，如图 4-26 所示，与并励直流电动机的转速特性极为相似，为硬特性。

2. 定子电流特性 $I_1 = f(P_2)$

根据异步电动机的定子电流方程式 $\dot{I}_1 = \dot{I}_0 + (-\dot{I}_2')$

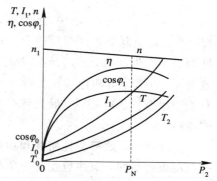

图 4-26 三相异步电动机的工作特性曲线

可知，空载时，$P_2 = 0$，$\dot{I}_2' \approx 0$，此时定子电流 $I_1 \approx I_0$；随着负载的增加，即 P_2 增大，转子转速

下降,转子电流增大,定子电流 I_1 及磁动势几乎随之成正比地增大,来抵消转子电流产生的磁动势,以保持磁动势关系的平衡;当 P_2 增大到一定数值时,由于转子转速下降较多,转差率较大,转子功率因数角 $\varphi_2 = \arctan(X_2 s / r_2)$ 较大,转子功率因数 $\cos\varphi_2$ 较低,这时平衡较大的负载转矩需要更大的转子电流,因而 I_1 的增长比原先更快些。所以三相异步电动机的定子电流特性几乎是一条向上倾斜的直线,只是负载较大时,曲线开始向上弯曲,如图 4 - 26 所示。

3. 功率因数特性 $\cos\varphi_1 = f(P_2)$

异步电动机空载时,$P_2 = 0$,定子电流几乎全部为励磁电流,主要用于建立旋转磁场,因此定子电流主要是感性无功分量,功率因数 $\cos\varphi_1$ 很低,约为 0.1~0.2;当负载增加,即 P_2 增大时,转子电流的有功分量增大,定子电流的有功分量也随之增大,使功率因数 $\cos\varphi_1$ 提高,在接近额定负载时,功率因数达到最高;但负载超过额定值时,转差率 s 就会变得较大,因此 φ_2 变大,$\sin\varphi_2$ 变大,转子电流的无功分量增大,使定子电流的无功分量也随着增大,从而使电动机的功率因数 $\cos\varphi_1$ 又重新下降。三相异步电动机的功率因数特性如图 4 - 26 所示。

4. 电磁转矩特性 $T = f(P_2)$

根据稳态运行时异步电动机的转矩平衡方程式 $T = T_0 + T_2$ 及公式 $T_2 = 9.55 P_2 / n$ 可知,空载时,$P_2 = 0$,电磁转矩等于空载阻转矩,即 $T = T_0$;随着输出功率 P_2 的增大,若转子转速 n 不变,则 T_2 随 P_2 成正比地增大,$T_2 = f(P_2)$ 为过原点的直线。由于考虑到 P_2 增大时,转速 n 略有降低,因此 T_2 随 P_2 的增大略向上偏离直线。因为空载阻转矩 T_0 很小,而且在负载不超过额定值时,可认为 T_0 基本不变,所以电磁转矩特性 $T = f(P_2)$ 将比 $T_2 = f(P_2)$ 平行上移 T_0 数值,如图 4 - 26 所示。

5. 效率特性 $\eta = f(P_2)$

根据效率的定义,异步电动机的效率为

$$\eta = \frac{P_2}{P_1} \times 100\% = \frac{P_2}{P_2 + p_{Cu1} + p_{Fe} + p_{Cu2} + p_m + p_{ad}} \times 100\%$$

空载时,$P_2 = 0$,$\eta = 0$;当负载增加但数值较小时,可变损耗($p_{Cu1} + p_{Cu2} + p_{ad}$)增加较慢,效率随负载的增加而迅速上升;当负载继续增加时,可变损耗随之增大,直至可变损耗等于不变损耗($p_{Fe} + p_m$)时,效率达到最高;随后负载继续增加时,可变损耗增加很快,效率开始下降。异步电动机的效率特性如图 4 - 26 所示,和直流电动机的效率特性相似。对于中小型异步电动机,最大效率大约出现在额定负载的 3/4 时,电动机容量越大,效率就越高。

由此可见,效率特性曲线和功率因数特性曲线都是在额定负载附近达到最高,因此选择电动机容量时,应注意使其与负载相匹配,如果容量选得过小,则电动机长期过载运行,就会影响其寿命;如果容量选得过大,则电动机长期轻载运行,功率因数和效率都较低,浪费能源。

上述异步电动机的工作特性曲线可以通过直接给异步电动机带负载测得,也可以利用等效电路经计算得出。

*4.8　三相异步电动机参数的测定

　　我们利用异步电动机的等效电路进行定量分析和计算时，必须知道等效电路中的参数。与变压器一样，这些参数可通过空载试验和堵转（短路）试验来测定。

4.8.1　空载试验

　　空载试验的目的是通过测取异步电动机的空载电流 I_0 及空载损耗 p_0 分别与电动机空载电压 U_0 的关系曲线，来确定电动机的励磁参数 r_m 和 X_m。

1. 空载试验

　　异步电动机的空载运行，是指在额定电压和额定频率下，轴上不带任何机械负载的运行。空载试验接线图如图 4-27 所示，试验是在电动机空载时进行的，定子绕组上施加额定频率的对称三相电压，将电动机启动后，先在额定电压下运转一段时间，使其机械损耗达到稳定值，然后用调压器调节电动机的电源电压从约 $1.2U_N$ 开始，然后逐步降低电源电压，当电压降到使电动机转速发生明显变化时，停止试验。此过程共记录 7~9 组数据，每次记录空载电压 U_0（相电压）、空载电流 I_0（相电流）、空载功率 p_0（三相总功率）和转速。试验中应注意，记录开始后电压要单方向下调，并在额定点附近取点密一些，以保证试验的准确性。根据记录数据，画出异步电动机的空载特性曲线 $I_0 = f(U_0)$、$p_0 = f(U_0)$，如图 4-28 所示。

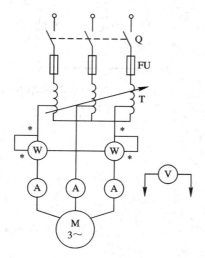

图 4-27　三相异步电动机的空载试验接线图

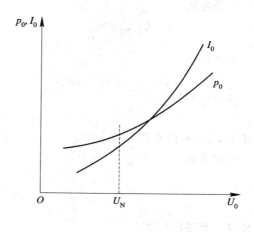

图 4-28　三相异步电动机的空载特性曲线

2. 铁损耗和机械损耗的分离

　　当异步电动机空载时，转子电流 $I_2 \approx 0$，转子铜损耗可以忽略不计，输出功率为零，那么输入功率与定子空载铜损耗、铁损耗 p_{Fe} 和机械损耗 p_m 相平衡，即

$$p_0 \approx m_1 I_0^2 r_1 + p_{Fe} + p_m$$

与变压器相比,异步电动机的空载电流较大,空载时的定子铜损耗不能忽略,同时转子旋转有机械损耗,因此求励磁电阻 r_m 不像变压器那么简单,要先从空载损耗中分离出铁损耗来,步骤如下:

首先从空载损耗中减去空载定子铜损耗,就可得铁损耗和机械损耗之和

$$p_0 - m_1 I_0^2 r_1 = p_{Fe} + p_m$$

其次,由于铁损耗与磁通的平方成正比,即与电压的平方成正比;而机械损耗的大小仅与转速有关,与端电压的大小无关。因此,把不同电压下的机械损耗和铁损耗之和与端电压的平方值的关系绘成曲线 $p_{Fe} + p_m = f(U_0^2)$,如图 4 - 29 所示。并把这一曲线延长到纵轴 $U_0 = 0$ 处,得交点 a,过 a 点作与横轴平行的虚线,虚线以下部分就是与电源电压大小无关的机械损耗,虚线以上部分就是与电压平方成正比的铁损耗。

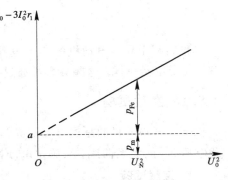

图 4 - 29 铁损耗和机械损耗的分离

3. 励磁参数的确定

空载时,转差率 $s \approx 0$,T 形等效电路中的附加电阻 $(1-s)r_2'/s \approx \infty$,则等效电路呈开路状态,如图 4 - 30 所示。根据这个等效电路,并由空载特性曲线上查得空载电压为额定相电压即 $U_0 = U_{N\phi}$ 时的空载电流 I_0 和空载损耗 p_0,以及从铁损耗和机械损耗的分离曲线上查得额定电压二次方对应的铁损耗 p_{FeN},即可计算以下励磁参数。

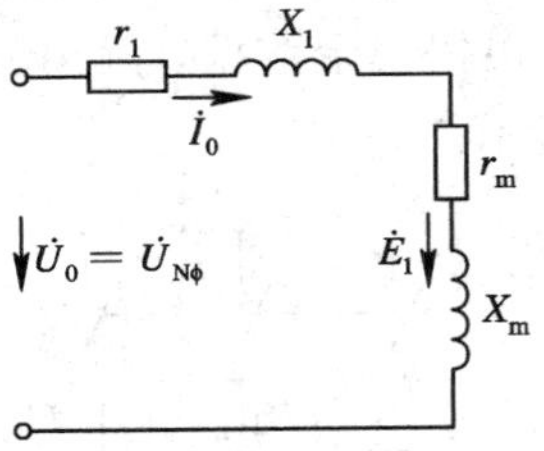

空载阻抗

$$Z_0 = \frac{U_0}{I_0} = \frac{U_{N\phi}}{I_0}$$

空载电阻

$$r_0 = \frac{p_0}{m_1 I_0^2}$$

空载电抗

$$X_0 = \sqrt{Z_0^2 - r_0^2}$$

励磁电抗

$$X_m = X_0 - X_1$$

上式中,X_1 可由短路试验求得。

励磁电阻

$$r_m = \frac{p_{FeN}}{m_1 I_0^2}$$

图 4 - 30 三相异步电动机的空载
等效电路

4.8.2 堵转试验

堵转试验旧称短路试验,试验的目的是确定三相异步电动机的短路参数。异步电动机的堵转,就是使其转子堵住不转,转差率 $s = 1$,T 形等效电路中的附加电阻 $(1-s)r_2'/s = 0$ 的状态。因此堵转试验必须在电动机堵转条件下进行,试验的接线图和空载时的相同,但要注意更换仪表量程。为了使试验时的堵转(短路)电流不致过大,可降低电源电压进行。一般调节调压器,使电源电压从零开始增大到使电动机的短路电流达到额定电流的 1.2 倍

时开始记录数据，然后逐步降低电源电压，短路电流也随之下降，至短路电流达到额定电流的 0.3 倍时停止试验。为了避免定子绕组过热，试验应尽快进行，其间测量 5～7 组数据，每次记录定子绕组的外施堵转电压 U_k（相电压）、堵转电流 I_k（相电流）和堵转功率 p_k（三相总功率）。由这些数据画出堵转特性曲线 $I_k = f(U_k)$、$p_k = f(U_k)$，如图 4-31 所示。

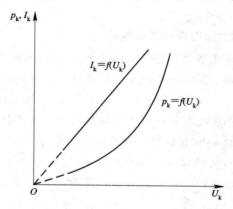

图 4-31　三相异步电动机的堵转特性曲线

电动机堵转时，$s=1$，反映总机械功率的附加电阻 $(1-s)r_2'/s = 0$，而且由于堵转电压很低，磁通较低，因此励磁电流很小，$I_0 \approx 0$，可认为励磁支路开路，$I_1 = I_2' = I_k$，所以其等效电路如图 4-32 所示。此时输入功率全都变成定子铜损耗和转子铜损耗，即

$$p_k \approx m_1 I_k^2 (r_1 + r_2')$$

由堵转特性曲线查出 $I_k = I_{N\phi}$（额定相电流）时的堵转电压 U_k 和堵转功率 p_k，即可计算以下参数。

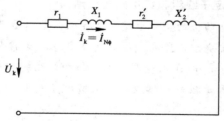

图 4-32　三相异步电动机堵转时的等效电路

短路阻抗

$$Z_k = \frac{U_k}{I_k} = \frac{U_k}{I_{N\phi}}$$

短路电阻

$$r_k = \frac{p_k}{m_1 I_k^2}$$

短路电抗

$$X_k = \sqrt{Z_k^2 - r_k^2}$$

转子电阻

$$r_2' = r_k - r_1$$

对于大、中型异步电动机，可认为 $X_1 = X_2' \approx X_k/2$。

小　结

1. 三相异步电动机的工作原理和基本结构

三相异步电动机的工作原理是，对称三相定子绕组中通以对称三相交流电流时产生圆形的旋转磁动势及旋转磁场，旋转磁场的同步转速 $n_1 = 60f_1/p$，其转向决定于三相绕组的空间排序和三相电流的相序。这种旋转磁场以同步转速 n_1 切割转子绕组，则在转子绕组中感应出电动势及电流，转子电流与旋转磁场相互作用产生电磁转矩，使转子旋转。

因为只有在转子与旋转磁场有相对运动时，才能在转子绕组中感应出电动势及电流，所以异步电动机的转速 n 与旋转磁场的同步转速 n_1 之间总存在着转差 $n_1 - n$，这是异步电动机运行的必要条件，通常用转差率 s 来表示转差与同步转速之比。一般情况下，电动机处于电动状态，$0 \leqslant s \leqslant 1$。

三相异步电动机的结构比直流电动机简单，由定子和转子两大部分组成。其中，定、转子的铁芯均由 $0.5\,\text{mm}$ 厚的硅钢片叠压而成。三相定子绕组按一定规律对称放置在定子铁芯槽内，再根据电动机的额定电压和电源的额定电压连接成 Y 或 △ 形。转子绕组有笼型和绕线型两种结构形式。笼型转子铁芯槽中的导条与槽外的端环自成闭合回路；绕线转子铁芯中放置对称三相绕组，连接成 Y 形后，可经集电环和电刷引至外电路的变阻器上，有助于启动和调速。

2. 三相异步电动机的定子绕组和绕组感应电动势

定子绕组是三相异步电动机的主要电路，也可以认为是异步电动机的"心脏"。异步电动机的定子绕组是一种交流绕组，交流绕组的形式很多，最常见的是按 $60°$ 相带排列的单层绕组和双层绕组，它们均是 $q > 1$ 的分布绕组。三相绕组的构成原则是一致的，其排列和连接方法是：① 计算极距和每极每相槽数；② 划分相带；③ 画定子绕组展开图，先组成线圈组，再组成相绕组。

实际中，单层绕组一般采用链式绕组($q = 2$)、交叉式绕组($q = 3$)和同心式绕组($q = 4$)，因为它们嵌线方便、端部省铜、工艺简单，但在电磁本质上均等效为整距叠绕组，其电磁性能较差。双层绕组通常采用双层短距叠绕组，以更有效地削弱高次谐波电动势，改善电磁性能，但它嵌线工艺复杂。

每相定子绕组和转子绕组的基波感应电动势公式分别是：$E_1 = 4.44f_1 N_1 k_{w1} \Phi_1$，$E_{2s} = 4.44f_2 N_2 k_{w2} \Phi_1$，这与变压器绕组的感应电动势公式在形式上相似，只是前者多了一个绕组因数。

3. 三相异步电动机的运行原理

三相异步电动机空载运行时，异步电动机的转速接近于同步转速，转子电流接近于零，定子电流近似地等于励磁电流。负载运行时，转速下降，转差率增大，旋转磁场与转子绕组的相对运动增大，此时气隙中的旋转磁场由定、转子绕组磁动势共同建立。从空载到负载运行时，由于电源电压为额定电压，定子绕组中漏阻抗压降很小，因此气隙磁场基本不变。通过磁动势平衡和电磁感应的作用，电功率由电源输入到定子绕组，机械功率从转子轴上输出。

从基本电磁关系看，异步电动机与变压器极为相似，因此其基本方程式和等效电路不论是形式还是推导过程都很相似。等效电路是分析异步电动机的有效工具。可用"归算"的方法，先将转子频率与转子绕组"归算"到定子。"归算"的物理意义是用一个静止的转子去代替实际转动的转子，等效转子绕组和定子绕组的相数、每相串联匝数及绕组因数完全相同，而它与定子的电磁关系及其本身的功率又与实际转子等效。转子进行归算以后，可导出等效电路，等效电路中出现的一个附加电阻 $(1-s)r_2'/s$ 应深刻理解，它是机械负载的模拟，是等效负载电阻。等效电路中的参数可用实验的方法确定。

由于等效电路如实而全面地反映了异步电机内部的电流、功率、转矩及它们之间的关系，因此工程上常用它来计算异步电机的各种运行特性。在功率与转矩的关系中，应充分理解电磁转矩与电磁功率和总机械功率的关系。

4. 三相异步电动机的工作特性

异步电动机的工作特性是，当电源的电压和频率均为额定值时，异步电动机的转速、定子电流、功率因数、电磁转矩及效率与输出功率的关系。从工作特性可知，异步电动机基本上也是一种恒速电动机，但在任何负载下功率因数始终是滞后的，这是异步电动机的一个不足之处。

思考与练习题

4.1　三相异步电动机的旋转磁场是怎样产生的？旋转磁场的转向和转速各由什么因素决定？

4.2　试问工频下 2、4、6、8、10 极的三相异步电动机的同步转速各为多少？

4.3　试述三相异步电动机的转动原理，并解释"异步"的含义。

4.4　异步电动机为什么又称为感应电动机？

4.5　一台三相异步电动机铭牌上标明 $f_N = 50$ Hz，额定转速 $n_N = 960$ r/min，该电动机的极数和额定转差率各是多少？

4.6　试分析单相交流绕组、三相交流绕组所产生的磁动势有何区别？

4.7　简述三相异步电动机的基本结构和各部分的主要功能。

4.8　一台三角形连接、型号为 Y132M—4 的三相异步电动机，其 $P_N = 7.5$ kW，$U_N = 380$ V，$n_N = 1440$ r/min，$\eta_N = 87\%$，$\cos\varphi_N = 0.82$。求其额定电流和对应的相电流。

4.9　有一个三相单层链式绕组，极数 $2p = 6$，定子槽数 $z_1 = 36$，支路数 $a = 1$，画出三相绕组展开图。

4.10　有一个三相单层交叉式绕组，极数 $2p = 4$，定子槽数 $z_1 = 36$，支路数 $a = 1$，画出三相绕组展开图。

4.11　三相异步电动机中的空气隙为什么必须做得很小？

4.12　一台三相异步电动机，如果把转子抽掉，而在定子绕组上加三相额定电压，会产生什么后果？

4.13 拆换三相异步电动机的定子绕组时，若把每相绕组的匝数减少，则气隙中每极磁通及磁密会怎样变化？

4.14 一台三相异步电动机接于电网工作时，其每相感应电动势 $E_1 = 350$ V，定子绕组的每相串联匝数 $N_1 = 132$ 匝，绕组因数 $k_{w1} = 0.96$，试问每极磁通 Φ_1 为多大？

4.15 一台三相异步电动机，定子绕组为 Y 形连接，若定子绕组有一相断线，仍接三相对称电源时，将产生什么性质的磁场？

4.16 与同容量的变压器相比，异步电动机的空载电流大，还是变压器的空载电流大？为什么？

4.17 三相异步电动机的转子电流频率与什么因素有关？

4.18 导出三相异步电动机的等效电路时，转子边要进行哪些归算？归算的原则是什么？如何归算？

4.19 异步电动机等效电路中的 Z_m 反映什么物理量？在额定电压下电动机由空载到满载，Z_m 的大小是否变化？

4.20 异步电动机等效电路中的 $(1-s)r_2'/s$ 代表什么？能否用电感或电容代替，为什么？

4.21 说明异步电动机的机械负载增加时，定子电流和输入功率会自动增加的物理过程。

4.22 若笼型转子由于铸铝质量不好而造成导条断裂，会产生什么后果？

4.23 一台三相异步电动机额定电压为 380 V，定子绕组为星形接法，现改为三角形接法，仍接在 380 V 电源上，会出现什么情况？为什么？

4.24 一台三相四极异步电动机，已知其额定数据和每相参数为：$P_N = 10$ kW，$U_N = 380$ V，$f_N = 50$ Hz，$n_N = 1455$ r/min，$r_1 = 1.375$ Ω，$X_1 = 2.43$ Ω，$r_2' = 1.04$ Ω，$X_2' = 4.4$ Ω，$r_m = 8.34$ Ω，$X_m = 82.6$ Ω，定子绕组为△形接法。求额定转速时的定子电流、功率因数、输入功率及效率(用近似等效电路计算)。

4.25 异步电动机的转差功率消耗到哪里去了？若增大这部分损耗，异步电动机会出现什么现象？

4.26 一台三相异步电动机额定运行时的转差率为 0.02，问这时通过气隙传递的功率有百分之几转化为铜损耗？有百分之几转化为机械功率？

4.27 一台三相异步电动机，额定数据如下：$U_N = 380$ V，$f_N = 50$ Hz，$P_N = 7.5$ kW，$n_N = 962$ r/min，定子绕组为△形接法，$2p = 6$，$\cos\varphi_N = 0.827$，$p_{Cu1} = 470$ W，$p_{Fe} = 324$ W，$p_m = 45$ W，$p_{ad} = 80$ W。试求：

(1) 额定负载时的转差率；

(2) 转子电流频率；

(3) 转子铜损耗；

(4) 效率；

(5) 定子电流。

4.28 已知一台三相四极异步电动机的额定数据为：$P_N = 10$ kW，$U_N = 380$ V，$f_N = 50$ Hz，定子绕组为 Y 形接法，额定运行时 $p_{Cu1} = 557$ W，$p_{Cu2} = 314$ W，$p_{Fe} = 276$ W，$p_m = 77$ W，$p_{ad} = 200$ W。试求：

（1）额定转速；

（2）空载转矩；

（3）电磁转矩；

（4）电动机轴上的输出转矩。

4.29 三相异步电动机原设计频率为 60 Hz，今接在频率为 50 Hz 的电网上运行，设电压和输出功率均保持在原设计值，问电动机内部的各种损耗、转速、功率因数、效率将有什么变化？

4.30 三相异步电动机的工作特性曲线有哪些？是在什么条件下得出的？

第 5 章　三相异步电动机的电力拖动

本章首先研究三相异步电动机的电磁转矩表达式和机械特性，然后利用机械特性这个有效的工具分析电力拖动系统的运行性能，即异步电动机拖动生产机械做启动、制动和调速时的各种运行状态的性能。

分析异步电动机的基本电磁关系时，是与电磁关系相似的变压器做对比，运用基本方程式、等效电路进行分析；而分析异步电动机的电力拖动系统的运行性能时，是与直流电动机的电力拖动做对比，运用机械特性和基本公式进行分析。

5.1　三相异步电动机的电磁转矩表达式

在第 4 章我们学习了三相异步电动机电磁转矩的基本公式 $T=P_{em}/\Omega_1$，下面根据此公式进一步分析电磁转矩的三种表达式。

5.1.1　电磁转矩的物理表达式

若把 $P_{em}=m_1 E_2' I_2' \cos\varphi_2$，$E_2'=4.44 f_1 N_1 k_{w1} \Phi_1$ 和 $\Omega_1=\dfrac{2\pi n_1}{60}=\dfrac{2\pi f_1}{p}$ 代入异步电动机电磁转矩的基本公式 $T=\dfrac{P_{em}}{\Omega_1}$ 中，可得

$$T=\frac{P_{em}}{\Omega_1}=\frac{m_1(4.44 f_1 N_1 k_{w1}\Phi_1)I_2'\cos\varphi_2}{2\pi f_1/p}$$

$$=\frac{m_1 p N_1 k_{w1}}{\sqrt{2}}\Phi_1 I_2'\cos\varphi_2=C_T\Phi_1 I_2'\cos\varphi_2 \qquad (5-1)$$

式中：C_T——转矩常数，$C_T=\dfrac{m_1 p N_1 k_{w1}}{\sqrt{2}}$。

上式表明异步电动机的电磁转矩与主磁通 Φ_1 成正比，与转子电流的有功分量

$I_2' \cos\varphi_2$ 成正比,其物理意义非常明确,所以该式称为电磁转矩的物理表达式。该表达式与直流电动机的电磁转矩公式 $T = C_T \Phi I_a$ 极为相似,常用它来定性分析三相异步电动机的运行问题。

例 5.1　为何在农村的"双抢"期间,作为动力设备的三相异步电动机易烧毁?

解　电动机的烧毁是指绕组过电流严重,绕组的绝缘因过热损坏,造成绕组短路等故障。由于"双抢"期间,水泵、打稻机等农用机械用量大,用电量增加很多,电网电流增大,线路压降增大,使电源电压下降较多,这样影响到农用电动机,使其主磁通大为下降,在同样的负载转矩下,由式(5-1)可知转子电流大为增加,尽管主磁通下降,空载电流也会下降,但它下降的程度远远不及转子电流增加的程度大,根据磁动势平衡方程式,定子电流也将大为增加,长期超过额定值就会发生"烧机"现象。

5.1.2　电磁转矩的参数表达式

由于电磁转矩的物理表达式不能直接反映转矩与转速的关系,而电力拖动系统却常常需要用转速或转差率与转矩的关系进行系统的运行分析,故推导参数表达式如下:

因为

$$P_{em} = m_1 I_2'^2 \left(\frac{r_2'}{s} \right)$$

根据三相异步电动机的近似等效电路又可知

$$I_2' = \frac{U_1}{\sqrt{\left(r_1 + \dfrac{r_2'}{s} \right)^2 + (X_1 + X_2')^2}}$$

把以上两式和 $\Omega_1 = 2\pi f_1 / p$ 代入公式 $T = P_{em} / \Omega_1$ 中,可得

$$T = \frac{P_{em}}{\Omega_1} = \frac{m_1 I_2'^2 \left(\dfrac{r_2'}{s} \right)}{\dfrac{2\pi f_1}{p}} = \frac{m_1 p U_1^2 \left(\dfrac{r_2'}{s} \right)}{2\pi f_1 \left[\left(r_1 + \dfrac{r_2'}{s} \right)^2 + (X_1 + X_2')^2 \right]} \tag{5-2}$$

由于式(5-2)反映了三相异步电动机的电磁转矩 T 与电动机相电压 U_1、电源频率 f_1、电动机的参数(r_1、r_2'、X_1、X_2'、p 及 m_1)以及转差率 s 之间的关系,因此称为电磁转矩的参数表达式。显然当 U_1、f_1 及电动机的各参数不变时,电磁转矩 T 仅与转差率 s 有关,根据式(5-2)可绘出异步电动机的 T-s 曲线,如图 5-1 所示。

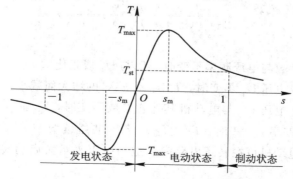

图 5-1　三相异步电动机的 T-s 曲线

由图 5-1 可知，在 s 值很小的区间，$T \propto s$，该段称为线性区；在 s 值较大的区间，$T \propto 1/s$，该段称为非线性区。因此 $T-s$ 曲线为一条二次曲线，在某一转差率 s_m 时，转矩有一最大值 T_{max}，称为异步电动机的最大转矩。

令 $dT/ds = 0$ 可求得产生最大转矩 T_{max} 时的临界转差率 s_m 为

$$s_m = \frac{r_2'}{\sqrt{r_1^2 + (X_1 + X_2')^2}} \approx \frac{r_2'}{X_1 + X_2'} \tag{5-3}$$

把式(5-3)代入式(5-2)可求得最大转矩 T_{max} 为

$$T_{max} = \frac{m_1 p U_1^2}{4\pi f_1 [r_1 + \sqrt{r_1^2 + (X_1 + X_2')^2}]}$$

$$\approx \frac{m_1 p U_1^2}{4\pi f_1 (X_1 + X_2')} \tag{5-4}$$

上两式中，在电源频率 f_1 较高时，因 $r_1 \ll (X_1 + X_2')$ 而忽略 r_1 得近似表达式。

由式(5-3)及式(5-4)可知：

(1) 当电动机各参数与电源频率不变时，T_{max} 与 U_1^2 成正比，s_m 则保持不变，与 U_1 无关。

(2) 当电源频率及电压 U_1 不变时，s_m 和 T_{max} 近似地与 $X_1 + X_2'$ 成反比。

(3) 当电源频率、电压 U_1 与电动机其他各参数不变时，s_m 与 r_2' 成正比，T_{max} 则与 r_2' 无关。由于此特点，对绕线转子异步电动机，当转子电路串联电阻时，可使 s_m 增大，但 T_{max} 不变。

T_{max} 是异步电动机可能产生的最大转矩。如果负载转矩 $T_L > T_{max}$，电动机将因承担不了而停转。为保证电动机不会因短时过载而停转，要求其额定转矩 $T_N < T_{max}$。我们把最大转矩与额定转矩的比值称为过载倍数或过载能力，用 λ_m 表示，即

$$\lambda_m = \frac{T_{max}}{T_N}$$

λ_m 是异步电动机的一个重要性能指标，它反映了电动机短时过载的极限。一般异步电动机的过载倍数为 $\lambda_m = 1.8 \sim 3.0$，对于起重冶金用的异步电动机，其 λ_m 可达 3.5。

除了 T_{max} 外，异步电动机还有另一个重要参数，即启动转矩 T_{st}，它是异步电动机接至电源开始启动时的电磁转矩，此时 $s=1 (n=0)$，因此将 $s=1$ 代入式(5-2)，可得

$$T_{st} = \frac{m_1 p U_1^2 r_2'}{2\pi f_1 [(r_1 + r_2')^2 + (X_1 + X_2')^2]} \tag{5-5}$$

由式(5-5)可知：

(1) 当电动机各参数与电源频率不变时，T_{st} 与 U_1^2 成正比。

(2) 当电源频率及电压 U_1 不变时，T_{st} 随 $X_1 + X_2'$ 的增大而减小。

(3) 当电源频率、电压 U_1 与电动机其他各参数不变时，T_{st} 随 r_2' 的适当增大而增大。当 r_2' 增大到使临界转差率 $s_m = 1$ 时，$T_{st} = T_{max}$，若 r_2' 再继续增大，T_{st} 反而减小。利用此特点，对绕线转子异步电动机可在转子电路串一适当电阻来增大启动转矩 T_{st}，从而改善电动机的启动性能。

对笼型异步电动机，其启动转矩不能用转子电路串联电阻的方法来改变，我们把它的

启动转矩与额定转矩的比值称为启动转矩倍数，用 K_{st} 表示，即

$$K_{st} = \frac{T_{st}}{T_N}$$

K_{st} 是笼型异步电动机的另一个重要性能指标，它反映了电动机的启动能力，一般 Y 系列三相异步电动机的 K_{st} 为 1.8～2.0。显然，当 $T_{st} > T_L$ 时，电动机才能启动。在额定负载下，只有 $K_{st} > 1$ 的笼型异步电动机才能启动。

*5.1.3　电磁转矩的实用表达式

上述参数表达式，对于分析电磁转矩与电动机参数间的关系，进行某些理论分析，是非常有用的。但是，由于在电动机的产品目录中，定子及转子的内部参数是查不到的，往往只给出额定功率 P_N、额定转速 n_N 及过载倍数 λ_m 等，所以用参数表达式进行定量计算很不方便，为此，导出了一个较为实用的表达式（推导从略），即

$$T = \frac{2T_{max}}{\dfrac{s_m}{s} + \dfrac{s}{s_m}} \tag{5-6}$$

上式中的 T_{max} 及 s_m 可用下述方法求出：

$$T_{max} = \lambda_m T_N = \frac{9.55\lambda_m P_N}{n_N} \tag{5-7}$$

忽略 T_0，将 $T \approx T_N$，$s = s_N$ 代入式(5-6)中，可得

$$s_m = s_N(\lambda_m + \sqrt{\lambda_m^2 - 1}) \tag{5-8}$$

当电动机运行在 T-s 曲线的线性段时，因为 $s \ll s_m$，所以 $\dfrac{s}{s_m} \ll \dfrac{s_m}{s}$，从而忽略 $\dfrac{s}{s_m}$，式 (5-6)就可简化为

$$T = \frac{2T_{max}}{s_m}s \tag{5-9}$$

上式即为电磁转矩的简化实用表达式，又称直线表达式，用起来更为简单。但需注意，为了减小误差，上式中 s_m 的计算应采用以下公式：

$$s_m = 2\lambda_m s_N \tag{5-10}$$

以上异步电动机的三种电磁转矩表达式，应用场合有所不同。一般物理表达式适用于定性分析 T 与 Φ_1 及 $I_2' \cos\varphi_2$ 之间的关系；参数表达式适用于定性分析电动机参数变化对其运行性能的影响；实用表达式适用于工程计算。

5.2　三相异步电动机的机械特性

上一节我们分析了 T-s 曲线，但在电力拖动系统中常用机械特性，即 $n = f(T)$ 关系曲线来分析电力拖动问题，三相异步电动机的 $n = f(T)$ 曲线可由 T-s 曲线变换而来，如图 5-2 所示。下面主要分析"电动状态"的机械特性。

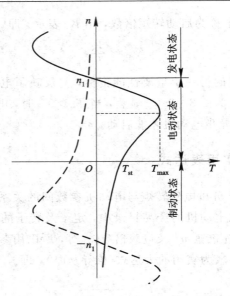

图 5 - 2　三相异步电动机的 $n = f(T)$ 曲线

5.2.1　固有机械特性

固有机械特性是指三相异步电动机工作在额定电压及额定频率下，电动机按规定的接线方式接线，定子及转子电路中不外串电阻或电抗时所获得的机械特性 $n = f(T)$，如图 5 - 3 所示。当电磁转矩从零增大到最大转矩时，转速略微减小，故异步电动机的固有机械特性为硬特性。

在图 5 - 3 所示的机械特性曲线上，A 点称为启动点，P 点称为最大转矩点，H 点称为理想空载点或同步点，而 B 点就是额定工作点。其中，A、P、H 三个特殊点就基本决定了机械特性曲线的变化情况。

另外，在机械特性曲线上，从同步点到最大转矩点之间的线性段 H-P 是"稳定"运行区域，从最大转矩点到启动点之间的非线性段 P-A 是"不稳定"运行区域。其原因分析如下：

从同步点到最大转矩点，$n = f(T)$ 曲线是下降的，由第 2 章已叙述过的电力拖动系统稳定运行的充分必要条件，不难判断对常遇到的恒转矩、恒功率、通风机型负载，在该段都可稳定运行。从启动点到最大转矩点，$n = f(T)$ 曲线是上升的，对恒转矩负载和恒功率负载，不满足稳定运行的充

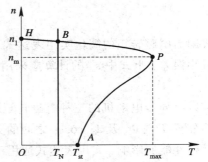

图 5 - 3　三相异步电动机的固有机械特性曲线

分必要条件，因此不能在该段稳定运行；只是对通风机型负载，在该段可以稳定运行。

例如图 5 - 4 中的恒转矩负载特性曲线 1 与三相异步电动机的机械特性有两个交点，在 A 点可以稳定运行，而在 B 点则不能稳定运行。通风机型负载特性曲线 2 与电动机的机械特性有一个交点 C，在 C 点虽然可以稳定运行，但转速太低，损耗大，效率低，通风机工作并不理想。

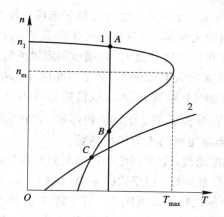

图 5 - 4　三相异步电动机的稳定运行区域

5.2.2　人为机械特性

由电磁转矩的参数表达式可知，人为地改变异步电动机的任何一个或多个参数（U_1，f_1，p，定、转子电路的电阻或电抗等），都可以得到不同的机械特性，这些机械特性统称为人为机械特性。下面介绍改变某些参数时的人为机械特性。

1. 降低定子端电压时的人为机械特性

如果异步电动机的其他条件都与固有特性时的一样，仅降低定子端电压时得到的人为机械特性，根据式（5 - 3）、式（5 - 4）及式（5 - 5）可知其特点如下：

（1）因为 $n_1 = 60 f_1 / p$，所以降压后，同步转速 n_1 不变，即不同 U_1 的人为机械特性都通过固有机械特性的同步点。

（2）降压后的最大转矩 $T_{\max}$ 随 U_1^2 成比例下降，但临界转差率 s_m 或临界转速 n_m 不变。

（3）降压后的启动转矩 T_{st} 也随 U_1^2 成比例下降。

不同定子端电压 U_1 时的人为机械特性的变化规律如图 5 - 5 所示。降低定子端电压后，对电动机的运行有何影响呢？现分析如下：设电动机原来在额定情况下运行于固有机

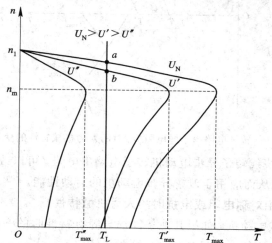

图 5 - 5　降低定子端电压的人为机械特性的变化规律

械特性的 a 点，如图 5-5 所示，此时定子电流为额定电流。若负载保持为额定值不变，端电压下降为 U' 后，工作点则变为 b 点，显然这时转速降低了，转差率变大，使转子感应电动势变大，转子电流变大，定子电流也随着变大，将超过额定电流值，因此电动机不能在额定负载下连续长期运行，否则，会影响电动机寿命，甚至可能烧坏。从图 5-5 中还可以看到：端电压 U_1 下降后，电动机的启动转矩倍数 K_{st} 和过载倍数 λ_m 都显著地下降了。如果电压下降太多（电压为 U''），使 T''_{max} 小于负载转矩 T_L，电动机将停转，这在实际应用中必须注意。

2. 转子电路串三相对称电阻时的人为机械特性

对于绕线转子三相异步电动机，如果其他条件都与固有特性时的一样，仅在转子电路串三相对称电阻时得到的人为机械特性，根据式(5-3)、式(5-4)及式(5-5)可知其特点如下：

(1) 因为 $n_1=60f_1/p$，所以转子串电阻后，同步转速 n_1 不变。

(2) 转子串电阻后的最大转矩 T_{max} 不变，但临界转差率 s_m 随 R_p 的增大而增大（或临界转速 n_m 随 R_p 的增大而减小）。

(3) 当 s_m 增大，但 $s_m<1$ 时，启动转矩 T_{st} 随 R_p 的增大而增大；当 $s_m=1$ 时，启动转矩 T_{st} 等于最大转矩 T_{max}；当 $s_m>1$ 时，启动转矩 T_{st} 随 R_p 的增大而减小。

转子电路串不同电阻 R_p 时的人为机械特性的变化规律如图 5-6 所示。

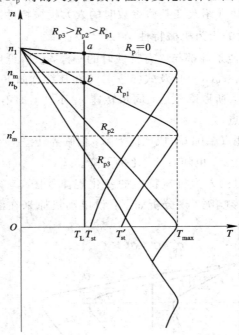

图 5-6 转子电路串不同电阻 R_p 时的人为机械特性的变化规律

由图 5-6 可知，绕线转子异步电动机转子电路串电阻，可以改变转速而应用于调速，也可以改变启动转矩，从而应用于改善异步电动机的启动性能。

3. 定子电路串三相对称电阻或电抗时的人为机械特性

对于笼型三相异步电动机，如果其他条件都与固有特性时的一样，仅在定子电路串三相对称电阻或电抗时得到的人为机械特性，根据式(5-3)、式(5-4)及式(5-5)可知其特点如下：

（1）因为 $n_1 = 60f_1/p$，所以定子电路串电阻或电抗后，同步转速 n_1 不变。

（2）串入电阻或电抗 X_p 后的最大转矩 T_{max} 及临界转差率 s_m 都随 X_p 的增大而减小。

（3）串入电阻或电抗 X_p 后的启动转矩 T_{st} 随 X_p 的增大而减小。

定子电路串不同电阻或电抗时的人为机械特性的变化规律如图 5-7 所示。

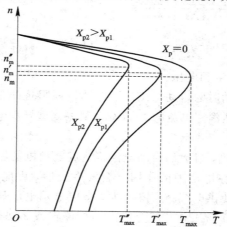

图 5-7　定子电路串不同电阻或电抗时的人为机械特性的变化规律

定子电路串对称电阻或电抗，一般用于三相笼型异步电动机的降压启动，以限制电动机的启动电流。

此外，还有改变极对数 p 以及改变电源频率 f_1 时的人为机械特性，这些将在本章第 5.5 节结合调速原理一起介绍。

5.3　三相异步电动机的启动

在电动机带动生产机械的启动过程中，不同的生产机械有不同的启动情况。有些生产机械在启动时负载转矩很小，但负载转矩随着转速增加近似地与转速平方成正比地增加，例如鼓风机负载；有些生产机械在启动时的负载转矩与正常运行时的一样大，例如电梯、起重机和皮带运输机等；有些生产机械在启动过程中接近空载，待转速上升至接近稳定转速时，才加负载，例如机床、破碎机等；此外，还有频繁启动的机械设备等。以上这些因素都将对电动机的启动性能提出不同的要求。

与直流电动机一样，衡量三相异步电动机启动性能好坏的主要指标是启动电流倍数 I_{st}/I_N 和启动转矩倍数 T_{st}/T_N。一般情况下，电力拖动系统对电动机的启动要求是：启动电流尽可能小，而启动转矩足够大，同时启动设备尽可能简单、经济、操作方便，且启动时间短。

5.3.1　三相笼型异步电动机的启动

三相笼型异步电动机可采用全压启动、减压启动和软启动三种启动方法。

1. 全压启动

全压启动，也叫直接启动，即用刀开关或接触器把电动机的定子绕组直接接到额定电压的电网上。由于启动时，$s=1(n=0)$，等效负载电阻$(1-s)r_2'/s=0$，忽略励磁支路电流可得启动时的等效电路如图 5-8 所示，启动电流近似为

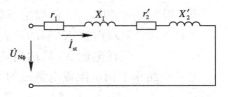

图 5-8 笼型异步电动机全压启动等效电路

$$I_{st} = \frac{U_1}{\sqrt{(r_1 + r_2')^2 + (X_1 + X_2')^2}}$$

$$= \frac{U_{N\phi}}{\sqrt{r_k^2 + X_k^2}} = \frac{U_{N\phi}}{|Z_k|} \qquad (5-11)$$

式中：$U_{N\phi}$——电动机的额定相电压。

由上式可知，全压启动时的启动电流仅受电动机漏阻抗的限制。由于漏阻抗很小，因此启动电流很大，一般可达额定电流的 4～7 倍。某些笼型异步电动机甚至可达到额定电流的 8～12 倍。

对于经常启动的电动机，过大的启动电流将造成电动机发热，影响电动机寿命；同时，电动机绕组（特别是端部）在电磁力的作用下会发生变形，可能造成绕组短路而烧坏电动机。过大的启动电流还会使供电线路压降增大，造成电网电压显著下降，从而影响接在同一电网的其他电气设备的正常工作，甚至使电动机停转或无法带负载启动。这是因为 T_{st} 及 T_{max} 均与定子端电压 U_1 的平方成正比，电网电压的显著下降，可使 T_{st} 及 T_{max} 均下降到低于 T_L（见本章 5.2 节的分析）。

一般规定，异步电动机的额定功率小于 7.5 kW 时允许全压启动；如果功率大于 7.5 kW，而电源总容量较大，则符合下式要求者，电动机也允许全压启动。

$$\frac{I_{st}}{I_N} \le \frac{1}{4}\left[3 + \frac{电源总容量(kV \cdot A)}{启动电动机功率(kW)}\right] \qquad (5-12)$$

如果不能满足上式的要求，则必须采用减压启动的方法，通过减压，把启动电流限制在允许的范围内。

2. 减压启动

减压启动时，电源电压仍为额定电压，只是通过降低直接加在电动机定子绕组的端电压来减小启动电流的。由于启动转矩 T_{st} 与定子端电压 U_1 的平方成正比，因此减压启动时，启动转矩将大大减小。所以减压启动只适用于对启动转矩要求不高的设备，如离心泵、通风机械等。

常用的减压启动方法有以下几种：

1) 定子串电阻或电抗减压启动

定子串电阻或电抗减压启动是利用电阻或电抗的分压作用降低加到电动机定子绕组的电压，其接线图如图 5-9(a)所示。启动时把换接开关 Q_2 投向"启动"的位置，此时定子电路串入启动电阻或电抗，然后闭合主开关 Q_1，电动机开始旋转，待转速接近稳定转速时，把开关 Q_2 投向"运行"的位置，使电源电压直接加到定子绕组上。

定子串电阻启动的等效电路如图 5-9(b)所示。设电动机全压启动时的相电压为 $U_{N\phi}$，启动电流为 I_{st}，而定子串电阻后的相电压 $U_{1\phi}' = U_{N\phi}/k(k>1)$，启动电流为 I_{st}'，则

$$\frac{I_{st}'}{I_{st}} = \frac{U_{1\phi}'}{U_{N\phi}} = \frac{1}{k} \qquad (5-13)$$

减压启动的启动转矩 T_{st}' 与全压启动的启动转矩 T_{st} 之比为

$$\frac{T'_{\text{st}}}{T_{\text{st}}} = \frac{U'^{\,2}_{1\phi}}{U^{2}_{\text{N}\phi}} = \frac{1}{k^{2}} \tag{5-14}$$

可见，调节启动电阻或电抗的大小，可以得到电网所允许通过的启动电流。

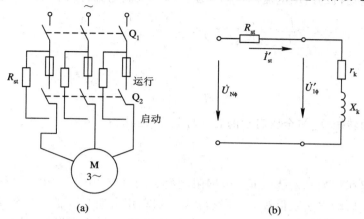

图 5 - 9　定子串电阻或电抗减压启动

（a）原理线路图；（b）等效电路

　　定子串电阻或电抗减压启动的优点是：启动较平稳，运行可靠，设备简单。缺点是：定子串电阻启动时电能损耗较大；启动转矩随电压的平方降低，只适合轻载启动。

　　电阻减压启动一般用于低压电动机，电抗减压启动通常用于高压电动机。电阻减压及电抗减压启动有手动及自动等多种控制线路，但由于启动时电能损耗较多，因此实际应用不多。

　　2) 自耦变压器减压启动

　　自耦变压器用作电动机减压启动时，称为自耦补偿启动器。自耦变压器减压启动是利用自耦变压器降低加到电动机定子绕组的电压，其原理接线图如图 5 - 10(a)所示。启动时，把开关 Q 投向“启动”位置，这时自耦变压器的高压侧接至电网加额定电压，低压侧（有三个抽头，按需要选择）接电动机定子绕组。待转速接近稳定转速时，把开关 Q 投向“运行”位置，切除自耦变压器，使电动机直接接至额定电压的电网运行。

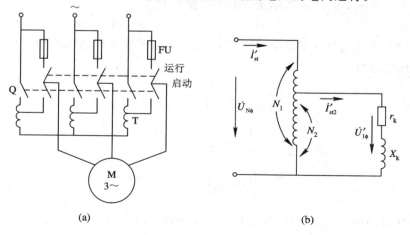

图 5 - 10　自耦变压器减压启动

（a）原理线路图；（b）等效电路

自耦变压器减压启动的等效电路如图 5 - 10(b)所示,设串自耦变压器后加在电动机定子绕组上的相电压 $U_{1\phi}' = U_{N\phi}/k(k>1)$,电动机的启动电流即自耦变压器的二次侧电流为 I_{st2}',电网供给电动机的启动电流即自耦变压器的一次侧电流为 I_{st}',则

$$\frac{I_{st2}'}{I_{st}} = \frac{U_{1\phi}'}{U_{N\phi}} = \frac{1}{k}, \quad \frac{I_{st}'}{I_{st2}'} = \frac{U_{1\phi}'}{U_{N\phi}} = \frac{1}{k}$$

以上两式相乘得

$$\frac{I_{st}'}{I_{st}} = \frac{1}{k^2} \tag{5 - 15}$$

减压启动的启动转矩 T_{st}' 与全压启动的启动转矩 T_{st} 之比为

$$\frac{T_{st}'}{T_{st}} = \frac{U_{1\phi}'^2}{U_{N\phi}^2} = \frac{1}{k^2} \tag{5 - 16}$$

自耦变压器减压启动的优点是:电网限制的启动电流相同时,用自耦变压器减压启动将比用其他减压启动方法获得较大的启动转矩;启动用自耦变压器的二次绕组一般有三个抽头(二次侧电压分别为 80%、60%、40% 的电源电压),用户可根据电网允许的启动电流和机械负载所需的启动转矩进行选配。缺点是:自耦变压器体积大、质量大、价格高、需维护检修;启动转矩随电压的平方降低,只适合轻载启动。

自耦变压器减压启动适用于容量较大的低压电动机作减压启动用,有手动及自动控制线路,应用很广泛。

3) Y-△减压启动

对于正常运行时定子绕组为△形连接的电动机,启动时定子绕组改接成 Y 形连接,这时加在每相定子绕组上的电压为全压启动时的 $1/\sqrt{3}$,可以实现减压启动,其接线图如图 5 - 11 所示。启动时,将开关 Q_2 投向"Y"位置,使定子绕组连接成星形,电动机减压启动;待电动机转速接近稳定值时,再将开关 Q_2 投向"△"位置,使定子绕组连接成三角形,启动过程结束,电动机便在额定电压下正常运行。

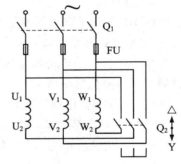

图 5 - 11 Y-△减压启动接线图

三相笼型异步电动机分别采用 Y 形连接启动和△形连接启动的原理,如图 5 - 12 所示,由该原理图可知

$$\frac{U_{1Y}}{U_{1\triangle}} = \frac{1/\sqrt{3}\,U_N}{U_N} = \frac{1}{\sqrt{3}} \tag{5 - 17}$$

$$\frac{I_{1Y}}{I_{1\triangle}} = \frac{U_{1Y}}{U_{1\triangle}} = \frac{1}{\sqrt{3}}$$

$$\frac{I_{st}'}{I_{st}} = \frac{I_{1Y}}{\sqrt{3}\,I_{1\triangle}} = \frac{1}{3} \tag{5 - 18}$$

Y 形连接减压启动的启动转矩 T_{st}' 与△形连接全压启动的启动转矩 T_{st} 之比为

$$\frac{T_{st}'}{T_{st}} = \frac{U_{1Y}^2}{U_{1\triangle}^2} = \frac{1}{3} \tag{5 - 19}$$

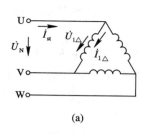
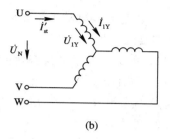

(a)　　　　　　　　　　　　　　(b)

图 5 - 12　Y 形连接启动和△形连接启动原理图

(a)△形连接全压启动；(b) Y 形连接减压启动

　　Y-△减压启动的优点是：设备简单，成本低，运行可靠，体积小，重量轻，且检修方便，可谓物美价廉，所以 Y 系列容量等级在 4 kW 以上的小型三相笼型异步电动机都设计成△形连接，以便采用 Y-△启动。其缺点是：只适用于正常运行时定子绕组为△形连接的电动机，并且只有一种固定的降压比；启动转矩随电压的平方降低，只适合轻载启动。

　　从以上分析可知，不论采用哪一种减压启动方法使启动电流减小至电网允许的范围内，都将使电动机的启动转矩受到损失，即启动转矩随定子绕组相电压的平方成比例减小。但不同的减压启动方法又有各自的特点。

　　3. 软启动

　　前面介绍的几种减压启动方法都属于有级启动，启动的平滑性不高。应用软启动器可以实现笼型异步电动机的无级平滑启动，这种启动方法称为软启动。软启动器可分为磁控式与电子式两种。磁控式软启动器由一些磁性自动化元件(如磁放大器、饱和电抗器等)组成，由于它们的体积大、较笨重、故障率高，现已被先进的电子软启动器取代。

　　下面简单介绍电子软启动器的四种启动方法：

　　(1)限流或恒流启动方法。用电子软启动器实现启动时限制电动机启动电流或保持恒定的启动电流，主要用于轻载软启动。

　　(2)斜坡电压启动法。用电子软启动实现电动机启动时定子电压由小到大斜坡线性上升，主要用于重载软启动。

　　(3)转矩控制启动法。用电子软启动实现电动机启动时启动转矩由小到大线性上升，启动的平滑性好，能够降低启动时对电网的冲击，是较好的重载软启动方法。

　　(4)电压控制启动法。用电子软启动器控制电压以保证电动机启动时产生较大的启动转矩，是较好的轻载软启动方法。

　　目前，一些厂家已经生产出各种类型的电子软启动装置，供不同类型的用户选用。笼型异步电动机的减压启动方法历经星形—三角形启动器以及自耦补偿启动器，发展到磁控式软启动器，目前又发展到先进的电子软启动器。在实际应用中，当笼型异步电动机不能采用全压启动方法时，应首先考虑选用电子软启动方法。

　　电子软启动方法也为进一步的智能控制打下了良好的基础。

5.3.2　三相绕线转子异步电动机的启动

　　绕线转子异步电动机的转子三相绕组一般都接成 Y 形，三根引出线通过三个集电环和电刷引到定子出线盒上，通常可在外部串入短接的三相对称电阻或频敏变阻器来改善启动性能。因此对于大、中型异步电动机需要重载启动时，可优先选用绕线转子异步电动机。

1. 转子串电阻启动

当绕线转子异步电动机转子串入合适的三相对称启动电阻 R_{st} 时，就能使启动电流减小到规定的范围内，而且由图 5-6 可知，转子电路串电阻 R_{st} 后，在一定范围内，启动转矩 T_{st} 随 R_{st} 的增大而增大；当 R_{st} 增大到使临界转差率 $s_m=1$ 时，$T_{st}=T_{max}$；当 R_{st} 增大到使临界转差率 $s_m>1$ 时，$T_{st}<T_{max}$。

在实际应用中，为了缩短启动时间，增大整个启动过程中的加速转矩，并使启动过程较为平滑，与直流电动机一样，通常把转子电路所串的电阻 R_{st} 逐级切除，最后使电动机稳定运行于固有机械特性上，而且在刚开始启动时让启动电阻 R_{st} 足够大，以使临界转差率 $s_m>1$，$T_{st}<T_{max}$，这样可以减小启动时拖动系统的机械冲击，如图 5-13(a)所示为绕线转子异步电动机转子串电阻三级启动原理接线图。启动时，三个接触器触头 KM_1、KM_2、KM_3 都断开，电动机转子电路总电阻为 $R_3=R_{st1}+R_{st2}+R_{st3}+r_2$，与此相对应，电动机转速处于人为机械特性曲线 Aa 的 a 点，如图 5-13(b)所示；电动机转速沿曲线 Aa 上升，T_{st} 下降，到达 b 点时，使接触器 KM_1 闭合，将三相电阻 R_{st1} 切除，电动机被切换到人为机械特性曲线 Ac 的 c 点；转速又沿曲线 Ac 上升，这样，电阻被逐段切除，使电动机启动转矩始终在 T_{st1} 和 T_{st2} 之间变动，直到最后电动机稳定运行于固有机械特性曲线 Ag 的 h 点。此时操作启动器手柄，将电刷提起，同时将三只集电环自行短接，以减小运行中对电刷的磨损及摩擦损耗。为了保证启动过程平稳快速，一般选取 $T_{st1}=(1.5\sim2)T_N$，$T_{st2}=(1.1\sim1.2)T_N$。

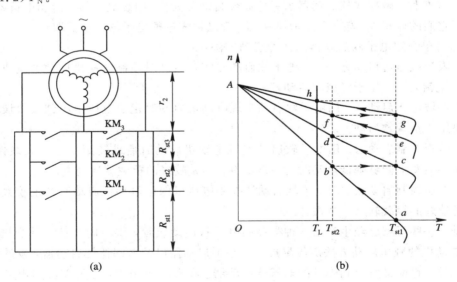

图 5-13 异步电动机转子串电阻启动原理图和启动机械特性
(a)串电阻三级启动原理图；(b)串电阻启动机械特性

转子电路串电阻启动线路比较复杂，不但要逐段切除电阻，而且在每切除一段电阻的瞬间，启动电流和启动转矩会突然增大，造成电气和机械冲击。为了克服这个缺点，可采用转子电路串频敏变阻器启动。

2. 转子串频敏变阻器启动

频敏变阻器的结构如图 5 - 14(a)所示,它实际上是一个三相铁芯线圈,其铁芯由若干片较厚的钢板或铁板叠压而成,三个铁芯柱上绕着连接成星形的三个绕组。当绕组内通过交流电流时,铁芯内产生比普通变压器大得多的铁芯损耗,且铁芯损耗与频率的平方成正比,每相铁芯绕组的等效电路如图 5 - 14(b)所示。其中 r_p 是频敏变阻器每相绕组本身的电阻,其值较小;R_{mp} 是反映频敏变阻器铁芯损耗的等效电阻,X_{mp} 是频敏变阻器的每相电抗。

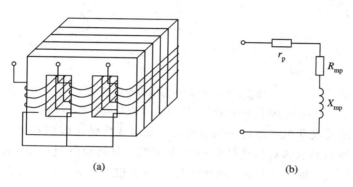

(a)　　　　　　　　　　(b)

图 5 - 14　绕线转子异步电动机转子串电阻启动原理图和等效电路

(a) 频敏变阻器结构;(b) 频敏变阻器等效电路

转子电路串入频敏变阻器后,启动时,$s=1$,$f_2=f_1$ 最高,频敏变阻器内铁芯损耗很大,对应的等效电阻 R_{mp} 也很大,但由于启动时转子电流很大,使频敏变阻器的铁芯过于饱和,X_{mp} 并不大,此时相当于在转子电路串入一个较大的启动电阻 R_{mp},从而使启动电流减小,启动转矩增大,获得较好的启动性能。随着转速的升高,s 减小,f_2 降低,使 R_{mp} 随频率的平方成正比地减小,同时 X_{mp} 也随频率成正比地减小,相当于随转速的升高自动且连续地减小启动电阻,当转速接近额定值时,s 很小,f_2 极低,所以 R_{mp} 及 X_{mp} 都很小,相当于将启动电阻全部切除,此时应将电刷提起,同时将三只集电环短接,使电动机运行于固有机械特性上,启动过程结束。

由以上分析可知,转子串频敏变阻器启动不但具有减小启动电流、增大启动转矩的优点,而且具有等效启动电阻随转速升高自动且连续减小的优点,所以其启动的平滑性优于转子串电阻启动。此外,频敏变阻器还具有结构简单、价格便宜、运行可靠、维护方便等优点。目前转子串频敏变阻器启动已被大量推广与应用。

5.4　三相异步电动机的制动

与直流电动机相同,三相异步电动机既可工作于电动状态,也可工作于制动状态。电动状态的特点是:电动机的电磁转矩 T 与转速 n 方向相同,机械特性位于第一、三象限,如图 5 - 15 所示,而且电动机从电网吸取电能,并把电能转换成机械能输出。制动状态的特点是:电动机的电磁转矩 T 与转速 n 方向相反,机械特性必然位于第二、四象限。

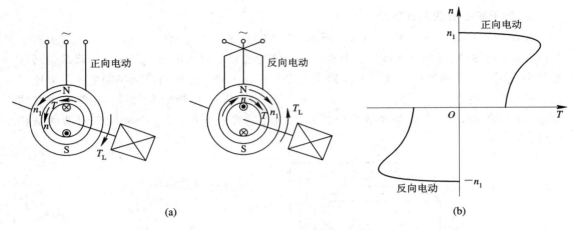

(a)　　　　　　　　　　　　　　　　　　　(b)

图 5 - 15　电动状态的异步电动机

(a) 电动状态接线原理图；(b) 电动状态的机械特性

　　制动的目的是使电动机在运行中快速停车、反向或将转速限制在某一范围内。电力拖动系统对制动性能的要求和对启动性能的要求相似，即制动电流较小，而制动转矩较大。与直流电动机一样，三相异步电动机的电气制动方法也有三种，即能耗制动、反接制动及回馈制动。

5.4.1　能耗制动

　　实现能耗制动的方法是将定子绕组从三相交流电源断开，然后立即加上直流励磁电源，同时在转子电路串入制动电阻。

　　如图 5 - 16(a)所示，将 KM_1 闭合，而 KM_2 保持断开时，电动机处于正向电动稳定运行状态，设转子以转速 n 逆时针旋转，此时电磁转矩 T 与 n 同向，负载转矩 T_L 与 n 反向。能耗制动时，将 KM_1 断开，而 KM_2 闭合，使定子绕组脱离三相交流电源而接到直流电源上，通入直流电流 I_f，流过定子绕组的直流电流在空间则产生一个静止的磁场，而转子由

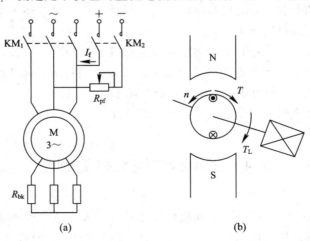

(a)　　　　　　　　　　(b)

图 5 - 16　三相异步电动机的能耗制动

(a) 原理接线图；(b) 制动原理图

于惯性继续按原方向在静止的磁场中转动，因而切割磁感应线在转子绕组中产生感应电动势和方向相同的感应电流（方向由右手定则判断），该电流再与静止的磁场相互作用，从而产生电磁力和电磁转矩（方向由左手定则判断），如图 5-16(b) 所示，此时电磁转矩 T 与 n 反向，电磁转矩 T 起制动作用。如果电动机拖动的是反抗性恒转矩负载，则在电磁转矩 T 和负载转矩 T_L 的制动作用下，电动机减速运行，直到转速 $n=0$ 时，转子不切割磁感应线，感应电动势和感应电流都等于零，制动的电磁转矩 $T=0$，制动过程结束。在上述制动过程中，电力拖动系统原来储存的机械能（即动能）被电动机转换为电能消耗在转子电路的电阻上，因此称为能耗制动过程。

处于能耗制动状态的异步电动机实质上变成了一台交流发电机，其输入是电动机所储存的机械能，其负载是转子电路中的电阻，因此能耗制动状态时的机械特性与发电机状态时的机械特性一样，处于第二象限（由图 5-2 知），而且由于制动到 $n=0$ 时，$T=0$，因此能耗制动时的机械特性是一条经过原点且形状与发电机状态机械特性相似的曲线，如图 5-17 所示（具体推导过程见有关参考书）。其中曲线 1 为转子不串电阻时的固有机械特性；曲线 2 为增大励磁电流 I_f 而转子不串电阻时的机械特性，此时最大

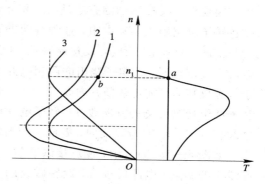

图 5-17　三相异步电动机的能耗制动机械特性

制动转矩增大，但产生最大转矩时的转速不变；曲线 3 为励磁电流 I_f 不变而转子串电阻时的机械特性，此时最大制动转矩不变，但产生最大转矩时的转速增大。设制动前，电动机拖动恒转矩负载稳定运行于固有机械特性曲线的 a 点，能耗制动瞬间，系统的工作点从 a 点水平跳变到曲线 1 或曲线 2 或曲线 3 上，然后在 T 和 T_L 的制动作用下，很快减速到 $n=0$。

显然，如果励磁电流 I_f 较小且转子电路不串制动电阻 R_{bk}，则制动瞬间的制动转矩较小而制动电流过大（曲线 1 的 b 点），不能满足系统的要求。因此对于笼型异步电动机，为了增大制动瞬间的制动转矩，就必须增大励磁电流 I_f；而对于绕线转子异步电动机，则采用转子电路串电阻的方法来增大制动转矩。

绕线转子异步电动机采用能耗制动实现快速停车时，根据最大制动转矩为 $(1.25\sim2.2)T_N$ 的要求，计算励磁电流 I_f 和转子电路所串的制动电阻 R_{bk} 的公式如下：

$$I_f = (2\sim3)I_0 \tag{5-20}$$

式中，I_0 为异步电动机的空载电流，一般取 $I_0=(0.2\sim0.5)I_{1N}$，I_{1N} 为定子额定电流。

$$R_{bk} = (0.2\sim0.4)\frac{E_{2N}}{\sqrt{3}\,I_{2N}} - r_2 \tag{5-21}$$

式中：E_{2N}——转子堵转时的额定线电动势；

$\qquad I_{2N}$——转子额定电流；

$\qquad r_2$——转子每相绕组的电阻，$r_2=\dfrac{s_N E_{2N}}{\sqrt{3}\,I_{2N}}$。

由以上分析可知，三相异步电动机的能耗制动具有以下特点：

（1）能够使反抗性恒转矩负载准确停车。

（2）制动平稳，但制动至转速较低时，制动转矩也较小，制动效果不理想。

（3）由于制动时电动机不从电网吸取交流电能，只吸取少量的直流电能，因此制动比较经济。

5.4.2 反接制动

1. 电源反接制动

实现电源反接制动的方法是将三相异步电动机任意两相定子绕组的电源进线对调，同时在转子电路串入制动电阻。这种制动类似于他励直流电动机的电枢反接制动。

如图 5-18(a)所示，反接制动前，电动机处于正向电动状态，以转速 n 逆时针旋转。电源反接制动时，把定子绕组的两相电源进线对调，同时在转子电路串入制动电阻 R_{bk}，由于电源反接后，旋转磁场方向改变，但转子的转速和转向由于机械惯性来不及变化，因此转子绕组切割磁场的方向改变，转子电动势 E_{2s} 改变方向，转子电流 I_2 和电磁转矩 T 也随之改变方向，使 T 与 n 反向，T 成为制动转矩，电动机便进入反接制动状态。

如图 5-18(b)所示，设反接制动前，电动机拖动恒转矩负载稳定运行于固有机械特性曲线 1 的 a 点。电源反接后，旋转磁场的转向改变，转速变为 $-n_1$，机械特性曲线应该过 $(0，-n_1)$ 点，其中曲线 2 是转子电路不串电阻时的机械特性，曲线 3 是转子电路串入电阻 R_{bk} 时的机械特性。电源反接瞬间，系统的工作点从 a 点水平跳变到曲线 2 的 b 点或曲线 3 的 b' 点，进入反接制动状态，在制动的电磁转矩 T 和负载转矩 T_L 的共同作用下，转速很快下降，到 $n=0$ 时（即 c 或 c' 点），制动过程结束。对于反抗性恒转矩负载，若要停车，制动到 $n=0$ 时应快速切断电源，否则，当 $|T_c|>|T_L|$ 时，电动机就会反向启动进入反向电动状态，当加速到 d 或 d' 点时稳定运行。可见上述过程是一个电源反接制动过程，机械特性位于第二象限，实际上就是反向电动状态的机械特性在第二象限的延伸部分。

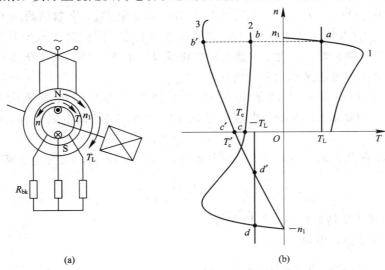

(a)   (b)

图 5-18　三相异步电动机的电源反接制动

(a)制动原理图；(b)制动时的机械特性

电源反接制动时，电动机的转差率为

$$s = \frac{-n_1 - n}{-n_1} = \frac{n_1 + n}{n_1} > 1$$

显然，转子电路不串电阻时，制动瞬间（b 点）的制动转矩较小而制动电流过大，制动效果不佳。若转子电路串入电阻 R_{bk}，则可使制动瞬间（b' 点）的制动转矩增大，同时也可减小制动电流。

当电动机工作在机械特性的线性段时，根据式（5－9）及式（5－3）可知制动电阻 R_{bk} 的近似计算可采用以下关系式：

$$\frac{r_2}{s_g} = \frac{r_2 + R_{bk}}{s}$$

由上式可推得求制动电阻的公式，即

$$R_{bk} = \left(\frac{s}{s_g} - 1\right)r_2 \qquad (5-22)$$

式中：s_g——固有机械特性线性段上对应任意给定转矩 T 的转差率，$s_g = s_N(T/T_N)$；

　　　s——转子串电阻 R_{bk} 的人为机械特性线性段上与 s_g 对应相同转矩 T 的转差率。

由以上分析可知，三相异步电动机的电源反接制动具有以下特点：

（1）制动转矩即使在转速降至很低时，仍较大，因此制动强烈而迅速。

（2）能够使反抗性恒转矩负载快速实现正反转，若要停车，需在制动到转速为零时立即切断电源。

（3）由于电源反接制动时 $s>1$，从电源输入的电功率 $P_1 \approx P_{em} = m_1 I_2'^2 r_2'/s > 0$，从电动机轴上输出的机械功率 $P_2 \approx P_m = T\Omega < 0$。这说明制动时，电动机既要从电网吸取电能，又要从轴上吸取机械能并转换为电能，这些电能全部消耗在转子电路的电阻上，因此制动时能耗大、经济性差。

2. 倒拉反接制动

实现倒拉反接制动的方法是在转子电路串一足够大的电阻。这种制动类似于直流电动机的倒拉反接制动。

如图 5－19 所示，设电动机原来拖动位能性恒转矩负载（重物），处于正向电动状态，稳定运行于固有机械特性曲线 1 的 a 点。如果在其转子电路串入足够大的电阻 R_{bk}，使临界转差率 $s_m \gg 1$，则对应的人为机械特性曲线 2 与负载转矩特性的交点落在第四象限。在串电阻的瞬间，由于机械惯性，电动机的工作点从 a 点水平跳变到人为机械特性的 b 点，此时因为转子串入较大的电阻，使电动机的转子电流减小，电磁转矩 T 减小，$T<T_L$，使电动机从 b 点开始沿着人为机械特性减速运行，到达 c 点时，转速降为零，但此时仍然有 $T<T_L$，因此位能性负载（重物）便迫使电动机转子反转，电动机开始进入倒拉反接制动状态。在重物的作用下，电动机反向加速，电磁转矩逐渐增大，直到 d 点，$T=T_L$ 时为止，电动机处于稳定的倒拉反接制动运行状态，电动机以较低的速度

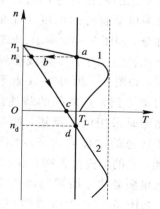

图 5－19　三相异步电动机倒拉
反接制动的机械特性

匀速下放重物。

倒拉反接制动时的转差率为

$$s = \frac{n_1 - n}{n_1} = \frac{n_1 + |n|}{n_1} > 1$$

这一点与电源反接制动一样,所以 $s>1$ 是反接制动的共同特点。

当电动机工作在机械特性的线性段时,制动电阻 R_{bk} 的近似计算仍然采用式(5-22)。

由以上分析可知,倒拉反接制动具有以下特点:

(1) 能够低速下放重物,安全性好。

(2) 由于制动时 $s>1$,因此与电源反接制动一样,$P_1>0$,$P_2<0$。这说明制动时,电动机既要从电网吸取电能,又要从轴上吸取机械能并转换为电能,这些电能全部消耗在转子电路的电阻上,因此制动时能耗大、经济性差。

5.4.3 回馈制动

处于电动运行状态的三相异步电动机,由于某种原因使转子转速大于同步转速,即 $|n|>n_1$ 时,电动机转子绕组切割旋转磁场的方向将与电动运行状态时相反,因此转子电动势 E_{2s}、转子电流 I_2 和电磁转矩 T 的方向也与电动状态时相反,即 T 与 n 反向,T 成为制动转矩,电动机便处于制动状态,此时电动机的转差率为

$$s = \frac{n_1 - n}{n_1} < 0 \quad (\text{正向运转},\ n>0)$$

由于制动时 $s<0$,T 与 n 反向,从电源输入的电功率 $P_1 \approx P_{em} = m_1 I_2'^2 r_2'/s < 0$,从电动机轴上输出的机械功率 $P_2 \approx P_m = T\Omega < 0$。这说明制动时,电动机从轴上吸取机械能并转换为电能,然后再把这些电能回馈给电网,相当于一台发电机,因此当 $|n|>n_1$ 时,电动机处于回馈制动状态。但应注意回馈制动时,电动机不从电网吸取有功功率,但仍从电网吸取无功功率,用以建立旋转磁场。

回馈制动时,电动机的机械特性是正向电动状态的机械特性在第二象限的延伸部分和反向电动状态的机械特性在第四象限的延伸部分,如图5-20所示。回馈制动常发生在以下几种情况中:变极或变频调速时的降速过程,如图5-20中从 a 点平移到 d 点后开始的 d 点到 e 点之间的降速过程;电动机下放重物时采用电源反接,使电动机转速高于同步转速的过程或状态,如图5-20中从 b 点到 c 点的加速过程或 c 点。电动机转子电路串入电阻越大,回馈制动的稳定运行转速越高,如图5-20中虚线的 c' 点,所以回馈制动时,转子电路不宜串入较大的电阻。

由以上分析可知,回馈制动具有以下特点:

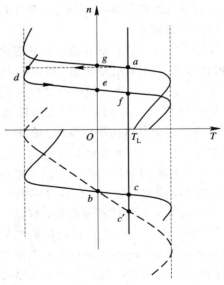

图5-20 三相异步电动机回馈制动机械特性

（1）电动机转子的转速高于同步转速，即 $|n| > n_1$。

（2）只能高速下放重物，安全性差。

（3）制动时电动机不从电网吸取有功功率，反而向电网回馈有功功率，制动很经济。

综上所述，三相异步电动机的各种运转状态所对应的机械特性画在一起，如图 5 - 21 所示。其中图(a)为各种制动状态的过渡过程，图(b)为各种制动的稳定运行状态。

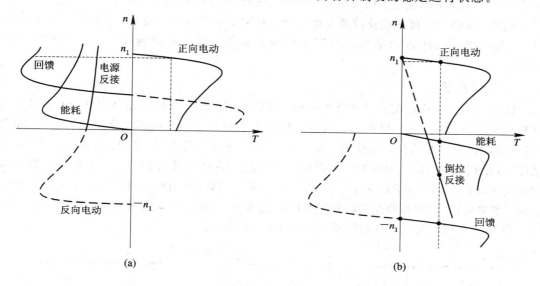

图 5 - 21　三相异步电动机的各种运行状态的机械特性

（a）制动的过渡过程；（b）制动的稳定运行状态

5.5　三相异步电动机的调速

从第 2 章的分析中已经知道直流电动机具有优良的调速性能，特别是在调速要求高和快速可逆的电力拖动系统中，大都采用直流调速方案。但是直流电动机价格高，维护检修复杂，且不宜在易爆场合使用，而交流电动机具有结构简单、运行可靠、维护方便、价格便宜等优点，而且随着电力电子技术、计算机技术和自动控制技术的发展，交流电动机的调速技术日趋完善，因此交流调速大有取代直流调速的趋势。

根据异步电动机的转速公式

$$n = (1-s)n_1 = (1-s)\frac{60f_1}{p}$$

可知异步电动机的调速方法有以下三种：

（1）变极调速：通过改变定子绕组的极对数 p 来改变同步转速 n_1，以进行调速。

（2）变频调速：通过改变电源频率 f_1 来改变同步转速 n_1，以进行调速。

（3）变转差率调速：保持同步转速 n_1 不变，改变转差率 s 进行调速，包括改变定子电压调速、转子电路串电阻调速、转子电路串电动势调速即串级调速等。

下面分别介绍各种常用调速方法的基本原理、运行特点及调速性能。

5.5.1 变极调速

改变定子绕组的极对数，通常用改变定子绕组的接线方式来实现。当异步电动机定、转子极对数一致时，才能产生有效的电磁转矩。对于绕线转子异步电动机，当通过改变定子绕组的接线来改变定子极对数时，必须同时改变转子绕组的接线才能保持定、转子极对数相等，这将使变极接线及控制变得复杂。而对于笼型异步电动机，当改变定子极对数时，其转子极对数能自动地保持与定子极对数相等。因此变极调速仅用于笼型异步电动机。

1. 变极原理

因为异步电动机的定子三相绕组对称，接法相同，所以通过一相绕组的分析，可知其三相变极原理。如图 5-22 所示，设电动机的定子每相绕组都由两个完全对称的"半相绕组"所组成，以 U 相为例，假设相电流是从首端 U_1 流进，尾端 U_2 流出。如果将两个"半相绕组"首尾相串联(称之为顺串)，则根据"半相绕组"内的电流方向，用右手螺旋定则可以判断出磁场的方向，表示在图 5-22(a)中，很显然，这时电动机形成的是一个 $2p=4$ 极的磁场；如果将两个"半相绕组"尾尾相串联(称之为反串)或首尾相并联(称之为反并)，则形成一个 $2p=2$ 极的磁场，分别如图 5-22(b)、(c)所示。

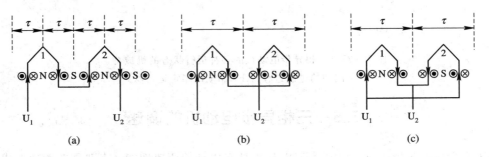

(a)　　　　　(b)　　　　　(c)

图 5-22　三相笼型异步电动机的变极原理
(a) 顺串 $2p=4$；(b) 反串 $2p=2$；(c) 反并 $2p=2$

比较图 5-22 可知，只要将两个"半相绕组"中的任何一个"半相绕组"的电流反向，就可以将极对数增加一倍(顺串)或减少一半(反串或反并)。这就是单绕组倍极比的变极原理。如 2/4 极、4/8 极等。

2. 两种常用的变极方案

通过改变半相绕组的电流方向来改变极对数，其接线方法很多，最常用的两种变极接线方式如图 5-23 所示。变极前每相绕组的两个"半相绕组"是顺串的，因而是倍极数，不过图 5-23(a)中三相绕组是 Y 形连接，图 5-23(b)中三相绕组是△形连接；变极后每相绕组的两个"半相绕组"都改接成反并，极数减少一半，而三相绕组经演变后，实质上都成为两个并联的 Y 形连接，所以图 5-23(a)所示为 Y/YY 变极，图 5-23(b)所示则为△/YY 变极。显然，这两种变极接线方式，每相绕组只需 3 个引出端，所以变极接线很简单，控制也很方便。

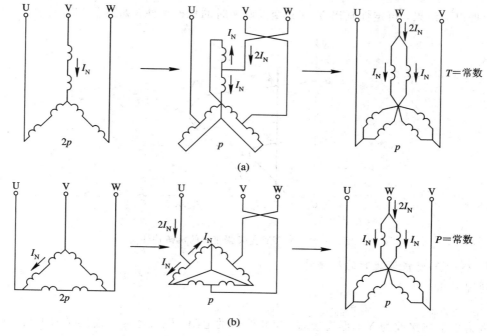

图 5 - 23　三相笼型异步电动机常用的两种变极接线方式

(a) Y/YY 变极；(b) △/ YY 变极

必须注意，上述图中在改变定子绕组接线的同时，将 V、W 两相的出线端进行了对调。这是因为在电动机定子的圆周上，电角度是机械角度的 p 倍，当极对数改变时，必然引起三相绕组的空间相序发生变化。现举例说明：设 $p=1$ 时，U、V、W 三相绕组轴线的空间位置依次为 0°、120°、240°电角度；而当极对数变为 $p=2$ 时，三相绕组轴线的空间位置依次是 U 相为 0°、V 相为 120°×2＝240°、W 相为 240°×2＝480°(相当于 120°)，这说明变极后三相绕组的空间相序发生了改变。如果外部电源相序不变，则变极后，不仅电动机的运行转速发生了变化，而且因三相绕组空间相序的改变而引起旋转磁场转向的改变，从而引起转子转向的改变。所以为了保证变极调速前后电动机的转向不变，在改变定子绕组接线的同时，必须把 V、W 两相出线端对调，使接入电动机的电源相序改变，这是在工程实践中必须注意的问题。

3. 变极调速时的机械特性

1）Y/YY 变极调速时的机械特性

由于 Y 形连接改为 YY 形连接时极对数减半，因此 $n_{1YY}=2n_{1Y}$。

若假定半相绕组的参数为 $r_1/2$、$X_1/2$、$r_2'/2$、$X_2'/2$，则 Y 形连接时，每相绕组的参数为 r_1、X_1、r_2'、X_2'，而 YY 形连接时，每相绕组的参数为 $r_1/4$、$X_1/4$、$r_2'/4$、$X_2'/4$，即为 Y 形连接时的 1/4。又因为 Y 形连接和 YY 形连接时每相绕组的电压相等，所以根据式(5 - 3)、式(5 - 4)及式(5 - 5)可得出以下结论：

$$T_{maxYY} = 2T_{maxY}$$

$$s_{mYY} = s_{mY}$$

$$T_{stYY} = 2T_{stY}$$

根据以上结果,可定性画出 Y/YY 变极调速时的机械特性,如图 5-24 所示。

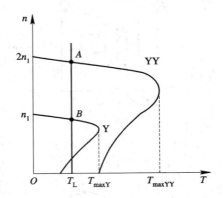

图 5-24 Y/YY 变极调速时的机械特性

2) △/YY 变极调速时的机械特性

同理可知

$$n_{1YY} = 2n_{1\triangle}$$

因为△形连接改为 YY 形连接时,每相绕组的电阻、电抗也为△连接时的 1/4,每相绕组的电压是△形连接时的 $1/\sqrt{3}$,所以根据式(5-3)、式(5-4)及式(5-5)可得出以下结论:

$$T_{maxYY} = \frac{2}{3} T_{max\triangle}$$

$$s_{mYY} = s_{m\triangle}$$

$$T_{stYY} = \frac{2}{3} T_{st\triangle}$$

根据以上结果,可定性画出△/YY 变极调速时的机械特性,如图 5-25 所示。

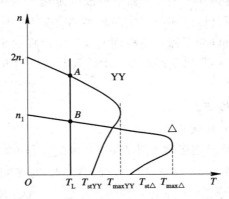

图 5-25 △/YY 变极调速时的机械特性

4. 变极调速时的允许输出

假设变极前后,电源线电压 U_N 不变,通过定子绕组内部的电流 I_N 不变,效率 η_N 和功率因数 $\cos\varphi_1$ 也近似不变,则变极前后的输出功率及输出转矩的变化讨论如下:

1）Y/YY 变极调速时的允许输出

Y 形连接时

$$P_{\text{Y}} = \sqrt{3} U_{\text{N}} I_{\text{N}} \eta_{\text{N}} \cos\varphi_1$$

$$T_{\text{Y}} = 9.55 \frac{P_{\text{Y}}}{n_{\text{Y}}} \approx 9.55 \frac{P_{\text{Y}}}{n_{1\text{Y}}}$$

YY 形连接时

$$P_{\text{YY}} = \sqrt{3} U_{\text{N}} (2I_{\text{N}}) \eta_{\text{N}} \cos\varphi_1 = 2P_{\text{Y}}$$

$$T_{\text{YY}} = 9.55 \frac{P_{\text{YY}}}{n_{\text{YY}}} \approx 9.55 \frac{P_{\text{YY}}}{n_{1\text{YY}}} = 9.55 \frac{2P_{\text{Y}}}{2n_{1\text{Y}}} = T_{\text{Y}}$$

可见，从 Y 形连接变成 YY 形连接后，极对数减少一半，转速增加一倍，输出功率增大一倍，而输出转矩基本上保持不变，所以这种变极调速属于近似恒转矩调速方式，适用于拖动起重机、电梯、运输带等恒转矩负载。

2）△/YY 变极调速时的允许输出

△形连接时

$$P_{\triangle} = \sqrt{3} U_{\text{N}} (\sqrt{3} I_{\text{N}}) \eta_{\text{N}} \cos\varphi_1$$

$$T_{\triangle} = 9.55 \frac{P_{\triangle}}{n_{\triangle}} \approx 9.55 \frac{P_{\triangle}}{n_{1\triangle}}$$

YY 形连接时

$$P_{\text{YY}} = \sqrt{3} U_{\text{N}} (2I_{\text{N}}) \eta_{\text{N}} \cos\varphi_1 = \frac{2}{\sqrt{3}} P_{\triangle} = 1.15 P_{\triangle}$$

$$T_{\text{YY}} = 9.55 \frac{P_{\text{YY}}}{n_{\text{YY}}} \approx 9.55 \frac{P_{\text{YY}}}{n_{1\text{YY}}} = 9.55 \frac{(2/\sqrt{3})P_{\triangle}}{2n_{1\triangle}} = \frac{1}{\sqrt{3}} T_{\triangle} = 0.577 T_{\triangle}$$

可见，从△形连接变成 YY 形连接后，极对数减少一半，转速增加一倍，输出转矩近似减小一半，而输出功率近似保持不变，所以这种变极调速属于近似恒功率调速方式，适用于车床切削等恒功率负载。如粗车时，进刀量大、转速低；精车时，进刀量小、转速高。但两者的功率近似不变。

综上所述，变极调速的优点是：操作简单、运行可靠、机械特性硬、效率高，而且采用不同的接线方式既可实现恒转矩调速，也可实现恒功率调速，以适应不同负载的需要。变极调速的缺点是：转速只能成倍变化，为有级调速。

除了利用上述倍极比变极方法获得双速电动机外，还可利用改变定子绕组接法达到非倍极比变极的目的，如 4/6 极等。另外也可采用两套独立的不同极数的绕组，获得三速或四速电动机，当然这在结构上要复杂得多。

5.5.2　变频调速

平滑改变电源频率，可以平滑调节同步转速 n_1，从而使电动机获得平滑调速。但在工程实践中，仅仅改变电源频率，还不能得到满意的调速特性，因为只改变电源频率，会引起电动机其他参数的变化，影响电动机的运行性能，所以下面将讨论变频的同时如何调节电压，以获得满意的调速性能。

1. 变频与调压的配合

由第 4 章的分析可知,若忽略电动机定子漏阻抗压降,则

$$U_1 \approx E_1 = 4.44 f_1 N_1 k_{w1} \Phi_1$$

由上式可知,当电源频率 f_1 从基频 50 Hz 降低时,若电压 U_1 的大小保持不变,则主磁通 Φ_1 将增大,使原来接近饱和的磁路变得饱和,导致励磁电流 I_0 明显增大,铁损耗显著增加,电动机发热严重,效率降低,功率因数降低,电动机不能正常运行。因此为了防止铁芯磁路饱和,一般在降低电源频率 f_1 的同时,也成比例地降低电源电压,保持 $U_1/f_1 =$ 常数,使 Φ_1 基本恒定,又可保持电动机带恒转矩负载时过载能力不变(证明从略)。当电源频率 f_1 从基频 50 Hz 升高时,由于电源电压不能大于电动机的额定电压,因此电压 U_1 不能随频率 f_1 成比例升高,只能保持额定值不变,这样使得电源频率 f_1 升高时,主磁通 Φ_1 将减小,相当于电动机弱磁调速,从而导致最大转矩减小,影响电动机过载能力。所以变频调速一般在基频 50 Hz 向下调速,且要求变频电源输出电压的大小与其频率成正比地调节。

2. 变频调速时的机械特性

下面我们将通过分析三相异步电动机机械特性的几个特殊点的变化规律,来分析变频调速时的机械特性。

1) 同步点

因为 $n_1 = 60 f_1/p$,所以 $n_1 \propto f_1$。

2) 最大转矩点

由式(5-3)可知,对应于最大转矩的临界转速降为

$$\Delta n_m = n_1 - n_m = s_m n_1 \approx \frac{r_2'}{2\pi f_1 (L_1 + L_2')} \frac{60 f_1}{p} = 常数$$

由该结论可知,变频时机械特性的硬度是近似不变的,即变频时的人为机械特性与固有机械特性平行。同时由式(5-4)可知,忽略定子电阻 r_1 时最大转矩为

$$T_{max} = \frac{m_1 p}{8\pi^2 (L_1 + L_2')} \left(\frac{U_1}{f_1}\right)^2 \propto \left(\frac{U_1}{f_1}\right)^2$$

注意:该结论只有在频率 f_1 较高时才是正确的,因为在频率 f_1 较低时,定子电阻 r_1 不能忽略。所以从基频向下变频调速时,由于 U_1/f_1 为常数,当频率 f_1 刚开始降低时,频率较高,根据该结论可知,T_{max} 基本不变,电动机的过载能力不变。当频率 f_1 降至较低时,只能根据式(5-4)推知 T_{max} 将减小,电动机的过载能力降低;从基频向上变频调速时,由于电压 U_1 不变,根据该结论可知 T_{max} 将减小,电动机的过载能力降低。

3) 启动点

由式(5-5)可知,忽略定、转子电阻 r_1 和 r_2' 时,启动转矩为

$$T_{st} \approx \frac{m_1 p U_1^2 r_2'}{2\pi f_1 (2\pi f_1)^2 (L_1 + L_2')^2} \propto \frac{U_1^2}{f_1^2} \frac{1}{f_1}$$

同样,该结论只有在频率 f_1 较高时才是正确的。从基频向下变频调速时,由于 U_1/f_1 为常数,当频率 f_1 刚开始降低时,根据该结论可知 T_{st} 增大;当频率 f_1 降至较低时,根据式(5-5)推知 T_{st} 减小;从基频向上变频调速时,由于电压 U_1 不变,根据该结论可知 T_{st} 将减小。

根据以上分析可得变频调速时的机械特性，如图 5 - 26 所示。

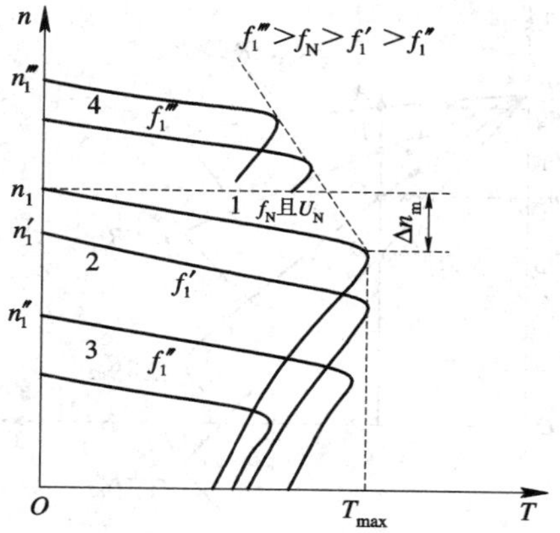

图 5 - 26　异步电动机变频调速时的机械特性

3. 变频调速时的允许输出

为了充分合理地利用电动机，若调速过程中要求转子电流保持额定值不变，则通过分析可知：基频以下的变频调速为恒转矩调速方式，适宜带恒转矩负载；基频以上的变频调速为近似恒功率调速方式，适宜带恒功率负载。

综上所述，变频调速的优点是：调速范围大；机械特性硬，转速稳定性好；电源频率可连续调节，转速可平滑改变，为无级调速；调速过程能耗小，很经济；变频时，电源电压按不同规律变化，既可实现恒转矩调速，也可实现恒功率调速，以适应不同负载的要求。变频调速的缺点是：必须有专用的变频电源；恒转矩调速时，低速段电动机的过载能力大为降低，甚至不能带动负载。总之变频调速具有优越的调速性能，尤其对笼型异步电动机，它是最有发展前途的一种调速方法。

变频电源目前都应用电力电子器件变频装置。随着半导体变流技术的不断发展，已出现了一些简单可靠、性能优异、价格便宜的变频调速线路，异步电动机变频调速方法的应用日益广泛，因而从根本上解决了笼型异步电动机的调速问题。

5.5.3　变转差率调速

变转差率调速的方法很多，这里主要介绍转子电路串电阻调速、串级调速和改变定子电压调速。这些调速方法的共同特点是：在调速过程中转差率 s 增大，转差功率 sP_{em} 也增大。除串级调速外，这些转差功率均消耗在转子电路的电阻上，使转子发热，效率降低，调速的经济性较差。

1. 转子电路串电阻调速

对绕线转子异步电动机，改变转子电路串电阻时的机械特性如图 5 - 27 所示。当电动机转子电路不串附加电阻，拖动恒转矩负载 $T_L = T_N$ 时，电动机稳定运行在 A 点，转速为 n_A。若转子电路串入 R_{p1} 时，串电阻的瞬间，转子转速不变，转子电流 I_2 减小，电磁转矩 T 也减小，因此电动机开始减速，转差率 s 增大，使转子电动势、转子电流和电磁转矩均增大，直到 B 点满足 $T = T_L$ 为止，此时电动机将以转速 n_B 稳定运行，显然 $n_B < n_A$。若转子电路所串电阻增大到 R_{p2} 和 R_{p3} 时，电动机将分别以转速 n_C 和 n_D 稳定运行。显然，转子电

路所串电阻越大,稳定运行转速越低,机械特性越软。

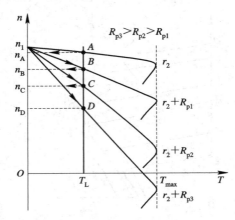

图 5 - 27 异步电动机转子电路串电阻调速的机械特性

当三相异步电动机电源电压一定时,主磁通 Φ_1 基本恒定。若调速过程中要求转子电流保持调速前的额定值不变,则通过分析可知转子串电阻调速为恒转矩调速方式,适宜带恒转矩负载。

从理论上看,转子串电阻调速的调速范围不算小,但实际应用中由于串入电阻越大,转速越低,转差率越大,转子铜损耗就越大,效率也越低,很不经济,且发热严重;而且串入电阻越大,机械特性越软,转速越不稳定,因此转子串电阻调速的调速范围一般不大,约为 2:1。由于电阻的调节一般是有级的,因此转子串电阻调速属于有级调速。所以这种调速方法多用于断续工作的生产机械上,低速运行的时间不长且调速性能要求不高的情况下,如用于桥式起重机。

2. 串级调速

为了改善绕线转子异步电动机转子串电阻调速的性能,如克服上述低速时效率低的缺点,设法将消耗在外串电阻上的大部分转差功率送回到电网中去,或者由另一台电动机吸收后转换成机械功率去拖动负载,这样达到的效果与转子串电阻相同,同时还可以提高系统的运行效率。串级调速就是根据这一指导思想而设计出来的。

1) 串级调速的原理

串级调速是指在绕线转子异步电动机的转子电路串入一个与转子同频率的附加电动势 $\dot{E}_f$ 以实现调速,该附加电动势 $\dot{E}_f$ 可与转子电动势 $s\dot{E}_2$ 的相位同相,也可反相。

假设调速前后电源的电压大小与频率不变,则主磁通也基本不变。

当 $\dot{E}_f$ 还未引入,电动机在固有特性上稳定运行时,转子电流的有效值为

$$I_2 = \frac{sE_2}{\sqrt{r_2^2 + (sX_2)^2}}$$

当 $\dot{E}_f$ 引入后,电动机转子电流的有效值为

$$I_{2f} = \frac{sE_2 \mp E_f}{\sqrt{r_2^2 + (sX_2)^2}}$$

若 $\dot{E}_f$ 与 $s\dot{E}_2$ 反相,上式中 E_f 前取"一"号,则串入 $\dot{E}_f$ 的瞬间,由于机械惯性使电动机的转速来不及变化,sE_2 不变,使 $I_{2f} < I_2$,对应的 $T < T_L$(因为主磁通 Φ_1 和功率因数 $\cos\varphi_2$

不变），因此 n 下降，s 上升，sE_2 上升，转子电流 I_{2f} 开始上升，电磁转矩 T 也开始上升，直至 $T = T_L$ 时，电动机在较以前低的转速下稳定运行。

若 $\dot{E}_f$ 与 $s\dot{E}_2$ 同相，上式中 E_f 前取"+"号，则串入 $\dot{E}_f$ 的瞬间，sE_2 不变，使 $I_{2f} > I_2$，对应的 $T > T_L$，因此 n 上升，s 下降，sE_2 下降，转子电流 I_{2f} 开始下降，电磁转矩 T 也开始下降，直至 $T = T_L$ 时，电动机在较以前高的转速下稳定运行。如果 E_f 足够大，则转速可以达到甚至超过同步转速。

总之，若平滑地调节附加电动势 $\dot{E}_f$ 的大小，就能够平滑地调高或调低转速。

2）串级调速的实现

实现串级调速的关键是在绕线转子异步电动机的转子电路中串入一个大小、相位可以自由调节，其频率能自动随转速变化而变化，始终等于转子频率的附加电动势。要获得这样一个变频电源不是一件容易的事，因此，在工程上往往是先将转子电动势通过整流装置变成直流电动势，然后串入一个可控的附加直流电动势去和它作用，从而避免了随时变频的麻烦。根据附加直流电动势作用而吸收转子转差功率后回馈方式的不同，可将串级调速方法分为电动机回馈式串级调速和晶闸管串级调速两种类型。下面我们只简单介绍最常用的晶闸管串级调速。

图 5-28 所示为晶闸管串级调速系统的原理示意图。系统工作时将异步电动机 M 的转子电动势 E_{2s} 经整流装置整流后变为直流电压 U_d，再由晶闸管逆变器将直流电压 U_β 逆变为工频交流电压，然后经变压器 T 变压与电网电压相匹配，从而使转差功率 sP_{em} 反馈回交流电网。这里的逆变电压 U_β 可视为加在异步电动机转子电路中的附加电动势 E_f，改变逆变角 β 就可以改变 U_β 的数值，从而实现异步电动机的串级调速。

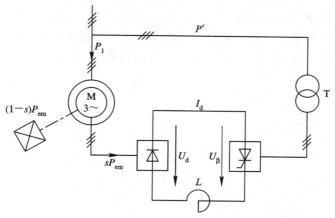

图 5-28　晶闸管串级调速系统的原理示意图

图 5-28 还表明了转子转差功率的转换过程。图中，P_1 为异步电动机的输入功率，若忽略电动机 M 的空载损耗 $p_0 = p_m + p_{ad}$，则 $(1-s)P_{em}$ 为输出给负载的机械功率，sP_{em} 为转子转差功率，P' 为反馈至电网的功率；若忽略转子绕组的铜损耗 p_{Cu2} 和整流、逆变及变压过程中的损耗，则 $P' = sP_{em}$。可见，转差功率 sP_{em} 没有被消耗，而是被完全吸收后反馈回电网，从而提高了效率。

晶闸管串级调速具有机械特性硬，调速范围大，平滑性好，效率高，便于向大容量发展等优点，对绕线转子异步电动机，它是很有发展前途的一种调速方法。其缺点是功率因数较低，但采用电容补偿等措施，可使功率因数有所提高。

晶闸管串级调速的应用范围很广，既适用于通风机型负载，也适用于恒转矩负载。

3. 改变定子电压调速

普通笼型异步电动机降低定子电压时的人为机械特性如图 5-29 所示。当定子电压从 U_1 降到 U_1' 或 U_1'' 时，若电动机拖动恒转矩负载 T_{L1}，转速将从 n_A 变为 n_B 或 n_C，显然 $n_C < n_B < n_A$，但转速变化范围非常小；若电动机拖动通风机型负载，电动机将分别稳定运行于 A'、B'、C' 点，调速范围比较大，且电动机能稳定运行于 $n < n_m$ 的区域，如 C' 点，但是，电动机在低速运行时存在电流过大和功率因数过低的问题。

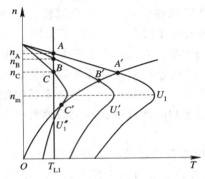

图 5-29　普通笼型异步电动机减压调速的机械特性

若要求电动机拖动恒转矩负载并且有较宽的调速范围，则应选用转子电阻较大的高转差率笼型异步电动机，其降低定子电压时的人为机械特性如图 5-30 所示，但此时电动机的机械特性很软，其静差率常不能满足生产机械的要求，而且低压时的过载能力较低，一旦负载转矩或电源电压稍有波动，都会引起电动机转速的较大变化甚至停转，如图中的 C 点。为此常采用具有转速负反馈的调压调速闭环控制系统，以提高机械特性的硬度，如图 5-31(a)所示。

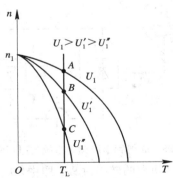

图 5-30　高转差率笼型异步电动机减压调速的机械特性

当电动机稳定运行于图 5-31(b)所示的 A 点时，电动机负载转矩为 T_{L1}，当负载转矩发生波动从 T_{L1} 变为 T_{L2} 时，如果没有转速负反馈，电动机定子电压则保持 U_1' 不变，转速应从 A 点沿同一条机械特性曲线降到 C 点稳定运行，转速变化很大。但有了转速负反馈以后，由图 5-31(a)可知，负载转矩增大所引起的电动机转速的下降将使测速发电机输出电

压 u 减小，而系统给定电压 u^*（对应所要调到的转速）不变，则经过比较以后的偏差电压 $\Delta u = u^* - u$ 增大，Δu 经过速度调节器放大后输出电压 U_K 增大，U_K 增大使触发电路的 α 角减小，α 角减小则使由双向晶闸管组成的调压装置的输出电压由 U_1' 增大到 U_1，结果使电动机稳定运行于图 5-31(b) 所示的 B 点上，显然由 A 点到 B 点转速变化很小，从而保证了在同一给定电压 u^* 下转速基本恒定，大大提高了机械特性的硬度，改善了调速性能。

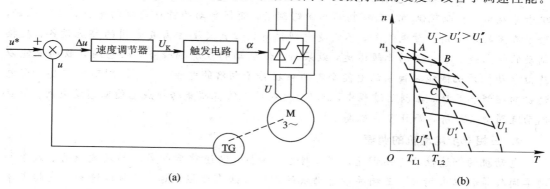

(a)　　　　　　　　　　　　　　　　　(b)

图 5-31　高转差率笼型异步电动机调压调速闭环控制系统
(a) 调压调速闭环控制系统的原理图；(b) 调压调速闭环控制系统的机械特性

晶闸管调压调速系统控制方便，若平滑改变定子电压，就能平滑地调节转速；因机械特性硬，静差率小而扩大了调速范围；晶闸管调压装置还可兼作启动设备。但这种调速系统因通常采用高转差率电动机，以致低速运行时的转差功率 sP_{em} 很大，不仅使损耗增加、效率降低，而且使电动机发热严重。

晶闸管调压调速是既非恒转矩又非恒功率的调速方法，最适合于通风机型负载，能勉强用于恒转矩负载，如纺织、印染、造纸等机械，最不适合于恒功率负载。

小　结

1. 三相异步电动机的电磁转矩表达式和机械特性

三相异步电动机的电磁转矩有物理表达式、参数表达式和实用表达式三种。由参数表达式可知电动机的最大转矩和启动转矩主要取决于电源电压和定、转子漏电抗，而启动转矩还与转子电阻的大小有关。

三相异步电动机的机械特性即 n-T 曲线与 T-s 曲线的物理本质是一样的，两者可互相转换。工程分析常采用机械特性曲线。由电动机本身固有参数所决定的机械特性就是固有机械特性，而人为地改变异步电动机的参数所得到的机械特性就是人为机械特性。

2. 三相异步电动机的启动

三相异步电动机全压启动时，其启动电流很大，启动转矩却不很大。为了满足电网对启动电流的限制和生产工艺对启动转矩的要求，对笼型异步电动机：如果电网容量允许，应尽量采用全压启动，以使启动转矩不受损失而能满载启动；当电网容量不够大时，应采用减压启动，以减小启动电流。常用定子串电阻或电抗、自耦变压器、Y-△ 等减压启动方法，但减压启动后，启动转矩按电压平方成比例地下降，因此减压启动一般适用于轻载启动。减压启动的软启动方法，使启动时无启动电流冲击，启动平稳。对绕线转子异步电动机，有转子串电阻和串频敏变阻器两种启动方法。启动时，启动电阻最大，限制了启动电流并增大了启动转矩，改善了启动性能。但后者比前者启动平滑。

3. 三相异步电动机的制动

三相异步电动机电气制动的本质是电磁转矩与转速方向相反。其制动方法与直流电动机十分相似，有能耗制动、反接制动和回馈制动。能耗制动的特点是制动平稳，经济性好，除了直流励磁使用少量电能外，不需要电网供电，但直流励磁需要专用的整流设备；反接制动的特点是 $s>1$，制动比较迅速，效果好，但制动的经济性较差，从电网吸收的电能以及由电动机的机械能转换来的电能全都消耗在转子电路的电阻上；回馈制动不需要改变电动机的接线和参数，在制动过程中，$s<0$，把电动机的机械能转换成电能回馈给电网，所以制动既简便又经济，而且可靠性高。

4. 三相异步电动机的调速

电动机的调速性能可用调速范围，调速平滑性，调速前后电动机的过载能力、效率和功率因数等数据来衡量。三相异步电动机的调速方法有变极调速、变频调速和改变转差率调速。变极调速利用换接定子绕组的方法来实现，其调速范围小，且为有级调速，常用于不需要平滑调速的场合。变频调速的调速范围广，可实现无级调速，电动机效率也不会显著降低，其调速性能可与直流电动机相媲美，广泛用于调速要求较高的电力拖动系统。改变转差率调速有三种方法：其一是转子电路串电阻调速，虽然调速范围不大，且效率很低，但由于实现方法简单，控制方便，多用于桥式起重机；其二是串级调速，其晶闸管串级调速效率高，平滑性好，调速范围大，但功率因数低，最适用于通风机型负载；其三是改变定子电压调速，若采用晶闸管调压调速系统，则机械特性硬，调速范围大，平滑性好，且控制方便，但低速运行时发热严重，效率较低，应用也较多。总之，对于笼型异步电动机，晶闸管变频调速性能最优异，是最有发展前途的平滑调速方法；其次，晶闸管调压调速性能比较优异，有发展前途。对于大功率绕线转子异步电动机，晶闸管串级调速性能最优异，最有发展前途。

思考与练习题

5.1 试写出三相异步电动机电磁转矩的三种表达式。

5.2 异步电动机拖动额定负载运行时，若电网电压过高或过低，会产生什么后果？为什么？

5.3 当三相异步电动机的电源电压，电源频率，定、转子的电阻和电抗发生变化时，对同步转速、临界转差率和启动转矩有何影响？

5.4 为什么三相异步电动机的额定转矩不能设计成电动机的最大转矩？

5.5 什么是三相异步电动机的固有机械特性和人为机械特性？

5.6 在图 5-4 中，一台三相异步电动机，① 带恒转矩负载时，其负载转矩特性 1 与电动机机械特性交于 A、B 两点；② 带通风机型负载时，其负载转矩特性 2 与电动机机械特性交于 C 点。试问 A、B、C 三点，哪些点上异步电动机能够稳定运行？为什么？

5.7 定性画人为机械特性曲线时，应该怎样分析？定性判断哪些点是否变化，根据什么公式？

5.8　三相异步电动机的电磁转矩与电源电压大小有什么关系？如果电源电压下降20%，电动机的最大转矩和启动转矩将变为多大？若电动机拖动额定负载转矩不变，问电压下降后电动机的主磁通、转速、转子电流、定子电流各有什么变化？

5.9　为什么三相异步电动机全压启动时的启动电流可达额定电流的 4～7 倍，而启动转矩仅为额定转矩的 0.8～1.2 倍？

5.10　三相异步电动机拖动的负载越大，是否启动电流就越大？为什么？负载转矩的大小对电动机启动的影响表现在什么地方？

5.11　三相笼型异步电动机在何种情况下可全压启动？绕线转子异步电动机是否也可进行全压启动？为什么？

5.12　三相笼型异步电动机的几种减压启动方法各适用于什么情况下？绕线转子异步电动机为何不采用减压启动？

5.13　一台三相笼型异步电动机的铭牌上标明：定子绕组接法为 Y-△，额定电压为380/220 V，则当三相交流电源为 380 V 时，能否进行 Y-△减压启动？为什么？

5.14　为什么在减压启动的各种方法中，自耦变压器减压启动性能相对最佳？

5.15　绕线转子异步电动机串适当的启动电阻后，为什么既能减小启动电流，又能增大启动转矩？如把电阻改为电抗，其结果又将怎样？

5.16　为什么说绕线转子异步电动机转子串频敏变阻器启动比串电阻启动效果更好？

5.17　三相异步电动机有哪几种电气制动方法？如何使电动运行状态的三相异步电动机转变到各种制动状态运行？

5.18　三相异步电动机能耗制动时的制动转矩大小与哪些因素有关？

5.19　三相绕线转子异步电动机反接制动时，为什么要在转子电路中串入比启动电阻还要大的电阻？

5.20　异步电动机在回馈制动时，它将拖动系统的动能或位能转换成电能送回电网的同时，为什么还必须从电网吸取滞后的无功功率？

5.21　现有一台桥式起重机，其主钩由绕线转子电动机拖动。当轴上负载转矩为额定值的一半时，电机分别运转在 $s=2.2$ 和 $s=-0.2$，问两种情况各对应于什么运转状态？两种情况下的转速是否相等？从能量损耗的角度看，哪种运转状态比较经济？

5.22　三相异步电动机的电气制动方法各有什么优、缺点？分别应用在什么场合？

5.23　三相异步电动机的倍极比变极原理是什么？

5.24　变极调速时，两种常用的变极方案有何不同，其共同点是什么？

5.25　为什么变极调速时需要同时改变电源相序？

5.26　电梯电动机变极调速和车床切削电动机的变极调速，定子绕组应采用什么样的改接方法？为什么？

5.27　某三相2/4极双速异步电动机，定子绕组接法为 YY/Y，该电动机带动恒转矩负载原来运行于 YY 形接法额定状态，现将其突然改为 Y 形接法运行，试问：

(1) 由 YY 形改 Y 形接法，电动机经过什么运行状态？

(2) 变极后，电动机的定、转子电流及输出功率将如何变化？

(3) 变极后，电动机的过载能力将如何变化？

5.28 基频以下的变频调速,为什么希望保持 $U_1/f_1 =$ 常数? 当频率超过额定值时, 是否也希望保持 $U_1/f_1 =$ 常数? 为什么?

5.29 保持 $U_1/f_1 =$ 常数的变频调速,为什么会出现低频低压下,启动转矩变小的现象? 如何确保低频时的启动转矩足够大?

5.30 异步电动机原来运行于额定状态,如果保持电源电压不变而将频率升高到 $1.5f_N$(设机械强度允许)。试问:

(1) 若负载是恒转矩性质,可行吗? 为什么?

(2) 若负载是恒功率性质,可行吗? 为什么?

5.31 为什么说变频调速是笼型异步电动机最有发展前途的调速方法?

5.32 试述绕线转子电动机转子串电阻的调速原理和调速过程,它有何优、缺点?

5.33 笼型异步电动机在变极调速和变频调速从高速挡到低速挡的转换过程中,有一制动降速过程,试分析其原因。绕线转子电动机转子串电阻从高速到低速的降速过程中有无上述现象? 为什么?

5.34 三相异步电动机串级调速的出发点是什么? 什么是串级调速的基本原理? 如何实现? 为什么说串级调速对绕线转子异步电动机是最有发展前途的调速方法?

5.35 用普通的笼型异步电动机能否进行改变定子电压的调速? 要进行哪些改进? 指出这种调速方法的优、缺点。

第 6 章　其他交流电动机

【学习目标】

（1）熟悉单相异步电动机的结构，掌握其工作原理和启动方法。

（2）了解三相同步电动机的结构，掌握其工作原理、启动方法和功率因数的调节。

（3）了解直线异步电动机的结构和工作原理。

（4）了解各种单相同步电动机的结构和工作原理。

6.1　单相异步电动机

单相异步电动机采用单相电源供电，功率比较小，从几瓦到几百瓦，它广泛应用于家用电器(如电风扇、电冰箱、空调、洗衣机、吸尘器等)、医疗器械和小型机械中。

单相异步电动机和三相笼型异步电动机从结构上看基本差不多，主要区别在于定子绕组。三相异步电动机的定子放置有三相对称绕组，而单相异步电动机的定子上放置有空间位置相差 90°电角度的两相绕组，一相为主绕组(工作绕组)，另一相为辅助绕组(启动绕组)。单相异步电动机的转子也为笼型转子。

6.1.1　单相单绕组异步电动机的工作原理

单相异步电动机的工作原理也是从产生的磁场开始分析。首先假设定子只放置有单相主绕组(工作绕组)，当该绕组通以单相交流电流 $i=I_{\mathrm{m}}\cos\omega t$ 时，由前面的学习可知，单相交流电流产生的磁动势是一个脉振磁动势，其磁场是一个脉振磁场。该脉振磁场可以分解为两个幅值相等、同步转速相同、旋转方向相反的圆形旋转磁场，其中转向与电动机转向相同的磁场称为正向旋转磁场，转向与电动机转向相反的磁场称为反向旋转磁场。

单相异步电动机的转子在脉振磁场作用下产生的电磁转矩 T，就等于正向旋转磁场和反向旋转磁场分别作用下产生的电磁转矩 T_+ 和 T_- 的叠加。

在第 4 章我们已经对三相异步电动机旋转磁场及其电磁转矩进行了分析，并得出了它的机械特性曲线，已经很熟悉了。单相异步电动机的笼型转子在正向旋转磁场和反向旋转磁场的分别作用下产生的电磁转矩 T_+ 和 T_-，就相当于三相异步电动机的笼型转子在正序电源和逆序电源分别作用下产生的正向电磁转矩和反向电磁转矩，因此，可以用三相异步电动机的机械特性来分析单相异步电动机的机械特性。

在单相异步电动机中,正向旋转磁场作用下产生的电磁转矩为 T_+,机械特性为 $n=f(T_+)$,反向旋转磁场作用下产生的电磁转矩为 T_-,机械特性为 $n=f(T_-)$,两条机械特性曲线是对称的,合成电磁转矩为 $T=T_++T_-$,合成机械特性为 $n=f(T)$,如图 6-1 所示。由图可知,合成机械特性为一条过坐标原点的曲线,由该曲线可以看出单相异步电动机具有下列特点:

(1) 当转速 $n=0$(启动)时,电磁转矩 $T=0$。这表明只有主绕组通电时,电动机无启动转矩,不能自行启动。

(2) 当转速 $n>0$ 时,电磁转矩 $T>0$;当 $n<0$ 时,$T<0$。这表明如果由于其他原因(如外力作用)使电动

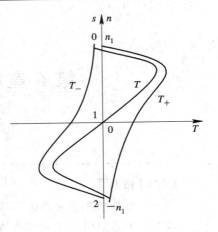

图 6-1 单相单绕组异步电动机的机械特性曲线

机正转或反转,且电磁转矩大于负载转矩时,电动机就能在电磁转矩的作用下进入稳定区域稳定运行。

综上所述,单相异步电动机定子上若只有单相主绕组(工作绕组),电动机则无启动转矩,不能自行启动,但是可以运行,因此需要解决单相异步电动机的启动问题。

为使单相异步电动机能像三相异步电动机那样能够自启动,就必须在启动时建立一个旋转的磁场,因此常采用的方法是分相式和罩极式。分相式单相异步电动机的定子上安放空间位置相差 90°电角度的两相绕组,即主绕组(工作绕组)和辅助绕组(启动绕组)。可证明:当两相绕组通入相位不同的两相交流电流时,将产生一个椭圆形的旋转磁动势和旋转磁场;而两相对称绕组通入两相对称交流电时,将产生一个圆形的旋转磁动势和旋转磁场。

6.1.2 单相异步电动机的主要类型和启动方法

1. 电阻启动分相式单相异步电动机

电阻启动分相式单相异步电动机的工作原理图如图 6-2 所示。图中,1 为主绕组(工作绕组);2 为辅助绕组(启动绕组);3 为转子导体。为了使启动绕组中的电流与工作绕组中的电流之间有相位差,从而产生启动转矩,通常设计时,启动绕组的匝数比工作绕组匝数少一些,启动绕组的导线截面积比工作绕组的截面积小得多。这样,启动绕组的电阻比工作绕组的电阻大,而它的电抗较工作绕组小。当这两个绕组并联接到电源上时,启动绕组的电流 I_V 超前于工作绕组的电流 I_U 一个角度,如图 6-2 所示,因此由它们产生的椭圆形旋转磁场,能使单相异步电动机自行启动。启动时,椭圆形旋转磁场的转向是从电流超前相的绕组轴线转向电流滞后相的绕组轴线。启动后,待转速达到 75%~80%的同步转速时,装在转轴上的离心开关 Q_2 或启动继电器将启动绕组断开,这种单相异步电动机实质上是两相启动单相运转。由于绕组中电流的相位差不大,因此启动转矩较小。这种电动机改变转向的方法,是把工作绕组或启动绕组中的任何一个绕组接电源的两出线端对调,使椭圆形旋转磁场的转向改变,因而转子的转向也随之而改变。

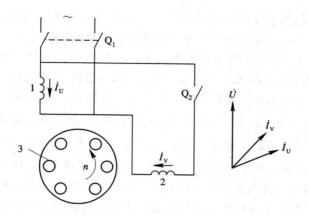

图 6 - 2　电阻启动分相式单相异步电动机的工作原理图

2. 电容启动分相式单相异步电动机

　　电容启动分相式单相异步电动机的工作原理图如图 6 - 3 所示。这种电动机在结构上和电阻启动相似，区别只是在启动绕组中串入一个电容器，启动绕组中的电流 $\dot{I}_V$ 超前于电源电压 $\dot{U}$，工作绕组中的电流 $\dot{I}_U$ 落后于电源电压 $\dot{U}$。若电容大小值选得恰当，就可以使 $\dot{I}_V$ 和 $\dot{I}_U$ 的相位差接近 90°电角度，在电动机中建立一个接近于圆形的旋转磁场，所以这种电动机可获得较大的启动转矩，启动性能和运行性能优于电阻启动分相式电动机，适合于启动转矩要求较高的设备。电动机启动后将启动绕组断开。

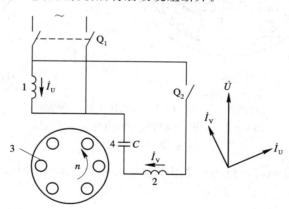

图 6 - 3　电容启动分相式单相异步电动机的工作原理图

3. 电容运转分相式单相异步电动机

　　电容运转分相式单相异步电动机在结构和原理上与电容启动分相式电动机完全一样，只是启动绕组和电容器都设计为长期工作状态，工作绕组与启动绕组在运转时都起作用。电容运转分相式单相异步电动机实际上是两相异步电动机，它的运行特性较好，功率因数、效率和过载能力都比电容启动和电阻启动的异步电动机要好。

4. 罩极式单相异步电动机

　　罩极式单相异步电动机转子仍为笼型转子，定子仍由硅钢片叠成，可做成凸极式和隐极式两种类型。如图 6 - 4(a)所示为凸极式定子的罩极电动机结构示意图。两个凸极上装有集中绕组，称为主绕组。每个极的侧面约 1/3 处开有一个小槽，槽中嵌入短路铜环，也称短路环，把磁极一小部分罩起来，故称之为罩极式异步电动机。

如图 6 - 4(a)所示，当定子绕组通入单相交流电流时，将产生交变磁通 $\dot{\Phi}$。若短路环不闭合(或无短路环)经过环内的部分磁通 $\dot{\Phi}_U$ 和环外部分磁通 $\dot{\Phi}_V$ 同相位，此时 $\dot{\Phi}=\dot{\Phi}_U+\dot{\Phi}_V$，如图 6 - 4(b)所示。当短路环闭合后，环内有感应电动势 $\dot{E}_k$ 和感应电流 $\dot{I}_k$。根据变压器原理，$\dot{I}_k$ 产生的磁通 $\dot{\Phi}_k$ 与 $\dot{\Phi}_U$ 在相位上近似相差 180°电角度，因此环内的磁通 $\dot{\Phi}'_U=\dot{\Phi}_U+\dot{\Phi}_k$，如图 6 - 4(b)所示，环外部分的磁通 $\dot{\Phi}_V$ 不变。此时，不但 $\dot{\Phi}'_U$ 和 $\dot{\Phi}_V$ 在空间上相差一个电角度，从相量图看，二者在时间上也相差一个角度，即 $\dot{\Phi}_V$ 超前 $\dot{\Phi}'_U$ 一个电角度。因而在电动机中形成的合成磁场为一椭圆度很大的椭圆形旋转磁场，转子切割旋转磁场在转子导体中产生感应电流，从而产生电磁转矩使转子转动。旋转的方向总是从磁通超前处转向磁通滞后处，即从未罩极部分转向被罩极部分，即转向不能改变。

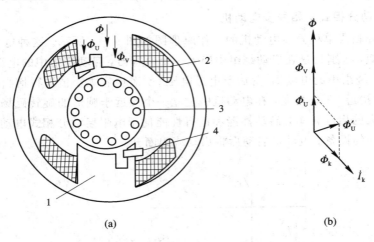

1—磁极；2—绕组；3—鼠笼转子；4—短路环
图 6 - 4 罩极式电动机的结构和磁通相量图
(a) 结构；(b) 相量图

罩极式电动机的启动转矩很小，适用于空载或轻载启动，但结构简单，维护方便，价格低廉，适用于小型风机、电唱机等。

6.1.3 单相异步电动机的应用

单相交流异步电动机，结构简单，生产成本低廉，使用维护方便，在小功率电动机应用方面，如电风扇、电冰箱、洗衣机、空调等家用电器及汽车附件等领域占据主导地位。

台风扇和吊风扇是使用极广的电气设备之一，目前绝大部分台风扇和吊风扇均采用电容运转分相式单相异步电动机拖动。为了达到控制其风量和风速的要求，大多带有调速装置，而且均采用改变定子电压的方法来实现调速，其调速原理可参见图 6 - 5。改变定子电压的方法通常有两种，即串电抗器调压和用晶闸管调压。目前大多采用串电抗器调压来达到调速要求。图 6 - 5 是台风扇的调速电路。利用电抗器的不同抽头，用转换开关或琴键开关就可获得快、中、慢三种不同的转速。电抗器的抽头越多，获得的转速就越多。

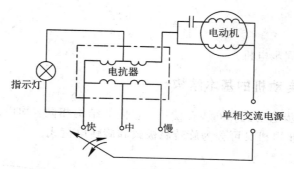

图 6 - 5　台风扇调速电路

　　洗衣机电路主要由电动机和定时控制器两大部分组成，电动机均为电容运转分相式单相异步电动机。对于需要正反转的洗衣机电动机，工作绕组和启动绕组完全一样，只要改变电容器与两绕组的串接顺序，电动机就能实现正反转。图 6 - 6 是单缸洗衣机控制电路。K_1 控制电源的通断，K_2、K_3 是发条式定时器的触点，由 K_2 和 K_3 来控制洗涤时间和正反转。S_1 是选择弱强洗的转换开关，借助于定时器 K_2 或 K_3 通断时间长短的不同，可控制强洗或弱洗。

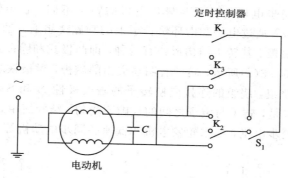

图 6 - 6　单缸洗衣机控制电路

6.2　三相同步电动机

　　交流电机分为异步电机和同步电机两大类。在前面我们已讲述了交流异步电机，本节简要介绍同步电机。同步电机又可分为同步发电机、同步电动机和同步补偿机（调相机）三种。发电厂用的发电机都是同步发电机。三相同步电动机主要用于功率较大，转速不需要调节的生产机械中，如空气压缩机、大型水泵等。同步电动机由于具有启动比较困难，不易调速等缺点，限制了它的应用，但可通过改变励磁电流来改善电网的功率因数，因此也得到了广泛应用。近年来，由于交流变频技术的发展，解决了电源变频的问题，从而使同步电动机的启动和调速问题得到了解决，同步电动机得到了更为广泛的应用。同步电机还可作同步补偿机用，专门用来改善电网的功率因数。

　　同步电机无论作何种用途，有一个共同的特点是转子转速总等于定子旋转磁场的同步转速，即

$$n = n_1 = \frac{60 f_1}{p} \qquad\qquad (6-1)$$

因此，这种电机称为同步电机。

6.2.1 三相同步电动机的基本结构

同步发电机、同步电动机和同步补偿机，它们的结构相同，均由定子和转子两部分组成。按结构形式，同步电机又可分为旋转磁极式和旋转电枢式。

1. 定子

三相旋转磁极式同步电机的定子与三相异步电机的定子基本相同，它由定子铁芯、定子绕组（电枢绕组）、电刷、机座和端盖等组成。铁芯由硅钢片叠成，大型同步电机由于尺寸较大，硅钢片首先冲制成扇形（如图 6-7 所示），然后拼叠成圆形。定子铁芯内圆槽内嵌放三相对称绕组。

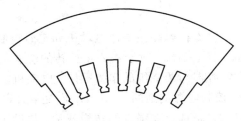

图 6-7 定子扇形硅钢片冲片

2. 转子

三相旋转磁极式同步电机的转子与异步电机的转子不同，它由转子铁芯、转子绕组（励磁绕组）和滑环组成。通过电刷和滑环给转子上的励磁绕组通入直流励磁电流，就可使转子产生固定极性的磁极。其转子结构形式有两种，即凸极式和隐极式。

凸极式转子如图 6-8(a)所示，转子有明显突出的磁极，磁极铁芯用硅钢片冲压叠成，磁极上装有直流励磁绕组，绕组的连接应使转子的磁极极性 N 和 S 在电机圆周上交替排列。凸极式转子的特点是，转子与定子之间的气隙不均匀，结构简单，制造方便，但机械强度较差，适用于低速同步电机，如水轮发电机和低速的同步电动机等。

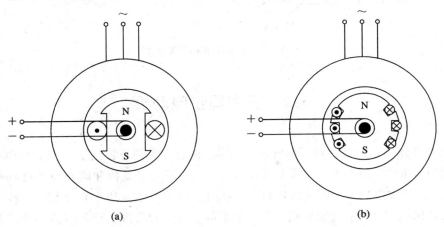

图 6-8 同步电机的转子结构

(a) 凸极式；(b) 隐极式

隐极式转子如图 6-8(b)所示，转子呈圆柱形，无明显的磁极，转子和转轴是由整块的钢加工成统一体。在圆周上约有2/3的部分铣有齿和槽，槽内嵌放同心式直流励磁绕组，没有开槽的1/3部分称为大齿，是磁极的中心区域。隐极式转子的特点是，转子与定子之间的气隙均匀，制造工艺比较复杂，机械强度较好，适用于极少数高速的同步电机，如汽轮发电机。

另外，在同步电机转子的表面，还装有类似笼型异步电动机转子绕组的短路绕组，在同步发电机中称之为阻尼绕组，在正常运行时起稳定作用；在同步电动机中称之为启动绕组，在异步启动时起启动作用，在启动后同步运行时起稳定作用。

6.2.2　三相同步电动机的工作原理

当三相同步电动机的定子三相绕组接到三相对称电源上时，三相绕组中流入三相对称电流，由磁场理论知道，它将产生一个圆形旋转磁场，如果转子已经通入直流励磁电流产生了固定的磁极极性，且转子转速接近于旋转磁场的同步转速，根据同名磁极相斥、异名磁极相吸的原理，旋转磁场磁极对转子磁极产生磁拉力，牵引着转子以同步转速旋转，即 $n = n_1$，如图 6-9 所示，故称之为同步电动机。由于 $n = n_1 = 60 f_1 / p$，因此当电源频率不变时，同步电动机的转速恒为常值，与负载的大小无关。

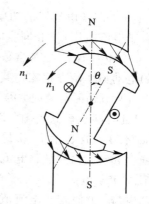

图 6-9　同步电动机的工作原理

由于同步电动机空载或负载运行时总存在阻力，因此转子磁极的轴线总要滞后旋转磁场轴线一个角度 θ，以增大电磁转矩平衡负载，如图 6-9 所示。负载转矩越大，θ 角越大，旋转磁场磁极对转子磁极的磁拉力越大，电动机的电磁转矩也随之增大，使电动机的转速仍保持同步状态。当负载转矩超过电动机所产生的最大同步转矩时，定子旋转磁场就无法拖动转子一起旋转，犹如橡皮筋被拉断一样，这种现象称为"失步"，电动机不能正常工作。

由于同步电动机定子绕组通电产生的旋转磁场的转向即为电动机的转向，因此改变三相同步电动机的转向与改变三相异步电动机转向的方法相同，即将三相电源进线中的任意两相对调即可。

6.2.3　同步电动机的 V 形曲线及功率因数调节

若不计定子绕组电阻压降，隐极式同步电动机的电动势平衡方程式为（在此不做分析推导）

$$\dot{U}_1 = -\dot{E}_0 + \mathrm{j}\dot{I}_1 X_t \tag{6-2}$$

式中：$\dot{U}_1$、$\dot{I}_1$——定子的相电压、相电流；

　　　$\dot{E}_0$——定子感应的相电动势；

　　　X_t——隐极式同步电动机的同步电抗。

经过分析推导，隐极式同步电动机的电磁功率公式为

$$P_{em} = \frac{3U_1 E_0}{X_t} \sin\theta \tag{6-3}$$

式中：θ——同步电动机的功率角。

在同步电动机定子绕组所加电压的大小和频率一定，及电动机输出功率恒定不变的情况下，调节转子励磁电流，定子电流的大小和相位也随之发生变化，因此可改变电动机在电网上的性质，从而提高和改善电网的功率因数。下面以隐极式同步电动机为例，利用相

量图分析这一变化规律，分析结论同样适用于凸极式同步电动机。

当隐极式同步电动机输出功率恒定不变时，忽略定子绕组的电阻，不计定子铁损耗和各种杂散损耗的微弱变化，则电动机的电磁功率和输入功率相等，且保持不变，即

$$P_{em} = \frac{3U_1 E_0}{X_t} \sin\theta = 3U_1 I_1 \cos\varphi = 常数 \qquad (6-4)$$

式中：φ——同步电动机的功率因数角。

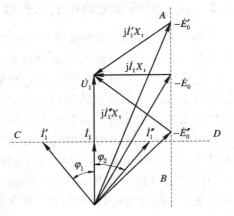

图 6-10 恒功率、调励磁时隐极式
电动机的相量图

由于电网电压 U_1 和同步电抗 X_t 均为常数，因此 $E_0 \sin\theta$ 和 $I_1 \cos\varphi$ 也为常数。根据隐极式同步电动机的电动势平衡方程式作其相量图，如图 6-10 所示。当调节励磁电流时，因 $E_0 \sin\theta$ 不变，故表示 $-\dot{E}_0$ 相量的端点轨迹将在 AB 垂直线上移动。因 $I_1 \cos\varphi$ 不变，故表示 $\dot{I}_1$ 相量的末端轨迹将在 CD 水平线上移动。调节励磁电流为正常励磁时，电动势为 E_0，定子电流 $\dot{I}_1$ 与定子电压 $\dot{U}_1$ 同相，且全部为有功电流，此时定子电流值最小，且电动机的功率因数 $\cos\varphi=1$。当励磁电流大于正常励磁电流时（即过励），$\dot{E}_0$ 将增大至 $\dot{E}_0'$，定子电流 $\dot{I}_1'$ 在相位上超前电压 $\dot{U}_1$ 一个角度 φ_1，它除了含有原来的有功电流外，还从电网吸取超前的无功电流，因此定子电流增加，且功率因数 $\cos\varphi<1$（超前），电动机为容性负载。当励磁电流小于正常励磁电流时（即欠励），$\dot{E}_0$ 将减小至 $\dot{E}_0''$，定子电流 $\dot{I}_1''$ 在相位上滞后 $\dot{U}_1$ 一个角度 φ_2，它除了含有原来的有功电流外，还从电网吸取滞后的无功电流，因此定子电流也增加，且 $\cos\varphi<1$（滞后），电动机为感性负载。

由以上分析可知，在同步电动机定子电压和频率一定，及输出功率一定时，定子电流 I_1 随励磁电流 I_f 变化的关系曲线如图 6-11 所示。由于该曲线是 V 字形，故称为同步电动机的 V 形曲线。曲线表明，正常励磁时，$\cos\varphi=1$，定子电流最小；欠励时，功率因数是滞后性的，定子电流增大且为感性电流；过励时，功率因数是超前性的，定子电流增大且为容性电流。由于 $E_0 \sin\theta=$ 常数，若调节励磁电流 I_f 小到一定程度时，E_0 也随之减小到一定程度，功率角 θ 将增至 $90°$。如果 I_f 再减小，隐极式同步电动机就不能稳定运行，如图 6-11 中表示出的电动机不稳定区的界线。

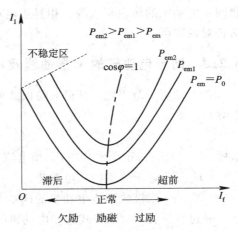

图 6-11 同步电动机的 V 形曲线

调节励磁电流不但可以调节无功电流和无功功率的大小，还可调节无功电流和无功功率的性质（功率因数），这是同步电动机的重要特点。由于一般电网的负载大多数为感性负载，它们从电网吸收感性无功功率，因此，在一般情况下，使用同步电动机时，让它运行在过励状态，从电网中吸取容性无功功率，从而使电网的功率因数得到改善。

6.2.4　同步电动机的启动

同步电动机的电磁转矩是由定子旋转磁场和转子励磁磁场之间相互作用而产生的。只有两者相对静止时，才能产生稳定的电磁转矩。当同步电动机转子加上直流励磁，定子加上交流电压启动时，定子产生的高速旋转磁场扫过不动的转子磁极，平均电磁转矩为零。这是因为启动时定子旋转磁场相对于转子的转速很高，而且转子机械惯量很大，不可能像定子旋转磁场那样，一瞬间加速到定子旋转磁场的速度，因而定子旋转磁场的磁极只能迅速扫过转子交叉布置的各个不同极性(N、S)的磁极，产生吸引力和推斥力，吸引力和推斥力相互作用，使转子产生的电磁转矩平均值为零。所以，同步电动机无自启动能力，不能自行启动，要启动同步电动机，必须采取一定的启动措施。

同步电动机的启动方法有辅助电动机启动法、变频启动法和异步启动法三种。

1. 辅助电动机启动法

辅助电动机启动法是用一台辅助电动机来拖动同步电动机，将同步电动机的转子拖动至接近同步转速时，然后将同步电动机并入电网，撤出辅助电动机，最后再加上机械负载。这一方法适合于空载启动。

2. 变频启动法

变频启动法是利用大功率可调频率的电源进行启动的。启动时，首先给转子加上直流励磁，然后给定子加上较低频率的电压，低频电源产生较低转速的旋转磁场就可以拖动转子转动起来，然后再逐渐提高电源频率，转子转速也逐步提高，直至电动机要求的转速。

3. 异步启动法

异步启动法是在凸极式同步电动机转子磁极的极靴上装置笼型绕组，称为启动绕组（兼作阻尼绕组）。启动时，根据异步电动机的原理，通过这个启动绕组可获得启动转矩，使电动机启动，当转速升至接近同步转速时再加上直流励磁，就会产生同步转矩将转子牵入同步运行。

同步电动机异步启动法的原理线路图如图 6-12 所示。其启动过程分为以下三个步骤：

(1) 首先将励磁绕组与一个是励磁绕组电阻 10 倍的大电阻($10R_f$)串接成闭合回路，即将图 6-12 中 S_2 合向左边。这是因为励磁绕组匝数较多，若启动时将它开路，在旋转磁场的作用下，励磁绕组中产生很高的感应电压，导致励磁绕组的绝缘击穿和危及人身安全。如果将励磁绕组直接短路，则产生一个较大的感应电流，它与旋转磁场相互作用，产生一

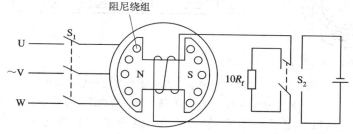

图 6-12　同步电动机异步启动法的原理线路图

个较大的附加转矩，影响电动机启动。

（2）同步电动机定子绕组接通三相交流电源，定子绕组产生的旋转磁场与转子启动绕组中产生的感应电流相互作用，产生电磁转矩（这与异步电动机的工作原理相同），同步电动机便开始异步启动。

（3）当同步电动机转速升至同步转速的 95% 左右时，将开关 S_2 合向右边，转子励磁绕组中通入励磁电流，产生转子励磁磁场，由于定子旋转磁场与转子励磁磁场的速度非常接近，因此依靠两磁场间的相互吸引力把转子拉住，从而产生电磁转矩，使转子跟着定子旋转磁场以同步转速旋转，即牵入同步运行。

大容量同步电动机在异步启动时，和异步电动机一样需要限制启动电流，可采用定子串电抗或自耦变压器等启动方法。

*6.3 直线异步电动机

电动机通常都是作旋转运动，把电能转换成旋转运动的机械能，在实际中，除绝大多数机械作旋转运动外，还有作直线运动的机械，当需要带动作直线运动的机械时，必须通过蜗轮蜗杆或齿条传动机构将旋转运动变为直线运动。而直线电动机可以把电能转换为直线运动的机械能，对于作直线运动的生产机械，可以省去将旋转运动转换为直线运动的传动机构，使用很方便，且可以提高精度。

直线电动机分为交流和直流两种类型，目前应用最多的是交流直线异步电动机，因为它具有结构简单，使用方便，运行可靠等优点，在很多场合被应用。本节就这种电动机的工作原理和结构形式做简要介绍。

6.3.1 直线异步电动机的工作原理

直线异步电动机的工作原理与三相笼型异步电动机的工作原理基本相同。我们设想将一台旋转的三相异步电动机在沿轴向的半径上切开，并把它拉直，就成为一台直线异步电动机，如图 6 - 13(a)、(b)所示。

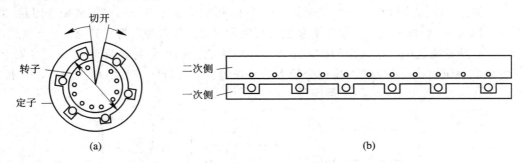

图 6 - 13 鼠笼型异步电动机演变为直线异步电动机
(a) 三相笼型异步电动机；(b) 剖开拉直的直线异步电动机

对应于笼型电动机的定子和转子，在直线异步电动机中称为初级（一次侧）和次级（二次侧）。当直线异步电动机的初级绕组通入三相对称交流电后，三相绕组产生的磁场不再

是旋转磁场，而是按 U→V→W 的相序沿直线移
动的一种磁场，称为行波磁场，如图 6－14 所
示。行波磁场的移动线速度与旋转磁场的线速度
是相同的，即

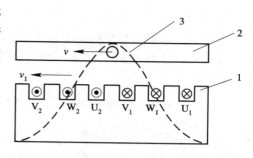

$$v_1 = \frac{D_1}{2}\frac{2\pi n_1}{60} = \frac{D_1}{2}\frac{2\pi}{60}\frac{60f_1}{p} = 2\tau f_1$$

$$(6-5)$$

式中：τ——极距；

　　　f_1——电源频率。

1－初级；2－次级；3－行波磁场

图 6－14　直线运动的异步电动机

行波磁场切割拉直的转子即所形成的条铁
导条，在所有的导条中产生感应电动势及感应电流，电流与行波磁场相互作用产生电磁
力。在电磁力的作用下，条铁跟随行波磁场的移动而移动。若条铁的线速度为 v，则直线异
步电动机的滑差率为

$$s = \frac{v_1 - v}{v_1}$$

$$(6-6)$$

由此可知，直线异步电动机的工作原理与旋转异步电动机无本质的区别，只是运动方
式不同而已。

6.3.2　直线异步电动机的结构形式

直线异步电动机有扁平型、管型和圆盘型三种。

1. 扁平型

由旋转异步电动机演变而来的直线异步电动机，称为扁平型直线异步电动机，如图
6－13(b)所示。

直线异步电动机带动机械作直线运动，它的运动是一种有始有终的运动，如果将初级
和次级做成一样长，在运动中将失去耦合作用，使次级移动部件停止移动。所以，初级与
次级不能制作成一样的长度，一般都做成长次级、短初级的形式(如图 6－15 所示)，使长
的部件(次级)有足够的长度，保证所需的行程范围。有时为了消除初级与次级之间的径向
磁拉力，可在次级的两侧都装有初级，构成所谓的双边型直线异步电动机，如图 6－16
所示。

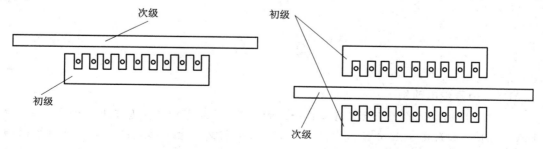

图 6－15　长次级、短初级形式的直线异步电动机　　　图 6－16　双边型直线异步电动机

2. 管型

若将扁平型直线异步电动机初级沿着与移动磁场方向平行的轴线卷成圆筒，便成为管型直线异步电动机，如图 6 - 17 所示，在圆筒内放一金属导条，则金属导条在磁场的作用下作直线运动。

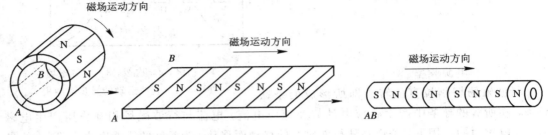

图 6 - 17　管型直线异步电动机

3. 圆盘型

若将扁平型直线异步电动机拉直的次级条铁，再改制成圆盘型形状，并能绕圆心转动，将拉直的初级装置于圆盘靠近外缘的平面上，如图 6 - 18 所示，使圆盘在切向磁拉力作用下作圆周运动，便成为圆盘型直线异步电动机。它虽然作圆周运动，但仍是由扁平型演变而来的，也属于直线异步电动机。

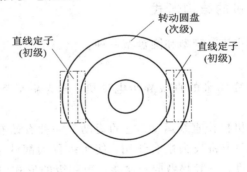

图 6 - 18　圆盘型直线异步电动机

直线异步电动机是一种新型电动机，在交通运输和传送装置中被广泛应用，如用于传送带、磁悬浮列车、液态金属电磁泵、门阀、机械手等。

小　结

1. 单相异步电动机

单相异步电动机的定子放置有工作绕组和启动绕组，转子与笼型三相异步电动机的转子基本相同。如果定子上仅有工作绕组，当通入单相交流电流后，将产生一个脉振磁场，在脉振磁场的作用下，电动机不能自行启动。为解决启动问题，在定子上装设启动绕组，使电动机启动时产生旋转磁场，以便于启动。根据启动方法的不同，单相异步电动机分为电阻启动分相式、电容启动分相式、电容运转分相式和罩极式。

2. 三相同步电动机

旋转磁极式三相同步电动机的定子与三相异步电动机相同，转子有凸极式和隐极式两种。转子装有直流励磁绕组，定子绕组通入三相交流电流后，产生旋转磁场，转子绕组通入直流电流，产生恒定磁极，正常运行时，定子旋转磁极吸引转子磁极跟随定子磁极旋转，二者相对静止，因此转子转速等于同步转速，故称为同步电动机。转速不受负载变化的影响。

同步电动机电枢电流与励磁电流的关系可用 V 形曲线表示。每一条 V 形曲线对应一定的输出功率。当 $\cos\varphi=1$ 时，电枢电流最小，这时的励磁状态称为正常励磁。当励磁电流小于正常励磁电流时，称为欠励状态，电动机从电网吸取感性无功电流；当励磁电流大于正常励磁电流时，称为过励状态，电动机从电网吸取容性无功电流。由于电网上的负载一般都是感性负载，为此同步电动机一般都工作在过励状态，向电网提供容性无功功率，以改善电网的功率因数。

同步电动机不能自行启动，因此通常在转子上加装启动绕组，利用异步电动机原理进行异步启动，待转速接近同步转速时，励磁绕组通入直流电流，将转子牵入同步，启动完成。

*3. 直线异步电动机

直线异步电动机由旋转的异步电动机演变而来，是一种能作直线运动的异步电动机，在结构上分为固定和可移动两部分，分别称为初级和次级。当初级通入三相交流电流后，产生一个合成磁场，它不再是旋转的，而是按 U→V→W 的相序直线移动的磁场，称为行波磁场。行波磁场与次级条铁相互作用产生电磁力，使条铁作直线运动。直线异步电动机的结构形式有三种：扁平型、管型和圆盘型，各自在结构上有一定的特点。

思考与练习题

6.1　仅有一个工作绕组的单相异步电动机为什么不能自行启动？

6.2　单相异步电动机根据启动方法的不同分为哪几种类型？各有哪些优、缺点？

6.3　如何改变分相式单相异步电动机的转动方向？

6.4　一台定子绕组为 Y 形接法的三相笼型异步电动机，带负载轻载运行时，若一相引出线断开，电动机还能否继续运行？停下来后能否重新启动？为什么？

6.5　同步电机的凸极转子与隐极转子磁极结构有什么不同？同步电机和异步电机的转子结构有什么差异？

6.6　为什么同步电动机无启动转矩？通常采用什么方法启动？

6.7　同步电动机的 V 形曲线说明了什么？同步电动机一般工作在哪种励磁状态？为什么？

6.8　为什么同步电动机异步启动时，其励磁绕组既不能开路，也不能短路？滞式同步电动机上没有装？

*6.9　直线异步电动机有哪几种结构形式？

*6.10　直线异步电动机与旋转异步电动机的主要区别是什么？

第7章 控制电机

【学习目标】

(1) 熟悉交、直流伺服电动机的功能、性能要求及结构，掌握其工作原理和控制方式，理解其机械特性和调节特性。

(2) 熟悉三相磁阻式步进电动机的功能与结构，掌握其运行方式与工作原理，能熟练计算步距角和转速，理解其运行特性。

(3) 熟悉交、直流测速发电机的功能、性能要求及结构，理解其工作原理和输出特性。

(4) 了解力矩式自整角机和控制式自整角机的用途及工作原理。

(5) 了解正余弦旋转变压器与线性旋转变压器的用途及工作原理。

前面章节所介绍的电动机主要用于电力拖动系统，以实现电能与机械能之间的相互转换。衡量这一类电动机性能的主要指标有启动转矩、效率、功率因数等。本章要介绍的控制电机是指用于自动控制系统的具有特殊性能的小功率电机，这一类电机主要在控制系统中用于信号的检测、传递、执行、放大或转换等。衡量控制电机性能的主要指标包括高的可靠性、高的控制精度、快的响应速度、小的重量与体积等方面。但控制电机的电磁过程和所遵循的基本电磁规律与常规旋转电机没有本质上的差别。

控制电机广泛应用于现代军事装备、航空航天技术、现代工业技术、现代交通运输、民用领域的尖端技术。如：导弹遥控遥测、雷达自动定位、卫星天线的展开和偏转、飞机自动驾驶、工业机器人控制、数控机床控制、自动化仪表、船舰方位控制、高级轿车、计算机外围设备、录音录像设备及手机等都少不了控制电机。

控制电机的种类繁多，根据在自动控制系统的功能，可将控制电机分为伺服电动机、步进电动机、测速发电机、自整角机和旋转变压器等。根据在自动控制系统的作用，可将控制电机分为执行元件和测量元件。执行元件包括交、直流伺服电动机和步进电动机，其任务是将电信号转换成轴上的角位移或角速度，并带动控制对象运动；测量元件包括交、直流测速发电机，自整角机和旋转变压器等，它们能够将转速、转角和转角差等机械信号转换成电信号。

7.1 伺服电动机

伺服电动机在自动控制系统中作为执行元件，可将控制电信号转换为转轴的角位移或角速度。通过改变控制电信号的大小和极性，可改变电动机的转速大小和转向。

交、直流伺服电动机作为执行元件，可用于中高档数控机床的主轴驱动和速度进给伺服系统，工业用机器人的关节驱动伺服系统，火炮、机载雷达等伺服系统。

自动控制系统对伺服电动机的基本要求如下：

（1）无"自转"现象：即要求控制电机在有控制信号时迅速转动，而当控制信号消失时必须立即停止转动。控制信号消失后，电机仍然转动的现象称为自转，自动控制系统不允许有"自转"现象。

（2）空载始动电压低：电机空载时，转子从静止到连续转动的最小控制电压称为空载始动电压。始动电压越小，电机的灵敏度越高。

（3）机械特性和调节特性的线性度好：线性的机械特性和调节特性有利于提高系统的控制精度，能在宽广的范围内平滑、稳定地调速。

（4）快速响应性好：即要求电机的机电时间常数要小，堵转转矩要大，转动惯量要小，转速能随控制电压的变化而迅速变化。

根据使用电源性质的不同，伺服电动机可分为直流伺服电动机和交流伺服电动机两大类。

7.1.1　直流伺服电动机

1. 直流伺服电动机的结构

按结构，直流伺服电动机可分为传统型和低惯量型两大类。

1）传统型直流伺服电动机

传统型直流伺服电动机的结构形式与普通直流电动机相同，只是它的容量和体积要小得多。按励磁方式，它又可以分为电磁式和永磁式两种。电磁式直流伺服电动机的定子磁极铁芯通常由硅钢片冲制叠压而成，励磁绕组直接绕制在磁极铁芯上，使用时需加励磁电源。永磁式直流伺服电动机的定子上安装由永久磁钢制成的磁极，不需励磁电源。

2）低惯量型直流伺服电动机

低惯量型直流伺服电动机的机电时间常数小，大大改善了电机的动态特性。常见的低惯量型直流伺服电动机如下：

（1）空心杯形转子直流伺服电动机：图7-1所示为空心杯形转子直流伺服电动机的结构简图。其定子部分包括一个外定子和一个内定子。外定子可以由永久磁钢制成，也可以是通常的电磁式结构。内定子由软磁材料制成，以减小磁路的磁阻，仅作为主磁路的一部分。空心杯形转子上的电枢绕组，可以采用印制绕组，也可先绕成单个成型绕组，然后将它们沿圆周的轴向排列成空心杯形，再用环氧树脂固化。电枢绕

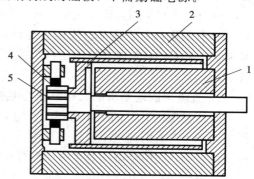

1—内定子；2—外定子；3—空心杯电枢；
4—电刷；5—换向器

图7-1　空心杯形转子直流伺服电动机的结构简图

组的端侧与换向器相连，由电刷引出。空心杯形转子直接固定在转轴上，在内、外定子的气隙中旋转。

（2）盘式电枢直流伺服电动机：图7-2所示为盘式电枢直流伺服电动机的结构简图。

其定子由永久磁钢和前后软磁铁组成，磁钢放置在圆盘的一侧，并产生轴向磁场，它的极数比较多，一般制成6极、8极或10极。在磁钢和另一侧的软铁之间放置盘式电枢绕组。电枢绕组可以是绕线式绕组或印制绕组。绕线式绕组先绕制成单个绕组元件，并将绕好的全部绕组元件沿圆周径向排列，再用环氧树脂浇制成圆盘形。印制绕组采用与制造印制电路板相类似的工艺制成。盘形电枢上的电枢绕组中的电流沿径向流过圆盘表面，并与轴向磁通相互作用产生电磁转矩。因此，绕组的径向段为有效部分，弯曲段为端接部分。

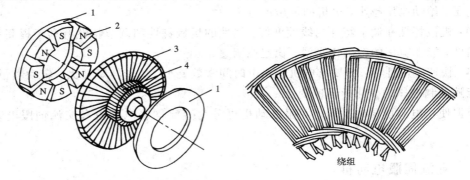

1—软磁铁；2—磁钢；3—电枢绕组；4—换向器

图 7-2 盘式电枢直流伺服电动机的结构简图

（3）无槽电枢直流伺服电动机：无槽电枢直流伺服电动机的电枢铁芯上不开槽，电枢绕组直接排列在铁芯圆周表面，再用环氧树脂将它和电枢铁芯固化成一个整体，如图7-3所示。这种电机的转动惯量和电枢绕组的电感比前面介绍的两种无铁芯转子的电机要大些，动态性能也比它们差。

此外，还有无刷直流伺服电动机，它可以实现无接触（无刷）电子换向，既具有直流伺服电动机良好的机械特性和调节特性，又具有交流电动机维护方便、运行可靠的优点。

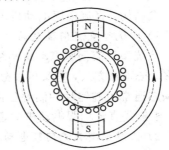

图 7-3 无槽电枢直流伺服电动机示意图

2. 直流伺服电动机的工作原理与控制方式

直流伺服电动机的工作原理与普通直流电动机相同。只要在其励磁绕组通入励磁电流产生磁场，当电枢绕组中通过电枢电流时，电枢电流就与磁场相互作用产生电磁转矩，使电动机转动。这两个绕组其中一个断电时，电动机立即停转，无自转现象。

直流伺服电动机工作时有两种控制方式，即电枢控制方式和磁场控制方式。永磁式的直流伺服电动机只有电枢控制方式。

电枢控制方式是指励磁绕组接恒定的直流电源U_f，产生额定磁通Φ，电枢绕组接控制电压U_c，如图7-4所示，当控制电压的大小和方向改变时，电动机的转速和转向随之改变，当控制电压消失时，电枢停止转动。

磁场控制方式是指将电枢绕组接到恒定的直流电源，励

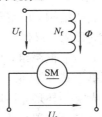

图 7-4 直流伺服电动机电枢控制方式接线图

磁绕组接控制电压，在这种控制方式下，当控制电压消失时，电枢停止转动，但电枢中仍有很大的电流，相当于普通直流电动机的直接启动电流，因而损耗的功率很大，还容易烧坏换向器和电刷，此外，电动机的特性为非线性。因此，自动控制系统中一般不采用磁场控制方式。

3. 直流伺服电动机的静态特性(电枢控制方式)

1) 机械特性

采用电枢控制方式的直流伺服电动机，当控制电压 U_c＝常数时，磁通 Φ＝常数(不考虑电枢反应)，其转速 n 与电磁转矩 T 之间的关系曲线 $n=f(T)$ 称为机械特性。直流伺服电动机的机械特性表达式与他励直流电动机的机械特性表达式相同，为

$$n = \frac{U_c}{C_e\Phi} - \frac{R_a}{C_e C_T \Phi^2}T = n_0 - \beta T \tag{7-1}$$

式中：n_0——电动机的理想空载转速，$n_0 = \dfrac{U_c}{C_e\Phi}$。$n_0$ 与控制电压 U_c 成正比。

式(7-1)表明，电动机的转速 n 与电磁转矩 T 为线性关系，在控制电压不同时，机械特性为一组平行的直线，如图 7-5 所示。

从图 7-5 中可以看出：控制电压 U_c 一定时，电磁转矩越大，电动机的转速越低；控制电压升高，机械特性向右平移，堵转转矩 T_d 成正比地增大，越有利于电动机启动。

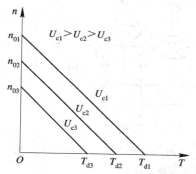

图 7-5 直流伺服电动机的机械特性

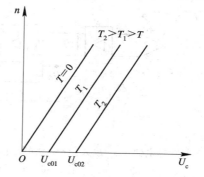

图 7-6 直流伺服电动机的调节特性

2) 调节特性

在电动机的电磁转矩 T＝常数时，伺服电动机稳定运行时的转速 n 与控制电压 U_c 之间的关系曲线 $n=f(U_c)$ 称为调节特性。由式(7-1)可知，在 T＝常数时，磁通 Φ＝常数，转速 n 与控制电压 U_c 为线性关系，转矩 T 不同时，调节特性是一组平行的直线，如图 7-6 所示。

从图 7-6 中可以看出：在 T 一定时，控制电压 U_c 升高，转速 n 也升高；负载转矩 T_L 增大，即 T 增大，调节特性向右平移，始动电压 U_{c0} 成正比地增大。例如在 $T_L = T_1$ 时，只有当控制电压 $U_c > U_{c01}$ 时，电动机才能转起来，而当 $U_c = 0 \sim U_{c01}$ 时，电动机不转，因此我们称 $0 \sim U_{c01}$ 区间为失灵区或死区，电压 U_{c0} 为始动电压。负载转矩 T_L 不同，始动电压也不同，T_L 越大，始动电压越大，电机灵敏度越低，且始动电压或失灵区的大小与负载转矩成正比。$T=0$ 时的特性为理想空载特性，这时只要有控制电压 U_c，电动机就转动。但实际空载时，$T=T_0 \neq 0$，始动电压不为零，T_0 越大，需要的始动电压越大。

由以上分析可见,直流伺服电动机在电枢控制方式运行时,机械特性和调节特性的线性度好,调速范围大,效率高,启动转矩大,没有"自转"现象,可以说具有理想的伺服性能。缺点是电刷和换向器的接触电阻数值不够稳定,对低速运行的稳定性有一定影响。此外,电刷和换向器之间的火花有可能对控制系统产生有害的电磁波干扰。

4. 直流伺服电动机的应用

电子电位差计是用伺服电动机作为执行元件的闭环自动测温系统,常用于工业企业的加热炉温度测量,它的基本电路原理图如图 7-7 所示。其基本工作原理是:测温系统工作时,金属热电偶 1 处于炉膛中,并产生与温度对应的热电动势,经补偿和放大后得到与温度成正比的热电压 U_t,然后与工作电源 U_g 经变阻器的分压 U_R 进行比较,得到误差电压 ΔU,$\Delta U = U_t - U_R$。若 ΔU 为正,则经放大后加在伺服电动机 3 上的控制电压 U_c 为正,伺服电动机正转,经变速机构带动变阻器和温度指示器指针顺时针方向偏转,一方面指示温度值升高,另一方面变阻器的分压 U_R 升高,使误差电压 ΔU 减小。当伺服电动机旋转至使 $U_R = U_t$ 时,误差电压 ΔU 变为零,伺服电动机的控制电压也为零,电动机停止转动,则温度指示器指针也就停止在某一对应位置上,指示出相应的炉温。若误差电压 ΔU 为负,则伺服电动机的控制电压也为负,电动机将反转,带动变阻器及温度指示器指针逆时针方向偏转,U_R 减小,直至 ΔU 为零,电动机才停止转动,指示炉温较低。

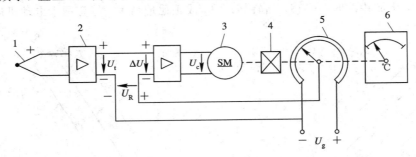

1—热电偶;2—放大器;3—伺服电动机;4—变速机构;5—变阻器;6—温度指示器

图 7-7　电子电位差计的基本电路原理图

7.1.2　交流伺服电动机

交流伺服电动机包括交流异步伺服电动机和交流同步伺服电动机。这里只分析交流异步伺服电动机。

1. 交流异步伺服电动机的基本结构

交流异步伺服电动机的结构类似单相异步电动机。其定子铁芯中安放着空间相距 90°电角度的两相绕组,其中一相作为励磁绕组,另一相作为控制绕组。

交流异步伺服电动机的转子通常采用以下两种结构形式。

1) 高电阻率导条的笼型转子

高电阻率导条的笼型转子结构与普通笼型异步电动机的笼型转子结构类似,但是为了减小转子的转动惯量,转子做得细而长。转子笼条和端环既可采用高电阻率的导电材料(如黄铜、青铜等)制造,也可采用铸铝转子。

2）非磁性空心杯形转子

非磁性空心杯形转子的结构如图 7 - 8 所示。定子分外定子铁芯和内定子铁芯两部分，由硅钢片冲制后叠成。外定子铁芯槽中放置空间相距 90° 电角度的两相绕组。内定子铁芯中不放绕组，仅作为磁路的一部分，以减小主磁通磁路的磁阻。空心杯形转子由非磁性铝或铝合金制成，放在内、外定子铁芯之间，并固定在转轴上。

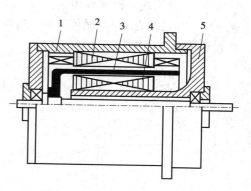

非磁性空心杯形转子的壁很薄，一般为 0.3 mm 左右，因而具有较大的转子电阻和很小的转动惯量。其转子上无齿槽，故运行平稳，噪声小。这种结构的电动机内、外定子之间的气隙较大，因此，电动机的励磁电流较大，致使电动机的

1—机壳；2—外定子；3—杯形转子；
4—内定子；5—端盖
图 7 - 8　非磁性空心杯形转子

功率因数较低，效率也较低。同样体积下，杯形转子伺服电动机的堵转转矩要比笼型的小得多，因此，采用杯形转子大大减小了转动惯量，但是它的快速响应性能并不一定优于笼型结构。笼型伺服电动机在低速运行时有抖动现象，而非磁性空心杯形转子伺服电动机克服了这一缺点，常被用于要求低速平滑运行的系统中。国产的 SK 系列伺服电动机就采用这种结构形式。

2. 交流异步伺服电动机的工作原理

交流异步伺服电动机实际上是一种两相异步电动机，运行时，励磁绕组接至电压恒为 $\dot{U}_f$ 的交流电源，控制绕组输入控制电压 $\dot{U}_c$，$\dot{U}_c$ 与 $\dot{U}_f$ 频率相同，如图 7 - 9 所示。当电动机开始启动时，若控制电压 $\dot{U}_c = 0$，相当于定子单相通电，气隙中只有脉振磁场，无启动转矩，转子不会转起来；当电动机开始启动时，若 $\dot{U}_c \neq 0$，且 $\dot{U}_c$ 与 $\dot{U}_f$ 不同相，定子两相绕组则通以两相交流电，气隙中就产生旋转磁场，对转子产生电磁转矩，力图使电动机转起来。若启动转矩大于负载转矩，转子就会按控制信号要求旋转。当电动机正在旋转时，若控制信号 $U_c = 0$，转子理应立即停下来，但是由于此时励磁绕组所加电压 $\dot{U}_f$ 不变，则相当

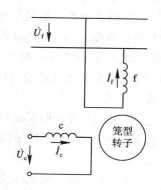

图 7 - 9　交流异步伺服电动机的
原理图

于单相异步电动机的运行情况。若电动机参数选择不合理，电动机将会继续旋转，使电动机失控，这种控制电压为零时，电动机自行旋转的失控现象称为"自转"。自动控制系统中，不允许伺服电动机出现"自转"现象。

因为出现"自转"现象是由于伺服电动机处于单相异步电动机的工作条件下，而单相异步电动机的机械特性可由正、反旋转磁场产生的两条正、反转机械特性合成，如图 7 - 10 (a)所示。若伺服电动机的转子电阻设计得和普通单相异步电动机一样大，当伺服电动机处于正转状态且 $U_c = 0$ 时，$0 < s_+ < 1$，$|T_+| > |T_-|$，合成转矩 $T > 0$，T 为拖动转矩，伺服电动机就停不下来；由于异步电动机的临界转差率 s_m 随转子电阻的增大成正比地增大，若增大转子绕组电阻，使其临界转差率 $s_m \geq 1$，如图 7 - 10(b)所示，则在电动机运行的

$0<s_+<1$ 范围内，始终有 $|T_-|>|T_+|$，合成电磁转矩 $T<0$，T 便成为制动转矩，迫使转速下降，并迅速在 $n=0$ 时停下来，这样就消除了自转现象。故消除自转现象的可行办法是增大转子绕组电阻。

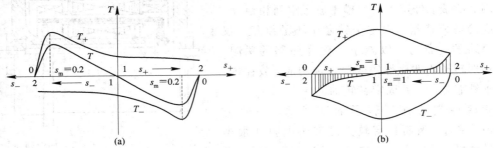

图 7-10 转子绕组电阻对单相异步电动机机械特性的影响(非磁性杯形转子)

(a) 正常转子电阻；(b) 增大转子电阻($s_m=1$)

增大转子绕组电阻不但可消除"自转"现象，还具有另外两个优点：① 可增大稳定运行范围，使电动机在 $0<s<1$ 的整个范围内均能稳定运行；② 使机械特性更接近线性。

3. 交流伺服电动机的控制方式

对于两相交流伺服电动机，若在其定子对称的两相交流绕组中通以两相不对称交流电流，即两相电流幅值不同或相位差不是 $90°$ 电角度，则气隙旋转磁场是椭圆形的。所以，当改变控制电压 $\dot{U}_c$ 时，气隙磁场一般是椭圆形的，由这个椭圆形旋转磁场产生相应的电磁转矩，使伺服电动机的转子按要求转动。由于改变控制电压的大小或改变它与励磁电压之间的相位角，都能使气隙旋转磁场的大小和椭圆度发生变化，从而引起电磁转矩的变化，达到改变电动机转速和转向的目的，因此两相交流伺服电动机有以下三种控制方式：

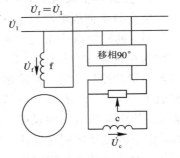

图 7-11 幅值控制接线原理图

(1) 幅值控制：即保持控制电压 $\dot{U}_c$ 与励磁电压 $\dot{U}_f$ 的相位差 β 为 $90°$，仅改变 $\dot{U}_c$ 的幅值。其接线原理图如图 7-11 所示。

(2) 相位控制：即保持控制电压 $\dot{U}_c$ 的幅值不变，仅改变其相位，从而改变控制电压 $\dot{U}_c$ 与励磁电压 $\dot{U}_f$ 的相位差 β。其接线原理图如图 7-12 所示。

(3) 幅相控制：同时改变控制电压 $\dot{U}_c$ 的幅值和 $\dot{U}_c$ 与 $\dot{U}_f$ 的相位差 β 进行控制。其接线原理图如图 7-13 所示。

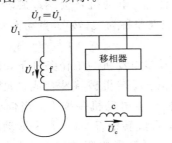

图 7-12 相位控制接线原理图

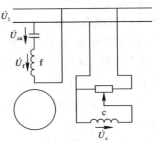

图 7-13 幅相控制接线原理图

在以上三种控制方式中，由于幅相控制使用的设备简单，不用装移相器，并有较大的输出功率，因此实际中应用最为广泛。

4. 交流伺服电动机的静态特性(幅相控制)

1) 机械特性

机械特性是指控制电压(控制电信号)保持定值不变时，电磁转矩与转速之间的函数关系。

由于控制电压 $\dot{U}_c$ 是可变的，故两相交流伺服电动机一般在不对称状态下运行，不对称的程度将影响电动机电磁转矩的大小。因此机械特性应在一个表征控制电信号的系数 α_e 为定值的条件下求取。

幅相控制方式中，有效信号系数 α_e 等于控制电压 U_c 与电源电压 U_1 之比，即 $\alpha_e = \dfrac{U_c}{U_1}$。若以电动机启动时，使气隙磁场为圆形旋转磁场为条件选择串接电容值，满足这个条件的控制电压设为 U_{c0}，这时的信号系数 $\alpha_0 = \dfrac{U_{c0}}{U_1}$，从而使有效信号系数 $\alpha_e = \dfrac{U_c}{U_1} = \dfrac{U_c}{U_{c0}}\alpha_0$，因此当 $U_c = U_1$ 时，$\alpha_e = 1$。

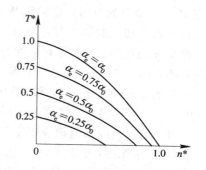

图 7 - 14　交流伺服电动机的机械特性
（幅相控制）

幅相控制方式的机械特性如图 7 - 14 所示。图中 T^* 为输出转矩与 $\alpha_e = 1$ 时的启动转矩之比，n^* 为实际转速与 $\alpha_e = 1$ 时的理想空载转速之比。从图中可以看出，控制电信号越小，机械特性越下移，理想空载转速越小，同一负载转矩下的转速就越低。

2) 调节特性

调节特性是指输出转矩保持定值不变时，转速与控制电信号之间的函数关系。

通过已得到的机械特性，可用作图法求出对应的调节特性，如图 7 - 15 所示。通过调节特性可以直观地看出转速随控制电信号的变化规律。

由以上分析可知，交流伺服电动机多采用非磁性空心杯形转子，因而转动惯量小，快速响应性好，运行平稳，噪声小，但也存在着机械特性和调节特性的线性度差，损耗大，输出功率小等缺点。

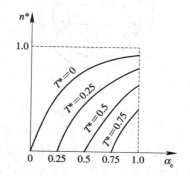

图 7 - 15　交流伺服电动机的调节特性
（幅相控制）

7.2　步进电动机

步进电动机是一种将电脉冲信号转换为相应角位移或直线位移的电动机，每当输入一个电脉冲信号，转子就转动一个角度或前进一步，其输出的角位移或线位移与输入的脉冲数成正比，转速与脉冲频率成正比。因此，步进电动机又称脉冲电动机。

步进电动机的种类很多,一般按励磁方式可分为磁阻式(俗称反应式)、永磁式和混磁式三种;按相数可分为单相、两相、三相和多相等。下面以应用较多的三相磁阻式步进电动机为例,介绍其结构、工作原理及运行特性。

7.2.1 三相磁阻式步进电动机的结构和工作原理

图 7-16 所示为一个三相磁阻式步进电动机的结构示意图和工作原理图,其定、转子铁芯均由硅钢片叠成。定子上有 6 个磁极,每两个相对的极绕有一相控制绕组,所以定子共有三相控制绕组(图中未画出绕组)。转子是四个均匀分布的齿,齿宽等于定子极靴的宽度,转子上没有绕组。工作时,各相绕组按一定顺序先后通电。假设电动机处于理想空载,当 U 相定子绕组通电时,V 相和 W 相都不通电,由于磁通具有通过磁阻最小路径的特点,因此转子齿 1 和 3 的轴线与定子极 U 和 U′ 的轴线对齐,如图 7-16(a)所示;当 U 相断电,而 V 相通电时,则转子将逆时针转过 30°,使转子齿 2 和 4 的轴线与定子极 V 和 V′ 的轴线对齐,如图 7-16(b)所示;当 V 相断电,而 W 相通电时,转子再逆时针转过 30°,转子 1 和 3 的轴线与定子极 W 和 W′ 的轴线对齐,如图 7-16(c)所示。如此循环往复按 U→V→W→U 的顺序通电,气隙中就产生步进式的旋转磁场,转子就会一步一步地按逆时针方向转动。电动机的转速取决于定子绕组与电源接通、断开的频率,即输入的电脉冲频率;电动机的转向则取决于定子绕组轮流通电的顺序,如若电动机通电顺序改为 U→W→V→U,则电动机为顺时针方向旋转。定子绕组与电源的接通或断开,一般由数字逻辑电路或计算机软件来控制。

图 7-16 三相磁阻式步进电动机的工作原理图

(a) U 相通电,V 相和 W 相不通电;(b) U 相断电,V 相通电;(c) V 相断电,W 相通电

上述通电方式称为“三相单三拍”。其中:“三相”是指定子绕组为三相绕组;定子绕组每改变一次通电方式,步进电动机就走一步,称其为“一拍”;“单”是指每一拍只有一相定子绕组通电;“三拍”是指每经过三次切换,定子绕组通电状态为一个循环,再下一拍通电时就重复第一拍通电方式。这种工作方式的三相步进电动机每一拍转过的角度即步距角 $\theta_s = 30°$。

除了单三拍通电方式外,这种三相步进电动机还可工作在“三相单、双六拍”通电方式。这种方式的通电顺序为 U→UV→V→VW→W→WU→U。在这种工作方式下,定子三相绕组需经过六次切换才能完成一个循环,故称为“六拍”,而“单、双六拍”则是指单相绕组与两相绕组交替接通的通电方式。

三相单、双六拍时电动机运行情况如图 7-17 所示。当 U 相定子绕组通电时,和单三拍运行的情况相同,转子齿 1 和 3 的轴线与定子极 U 和 U′ 轴线对齐,如图 7-17(a)所示;

当 U、V 相定子绕组同时通电时，转子齿 2 和 4 又将在定子极 V 和 V′的吸引下，使转子沿逆时针方向转动，直至转子齿 1 和 3 与定子极 U 和 U′之间的作用力被转子齿 2 和 4 与定子极 V 和 V′之间的作用力所平衡为止，如图 7-17(b)所示；当断开 U 相定子绕组而由 V 相定子绕组单独通电时，转子将继续沿逆时针方向转过一个角度使转子齿 2 和 4 的轴线与定子极 V、V′的轴线对齐，如图 7-17(c)所示。此时，经过了单、双两拍，转子共转过的角度与相应的单三拍运行时由 U 相绕组通电切换到 V 相绕组通电时转过的角度相等，即为 30°。若继续按 VW→W→WU→U 的顺序通电，那么步进电动机就按逆时针方向连续转动。在单三拍运行方式时，每经过一拍，转子转过的步距角 θ_s=30°。采用单、双六拍通电方式后，要经过二拍转子才转过 30°。所以单、双六拍运行方式时，三相步进电动机的步距角 θ_s=30°/2。由此可知，同一个步进电动机，因通电方式不同，运行时的步距角也是可以不同的，采用单、双拍运行时，步距角要比单拍运行时减小一半。若通电顺序改为 U→UW →W→WV→V→VU→U，则电动机为顺时针方向转动。

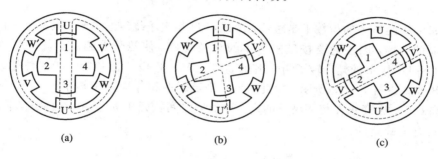

图 7-17　三相磁阻式步进电动机单、双六拍运行

(a) U 相通电，V 相和 W 相不通电；(b) U、V 相同时通电；(c) U 相断电，V 相通电

　　实际工作中，步进电动机还常采用"三相双三拍"通电方式，即 UV→VW→WU→UV 的通电顺序。以双三拍工作的步进电动机，其通电方式改变时的转子位置与相应的单、双六拍通电方式两个绕组同时通电时的情况相同，因此双三拍通电方式每经过一拍转子转过的角度恰好与单、双六拍通电方式经过二拍转子转过的角度相同。这样，双三拍运行方式的步距角也为 30°，与单三拍运行方式相同。

　　单三拍通电方式在切换时出现的一相绕组断电而另一相绕组开始通电的状态容易造成失步，而且由于单一定子绕组通电吸引转子，也易使转子在平衡位置附近产生振荡。而单、双六拍和双三拍通电方式在切换过程中，总有一相绕组处于持续通电状态，转子磁极受其磁场的控制，因此不易失步，运行可靠、稳定，在实际中应用较广泛。

　　由于上述步进电动机的步距角较大，如用于精度要求很高的数控机床等控制系统，会严重影响到加工工件的精度。这种结构只在分析原理时采用，实际使用的步进电动机都是小步距角的。图 7-18 所示为最常见的一种小步距角的三相磁阻式步进电动机的结构。

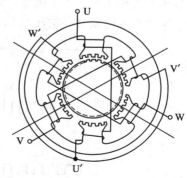

图 7-18　小步距角的三相磁阻式步进电动机的结构

在图 7-18 中，三相磁阻式步进电动机定子上有 6 个磁极，极上有定子绕组，两个相对的极由一相绕组控制，共有 U、V、W 三相定子绕组。转子圆周上均布若干小齿，定子每个磁极的极靴上也均布若干小齿。根据步进电动机的工作要求，定子及转子的齿宽、齿距必须相等，定、转子齿数要适当配合。即要求 U、U′ 相所在一对极下，定子齿与转子齿一一对齐时，下一相(V 相)所在一对极下的定子齿与转子齿错开一个齿距(t)的 m(相数)分之一，即为 t/m；再下一相(W 相)所在一对极下的定、转子齿错开 $2t/m$，以此类推。

以转子齿数 $Z_r = 40$，相数 $m = 3$，每相绕组有两个极，三相单三拍运行方式为例：

每一转子齿距的空间角度为

$$\theta_z = \frac{360°}{Z_r} = \frac{360°}{40} = 9°$$

每一极距所占的转子齿数为

$$\frac{Z_r}{2pm} = \frac{40}{2 \times 3} = 6\frac{2}{3}$$

由于每一极距所占的齿数不是整数，因此当 U 相定子绕组通电时，电机产生沿 U-U′ 极轴线方向的磁场，因磁通要按磁阻最小的路径闭合，使转子受到磁阻转矩的作用而转动，直到 U-U′ 极下的定、转子齿对齐时，定子 V-V′ 极的齿和转子齿必然错开 1/3 齿距，即错开 3°，如图 7-19 所示。由此可知，当定子的相邻极为相邻相时，在某一极下若定、转子齿对齐，则要求在相邻极下的定、转子齿之间错开 $1/m$ 齿距。由此可得出这时转子齿数应符合下式条件：

$$\frac{Z_r}{2pm} = K \pm \frac{1}{m} \qquad (7-2)$$

式中：K——正整数；

    $2p$——一相绕组通电时在气隙中形成的磁极数；

    m——定子相数。

例如上例中，由于 $2p = 1$，$m = 3$，可选 $K = 7$，则得 $Z_r = 40$。

由图 7-19 可知，若断开 U 相定子绕组而接通 V 相定子绕组，这时电动机中产生沿 V-V′ 极轴线方向的磁场，在磁阻转距的作用下，转子按逆时针方向转过 1/3 齿距的空间角度，即 3°，使定子 V-V′ 极下的齿和转子齿对齐。此时 U-U′ 极和 W-W′ 极下的齿又分别与转子齿相互错开 1/3 齿距。这样当定子绕组按 U→V→W→U 顺序循环通电时，转子就沿逆时针方向以每一拍转 3°的规律进行转动。若改变通电顺序，即按 U→W→V→U

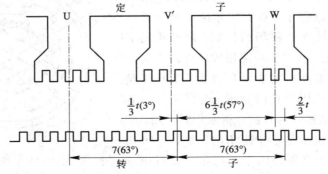

图 7-19 小步距角三相磁阻式步进电动机的展开图

顺序循环通电时，转子则沿顺时针方向以每一拍转 3° 的规律转动。

以上为三相单三拍运行，其步距角为 3°，即 $\frac{1}{3}$ 齿距。若按三相单、双六拍运行，步距角则为 1.5°，是单三拍的一半，即 $\frac{1}{6}$ 齿距。

由于每一拍转子只转过 1/N 齿距（N 为拍数），因此步进电动机的步距角公式为

$$\theta_s = \frac{360°}{NZ_r} = \frac{360°}{mZ_r C} \tag{7-3}$$

式中：N——拍数，$N = mC$；

C——状态系数，采用单三拍或双三拍方式时，$C=1$，采用单、双六拍方式时，$C=2$。

由此可知，增加拍数和转子的齿数可减小步距角，有利于提高控制精度。增加电机的相数可增加拍数，从而减小步距角。但相数越多，电源及电机的结构越复杂，目前步进电动机一般做到六相。所以增加转子齿数是减小步距角的一个有效途径。

由式 (7-3) 可求得步进电动机的转速公式为

$$n = \frac{60f}{NZ_r} = \frac{60f}{mZ_r C} \tag{7-4}$$

式中：f——步进电动机的脉冲频率（拍/秒或脉冲数/秒）。

由此可知，步进电动机的转速与拍数 N、转子齿数 Z_r 及脉冲频率 f 有关。当转子齿数一定时，转速与输入的脉冲频率成正比，与拍数成反比。

7.2.2 步进电动机的应用

步进电动机既可作执行元件，也可作驱动元件，应用十分广泛，如机械加工、绘图机、机器人、计算机的外部设备、自动记录仪表等。它主要用于工作难度大、要求速度快、精度高等场合。尤其是电力电子技术和微电子技术的发展为步进电动机的应用开辟了广阔的前景。

下面举几个实例简单说明步进电动机的一些典型应用。

1）数控机床

数控机床是数字程序控制机床的简称。它具有通用性、灵活性及高度自动化的特点。主要适用于加工零件精度要求高，形状比较复杂的生产中。它的工作过程是：首先应按照零件加工的要求和加工的工序，编制加工程序，并将该程序送入微型计算机中，计算机根据程序中的数据和指令进行计算和控制；然后根据所得的结果向各个方向的步进电动机发出相应的控制脉冲信号，使步进电动机带动工作机构按加工的要求依次完成各种动作，如转速变化、正反转、启停等，这样就能自动地加工出程序所要求的零件。图 7-20 为数控机床方框图，图中实线所示的系统为开环控制系统，在开环控制系统的基础上，再加上虚线所示的测量装置，即构成闭环控制系统。

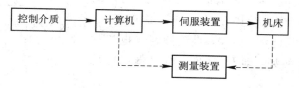

图 7-20 数控机床方框图

2) 软磁盘驱动系统

软磁盘存储器是一种十分简便的外部信息存储装置,当软磁盘插入驱动器后,驱动电机带动主轴旋转,使盘片在盘套内转动。磁头安装在磁头小车上,步进电动机通过传动机构驱动磁头小车,将步矩角变换成磁头的位移。步进电动机每行进一步,磁头移动一个磁道。

3) 针式打印机

一般针式打印机的字车电机和走纸电机都采用步进电动机,如 LQ - 1600K 打印机。在逻辑控制电路(CPU 和门阵列)的控制下,走纸步进电机通过传动机构带动纸滚转动,每转一步使纸移动一定的距离。字车步进电机可以加速或减速,使字车停在任意指定位置,或返回到打印起始位置。字车电机的步进速度是由一单元时间内多个驱动脉冲所决定的,改变步进速度可产生不同的打印模式中的字距。

7.3 测 速 发 电 机

测速发电机可将输入的机械转速转换为电压信号输出。在自动控制和计算装置中,测速发电机通常作为测速元件、校正元件、解算元件和角加速度信号元件。

自动控制系统对测速发电机的主要要求是:

(1) 输出电压与转速保持良好的线性关系;

(2) 输出特性的斜率大,即输出电压对转速的变化反应灵敏;

(3) 温度变化对输出特性的影响小;

(4) 剩余电压(转速为零时的输出电压)要小。

按照输出电信号性质的不同,测速发电机可分为直流测速发电机和交流测速发电机两大类。

7.3.1 直流测速发电机

1. 直流测速发电机的输出特性

直流测速发电机的结构与普通小型直流发电机相同,按励磁方式可分为永磁式和电磁式两种。其中永磁式直流测速发电机的定子用永久磁钢制成,无需励磁绕组,具有结构简单、不需励磁电源、使用方便、温度对磁场的影响小等优点,因此应用最广泛。

直流测速发电机的工作原理与普通直流发电机相同,其工作原理图如图 7 - 21 所示。在恒定磁场中,当发电机电枢以转速 n 切割磁通 Φ 时,电刷两端产生的感应电动势为

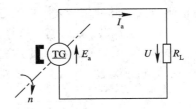

$$E_a = C_e\Phi n = K_e n \qquad (7 - 5)$$

上式表明,Φ 恒定时感应电动势 E_a 与转速 n 成正比。

图 7 - 21 直流测速发电机的
工作原理图

空载运行时,负载电流 $I_a = 0$,直流测速发电机的输出电压就是感应电动势,即 $U_0 = E_a$,所以输出电压 U_0 与转速 n 成正比。

实际负载运行时，因负载电流 $I_a = U/R_L$，若不计电枢反应的影响，直流测速发电机的输出电压应为

$$U = E_a - I_a R_a = E_a - \frac{R_a}{R_L} U \qquad (7-6)$$

式中，R_a 为电枢回路的总电阻，包括电枢绕组电阻和电刷与换向器之间的接触电阻。

把式(7-5)代入式(7-6)，经整理后可得

$$U = \frac{C_e \Phi}{1 + R_a/R_L} n = Cn \qquad (7-7)$$

上式表明，当 Φ、R_a 及负载电阻 R_L 不变时，C 为常数，输出电压 U 与转速 n 成正比，即输出特性 $U = f(n)$ 为线性。当负载电阻 R_L 不同时，输出特性的斜率也不同，随 R_L 的减小而减小。理想的输出特性是一组直线，如图 7-22 所示。

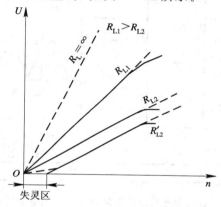

图 7-22　直流测速发电机的输出特性

2. 输出特性产生误差的原因和减小误差的方法

实际上，直流测速发电机在负载运行时，输出电压与转速并不能保持严格的正比关系，存在误差，引起误差的主要原因有：

1) 电枢反应的去磁作用

当测速发电机带负载时，电枢电流引起的电枢反应的去磁作用，使发电机气隙磁通 Φ 减小。当转速一定时，若负载电阻越小，则电枢电流越大；当负载电阻一定时，若转速越高，则电动势越大，电枢电流也越大，它们都使电枢反应的去磁作用增强，Φ 减小，输出电压和转速的线性误差增大，如图 7-22 实线所示。因此为了改善输出特性，必须削弱电枢反应的去磁作用。例如，使用直流测速发电机时，R_L 不能小于规定的最小负载电阻，转速 n 不能超过规定的最高转速。

2) 电刷接触电阻的非线性

因为电枢电路总电阻 R_a 包括电刷与换向器的接触电阻，而这种接触电阻是非线性的，随负载电流的变化而变化。当电机转速较低时，相应的电枢电流较小，而接触电阻较大，电刷压降较大，这时测速发电机虽然有输入信号(转速)，但输出电压却很小，因而在输出特性上有一失灵区，引起线性误差，如图 7-22 所示。因此，为了减小电刷接触电阻的非线性，缩小失灵区，直流测速发电机常选用接触压降较小的金属-石墨电刷或铜电刷。

3)温度的影响

对电磁式直流测速发电机,因励磁绕组长期通电而发热,它的电阻也相应增大,引起励磁电流及磁通 Φ 的减小,从而造成线性误差。为了减小由温度变化引起的磁通变化,在设计直流测速发电机时使其磁路处于足够饱和的状态,同时在励磁回路中串一个温度系数很小、阻值比励磁绕组电阻大 3~5 倍的用康铜或锰铜材料制成的电阻。

3. 直流测速发电机的应用

图 7-23 是直流测速发电机在恒速控制系统中的应用原理图。若单独采用直流伺服电动机来带动这个机械负载,因为直流伺服电动机的转速是随负载转矩的大小而变化的,所以不能实现负载转矩变化而负载转速恒定的要求。因此,为了实现系统的转速恒定,可采用与直流伺服电动机同轴连接一个直流测速发电机的方法来达到目的。

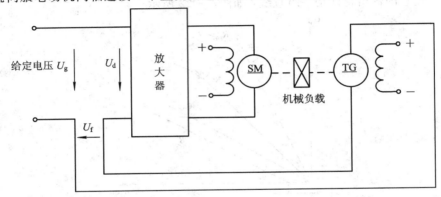

图 7-23 直流测速发电机在恒速控制系统中的应用原理图

系统工作时,先调节给定电压 U_g,使直流伺服电动机的转速等于负载要求的转速。当负载转矩由于某种因素减小时,直流伺服电动机的转速便上升,与其同轴的直流测速发电机转速也随之上升,输出电压 U_f 增加,U_f 将反馈到输入端,并与 U_g 比较,使差值电压 $U_d = U_g - U_f$ 减小,经放大器放大后加在直流伺服电动机上的控制电压随之减小,因而直流伺服电动机减速,使系统转速基本不变。反之,当负载转矩由于某种原因略有增加时,系统的转速将下降,直流测速发电机的输出电压减小,因而差值电压 U_d 变大,经放大后加在直流伺服电动机上的控制电压也增大,使直流伺服电动机转速上升。由此可见,该系统由于测速发电机的接入,具有自动调节作用,使系统的转速近似于恒定值。

7.3.2 交流测速发电机

交流测速发电机有异步式和同步式两种,下面主要介绍在自动控制系统中应用较广的交流异步测速发电机的结构和工作原理。

交流异步测速发电机的结构与交流伺服电动机相同,按结构可分为笼型转子和空心杯形转子两种。由于空心杯形转子测速发电机的精度高,转动惯量小,性能稳定,因此应用比较广泛。对于空心杯形转子的测速发电机,机座号较小时,空间相差 90°电角度的两相绕组全部嵌放在内定子铁芯槽内,其中一相为励磁绕组,另一相为输出绕组。机座号较大时,常把励磁绕组嵌放在外定子上,而把输出绕组嵌放在内定子上,以便调节内、外定子间的相对位置,使剩余电压最小。

交流异步测速发电机的工作原理图如图 7 - 24 所示。励磁绕组 N_1 接于恒定的单相交流电源 $\dot{U}_1$，电源频率为 f_1。输出绕组 N_2 则输出与转速大小成正比的电压信号 $\dot{U}_2$。当频率为 f_1 的励磁电压 $\dot{U}_1$ 加在励磁绕组以后，励磁绕组中便有励磁电流流入，产生直轴（d 轴）方向的脉振磁场。

当 $n=0$，即转子静止时，励磁绕组与杯形转子之间的电磁关系和二次侧短路时的变压器一样，励磁绕组相当于变压器的一次绕组，杯形转子（看作是无数根并联导条组成的笼型转子）则相当于短路的二次绕组。此时，测速发电机的气隙磁场为脉振磁场，脉振频率为 f_1，脉振磁场的轴线就是励磁绕组轴线，与输出绕组的轴线（q 轴）互相垂直。直轴的脉振磁通只能在空心杯形转子中感应出变压器电动势，由于转子是闭合的，这一变压器电动势将产生转子电流，电流的方向可根据楞次定律判断，如图 7 - 24(a) 所示。此电流所产生的磁通与励磁绕组产生的磁通方向相反，所以合成磁通仅为沿 d 轴方向的磁通 Φ_d，如图 7 - 24(a) 所示。而输出绕组的轴线与励磁绕组的轴线在空间位置上相差 90°电角度，它与 d 轴磁通没有耦合关系，故不产生感应电动势，输出电压为零，即 $\dot{U}_2 = 0$。

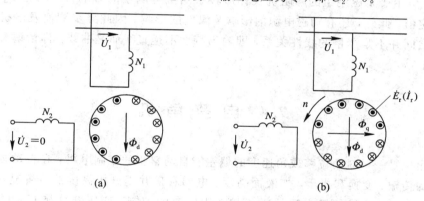

图 7 - 24　交流异步测速发电机的工作原理图
(a) 转子静止时；(b) 转子转动时

当 $n \neq 0$，即转子转动以后，杯形转子中除了感应有变压器电动势外（图中未画），同时还因杯形转子切割磁通 Φ_d，在转子中感应一旋转电动势 $\dot{E}_r$，其方向可根据给定的转子转向和磁通 Φ_d 方向，用右手定则判断，如图 7 - 24(b) 所示。旋转电动势 $\dot{E}_r$ 与磁通 Φ_d 同频率，频率也为 f_1，而其有效值为

$$E_r = C_r \Phi_d n \tag{7-8}$$

式中：C_r——比例常数。

上式表明，若磁通 Φ_d 的幅值恒定，则电动势 E_r 与转子的转速成正比。

在旋转电动势 $\dot{E}_r$ 的作用下，转子绕组中将产生频率为 f_1 的交流电流 $\dot{I}_r$。由于杯形转子的转子电阻很大，远大于转子电抗，则 $\dot{E}_r$ 与 $\dot{I}_r$ 基本上同相位，如图 7 - 24(b) 所示。由 $\dot{I}_r$ 所产生的脉振磁通 Φ_q 也是交变的，其脉振频率为 f_1。若在线性磁路下，Φ_q 的大小与 $\dot{I}_r$ 以及 $\dot{E}_r$ 的大小成正比，即

$$\Phi_q \propto I_r \propto E_r \tag{7-9}$$

无论转速如何变化，由于杯形转子的上半周导体电流方向与下半周导体电流方向总是相反的，因此电流 $\dot{I}_r$ 产生的脉振磁通 Φ_q 在空间的方向总是与 Φ_d 垂直，结果 $\dot{\Phi}_q$ 的轴线与

输出绕组轴线（q 轴）重合，由 $\dot{\Phi}_q$ 在输出绕组中感应出变压器电动势 $\dot{E}_2$，其频率仍为 f_1，而有效值与 Φ_q 成正比，即

$$E_2 \propto \Phi_q \tag{7-10}$$

综合以上分析可知，若磁通 $\dot{\Phi}_d$ 的幅值恒定，且在线性磁路下，则输出绕组的电动势 $\dot{E}_2$ 的频率与励磁电源频率相同，其有效值与转速大小成正比，即

$$E_2 \propto \Phi_q \propto E_r \propto n \tag{7-11}$$

根据输出绕组的电动势平衡方程式，在理想状况下，异步测速发电机的输出电压大小 U_2 也应与转速 n 成正比，输出特性为直线；输出电压的频率与励磁电源频率相同，而与转速 n 的大小无关，使负载阻抗不随转速的变化而变化，这一优点使它被广泛应用于控制系统。

若转子反转，则转子中的旋转电动势 E_r、电流 $\dot{I}_r$ 及其所产生的磁通 $\dot{\Phi}_q$ 的相位均随之反相，使输出电压的相位也反相。

实际上，由于励磁绕组的漏阻抗及杯形转子漏抗等因素的影响，使磁通 $\dot{\Phi}_d$ 不能完全保证是恒定值。此外，还有励磁电源的影响及温度的影响。因此异步测速发电机的输出电压与转速之间并不是严格的线性关系，即输出特性不是直线而是曲线。详情请参阅有关控制电机的书籍。

7.4 自整角机

自整角机是一种对角位移或角速度的偏差能自动整步的控制电机，在自动控制系统中实现角度的传输、变换和指示，如液面高度、电梯和矿井提升机高度的位置显示，两扇闸门的开度控制，轧钢机轧辊之间的距离与轧辊转速的控制，变压器分接开关的位置指示等。自整角机通常是两台或多台组合使用，主令轴上装的是自整角发送机，从动轴上装的是自整角接收机。一台自整角发送机可以带一台或多台自整角接收机工作。发送机与接收机在机械上互不相连，只有电路的连接。

按用途不同，自整角机可以分为力矩式自整角机和控制式自整角机；按励磁绕组的相数不同，自整角机可以分为单相自整角机与三相自整角机；按转子结构的不同，自整角机可以分为凸极转子自整角机和隐极转子自整角机。

本节将简要介绍自整角机的工作原理。

7.4.1 力矩式自整角机的工作原理

单相力矩式自整角机的定子结构与一般三相异步电动机的定子结构类似，定子上有星形连接的三相对称绕组，称为整步绕组。转子上装有单相绕组，称为励磁绕组。

图 7-25 所示是单相力矩式自整角机的工作原理示意图，其中一台为发送机（用 T 表示），与系统主令轴相连接，另一台为接收机（用 R 表示），与系统输出轴相连接，两者结构参数完全一样。两台自整角机转子上的励磁绕组同时并接在同一交流电源上，它们的定子三相绕组按相序对应连接。设主令轴使发送机转子从基准电气零位逆时针转过 θ_1 角，而接

收机的转子位置为 θ_2。发送机的转子绕组通以单相交流电后,产生的脉振磁场在其定子绕组中感应的电动势有效值分别为

$$\left.\begin{aligned} E_{1a} &= E_m \cos\theta_1 \\ E_{1b} &= E_m \cos(\theta_1 - 120°) \\ E_{1c} &= E_m \cos(\theta_1 + 120°) \end{aligned}\right\} \tag{7-12}$$

接收机的转子绕组通以同一单相交流电后,产生的脉振磁场在其定子绕组中感应的电动势有效值分别为

$$\left.\begin{aligned} E_{2a} &= E_m \cos\theta_2 \\ E_{2b} &= E_m \cos(\theta_2 - 120°) \\ E_{2c} &= E_m \cos(\theta_2 + 120°) \end{aligned}\right\} \tag{7-13}$$

式中:E_m——发送机和接收机定子绕组感应电动势的最大值(发送机与接收机是同类型的,两者的最大感应电动势是相同的)。

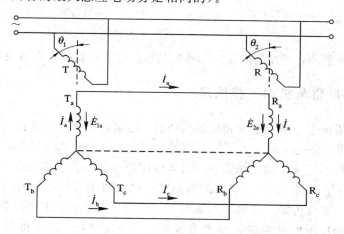

图 7-25 力矩式自整角机的工作原理示意图

当 $\theta_1 = \theta_2$ 时,失调角 $\theta = \theta_1 - \theta_2 = 0$,系统中发送机和接收机的定子绕组中对应的电动势相互平衡,定子绕组中无电流通过,转子相对静止,系统处于协调位置。

当主令轴转过某一角度使 $\theta_1 \neq \theta_2$ 时,失调角 $\theta = \theta_1 - \theta_2 \neq 0$,发送机、接收机定子绕组对应相的电动势不平衡,定子绕组(整步绕组)中产生电流。载流的定子整步绕组导体与励磁绕组的脉振磁场作用将产生整步转矩,由于定子是固定的,转子将同样受到整步转矩的作用而向失调角减小的方向转动。但发送机转子由主令轴带动,主令轴发出指令后是固定不动的,故只有接收机的整步转矩才能带动接收机转子及负载向失调角减小的方向转动,直至 $\theta = 0$,即 $\theta_1 = \theta_2$ 时,转子停止转动,系统进入新的协调位置。

力矩式自整角机能直接达到转角随动的目的,即将机械角度变换为力矩输出,但无力矩放大作用,带负载能力较差。因此,力矩式自整角机只适用于负载很轻(如仪表的指针等)及精度要求不高的开环控制的随动系统中。目前,我国生产的力矩式自整角发送机的型号为 ZLF,自整角接收机的型号为 ZLJ。

图 7-26 所示为液面位置指示器。浮子随着液面的上升或下降,通过绳索带动自整角发送机转子转动,将液面位置转换成发送机转子的转角。自整角发送机和接收机之间通过

导线远距离连接起来,于是自整角接收机转子就带动指针准确地跟随自整角发送机转子的转角变化而偏转,从而实现了远距离液面位置的指示。这种系统还可以用于电梯和矿井提升机构位置的指示及核反应堆中的控制棒指示器等装置。

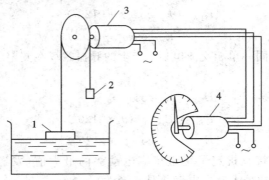

1—浮子;2—平衡锤;3—发送机;4—接收机

图 7 - 26 液面位置指示器

若需驱动较大负载,或提高传递角位移的精度,则要用控制式自整角机。

7.4.2 控制式自整角机的工作原理

控制式自整角机也分为发送机和接收机两种。控制式自整角发送机的结构形式与力矩式自整角发送机基本一样,转子上通常放置励磁绕组。与力矩式自整角接收机不同的是控制式自整角接收机不直接驱动机械负载,而是输出电压信号,通过伺服电动机去控制机械负载。它的转子为隐极式,转子上通常放置高精度的正弦绕组作为输出绕组。

单相控制式自整角机的工作原理图如图 7 - 27 所示。发送机 T 的励磁绕组接单相交流电源,发送机 T 和接收机 R 的三相整步绕组按相序对应连接,接收机 R 的输出绕组向外输出电压。

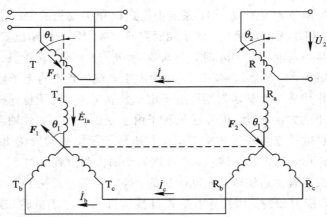

图 7 - 27 单相控制式自整角机的工作原理图

当发送机转子转过 θ_1 角后,其定子绕组中产生如式(7 - 12)所示的感应电动势,此电动势使发送机与接收机的定子绕组中产生三相对称电流,从而分别在发送机和接收机定子

中建立合成磁动势 $\boldsymbol{F}_1$ 和 $\boldsymbol{F}_2$。根据楞次定律，发送机定子绕组产生的磁动势 $\boldsymbol{F}_1$ 与其转子励磁磁动势 $\boldsymbol{F}_f$ 的方向相反，起去磁作用。因接收机中的定子电流与发送机的对应定子电流大小相等而方向相反，所以接收机定子绕组产生的磁动势 $\boldsymbol{F}_2$ 与发送机的磁动势 $\boldsymbol{F}_1$ 方向相反，即与 $\boldsymbol{F}_f$ 方向相同，如图 7 - 27 所示。而由 $\boldsymbol{F}_2$ 产生的与接收机转子绕组轴线重合的磁场分量，将在接收机的转子绕组中感应出电动势，因而转子绕组（输出绕组）的输出电压为

$$U_2 = U_{2m} \sin(\theta_1 - \theta_2) = U_{2m} \sin\theta \qquad (7 - 14)$$

式中：U_{2m}——接收机转子绕组的最大输出电压。

由于控制式自整角接收机运行于变压器状态，故称它为自整角变压器。其输出电压 U_2 通常经放大器放大后输至交流伺服电动机的控制绕组，使伺服电动机驱动机械负载，同时带动自整角变压器的转子转动，直至 $\theta_1 = \theta_2$，即失调角 $\theta = \theta_1 - \theta_2 = 0$。此时 $U_2 = 0$，放大器无电压输出，伺服电动机停止转动，系统进入新的协调位置。

采用控制式自整角机和伺服机构组成的随动系统，其驱动负载的能力取决于系统中伺服电动机的功率，故能驱动较大负载。另外，它作为角度和位置的检测元件，其精密程度比较高。因此控制式自整角机常用于精密闭环控制的伺服系统中。目前，我国生产的控制式自整角发送机的型号为 ZKF，自整角变压器的型号为 ZKB。

7.5 旋 转 变 压 器

旋转变压器是一种输出电压与转子转角呈某一函数关系的控制电机，在解算装置、伺服系统及数据传输系统中得到了广泛的应用。

旋转变压器的结构与绕线转子异步电动机相似，一般做成两极电机。定、转子上分别布置着两个在空间上轴线相互垂直的绕组。绕组通常采用正弦绕组，以提高旋转变压器的精度。转子绕组的输出通过集电环和电刷引至接线柱。

旋转变压器可以看作一次（定子）绕组与二次（转子）绕组之间的电磁耦合程度随着转子转角变化而变化的变压器。

旋转变压器有正余弦旋转变压器和线性旋转变压器等。下面简要介绍正余弦旋转变压器和线性旋转变压器的工作原理。

7.5.1 正余弦旋转变压器的工作原理

正余弦旋转变压器转子的输出电压与转子转角 θ 呈正弦或余弦关系，它可用于坐标变换、三角运算、单相移相器、角度数字转换、角度数据传输等场合。

正余弦旋转变压器的工作原理图如图 7 - 28 所示。若在定子绕组 S_1S_3 两端施以交流励磁电压 U_{S1}，则建立励磁磁动势 $\boldsymbol{F}_{S1}$ 而产生脉振磁场。当转子从原来的基准电气零位逆时针转过 θ 角度时，则图 7 - 28 中的转子绕组 R_1R_3、R_2R_4 中所产生的空载电压分别为

$$\left.\begin{array}{l} U_{R1} = k_u U_{S1} \cos\theta \\ U_{R2} = k_u U_{S1} \sin\theta \end{array}\right\} \qquad (7 - 15)$$

式中：k_u——比例常数。

根据上式，我们常称转子的 R_1R_3 绕组为余弦绕组，称 R_2R_4 绕组为正弦绕组。

为了使正余弦旋转变压器负载时的输出电压不畸变，仍是转角的正余弦函数，则希望转子正弦绕组与余弦绕组的负载阻抗相等；希望定子上的 S_2S_4 绕组自行短接（见图 7-28），以补偿（抵消）由负载电流引起的与 F_{S1} 垂直的会引起输出电压畸变的磁动势，因此 S_2S_4 绕组也称补偿绕组。

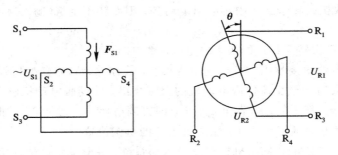

图 7-28 正余弦旋转变压器的工作原理图

7.5.2 线性旋转变压器的工作原理

线性旋转变压器转子的输出电压与转子转角 θ 呈线性关系，即 $U_{R2}=f(\theta)$ 函数曲线为一直线，故它只能在一定转角范围内用作机械角与电信号的线性变换。

若使用正余弦旋转变压器的正弦绕组作为输出绕组，则输出电压 $U_{R2}=k_u U_{S1}\sin\theta$，只能在 θ 很小的范围内，使 $\sin\theta\approx\theta$ 时，才有 $U_{R2}\propto\theta$ 的关系。

为了扩大线性的角度范围，将图 7-28 接成如图 7-29 所示，即把正余弦旋转变压器的定子绕组 S_1S_3 与转子绕组 R_1R_3 串联，成为一次侧（励磁侧）。当施以交流电压 U_{S1} 后，经推导，转子绕组 R_2R_4 所产生的电压 U_{R2} 与转子转角 θ 有如下关系：

$$U_{R2} = \frac{k_u U_{S1}\sin\theta}{1 + k_u\cos\theta} \qquad (7-16)$$

式中：k_u——比例常数。

式（7-16）中，当 k_u 取值在 $0.56\sim0.6$ 之间时，转子转角 θ 在 $\pm60°$ 范围内与输出电压 U_{R2} 呈良好的线性关系。

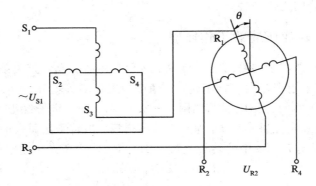

图 7-29 线性旋转变压器的工作原理图

小　结

1. 伺服电动机

伺服电动机是自动控制系统的主要执行元件，按照结构原理可以分为直流伺服电动机和交流伺服电动机两大类。

直流伺服电动机的转子有传统型和低惯量型，一般采用电枢控制方式，具有机械特性和调节特性的线性度好、转速调节范围宽、响应快、输出功率大等优点。但是直流伺服电动机由于有电刷和换向器也带来一系列的缺点，如有较大的摩擦转矩，有火花干扰等。

交流伺服电动机的控制方式有三种，即幅值控制、相位控制和幅相控制，一般采用幅相控制。交流伺服电动机多采用非磁性空心杯形转子，转动惯量小、快速性好，但是交流伺服电动机也存在着机械特性和调节特性的线性度差、损耗大、输出功率小等缺点。

2. 步进电动机

步进电动机是将电脉冲信号转换成角位移或线位移的电机，通过控制输入脉冲的个数和输入脉冲的频率即可分别控制步进电动机的位移量和转速，改变输入脉冲的通电顺序就可以改变步进电动机的旋转方向。三相磁阻式步进电动机常用的运行方式有三种，即三相单三拍、三相双三拍和三相单、双六拍。

3. 测速发电机

测速发电机是把机械转速信号转换为电压信号的测量元件，测速发电机分为直流测速发电机和交流测速发电机。自动控制系统要求测速发电机的输出特性为线性，但直流测速发电机，由于电枢反应、电刷接触电阻、温度等因素的影响使输出特性为非线性。交流异步测速发电机的输出特性由于励磁漏阻抗、转子漏电抗、温度等因素的影响不是直线，而是曲线。但其输出电压的频率与励磁电源的频率相同，而与转速的大小无关，因这一优点交流异步测速发电机被广泛应用。

4. 自整角机和旋转变压器

自整角机是一种对角位移或角速度的偏差能自动整步的控制电机，在自动控制系统中实现角度的传输、变换和指示。自整角机按用途可以分为力矩式自整角机和控制式自整角机。力矩式自整角机通常只能带动较小的负载，如用于仪表指示等；控制式自整角机主要用于角度偏差的转换与测量，其测量信号再作为伺服系统的输入信号，控制伺服电动机工作，从而可以带动较大的负载。

旋转变压器本质上是一种二次绕组可以旋转的变压器，变压器的输出电压与转子转角成正余弦关系。当旋转变压器带负载运行时，输出电压由于负载电流的影响而不能严格遵守与转角之间的正余弦关系，这时就必须采用补偿措施进行校正，从而使输出电压仍能与转角之间保持正余弦关系。

线性旋转变压器的转子转角 θ 在 $\pm 60°$ 范围内与输出电压 U_{R2} 可保持良好的线性关系。

思考与练习题

7.1　直流伺服电动机常用什么控制方式？为什么？

7.2　直流伺服电动机的机械特性和调节特性如何？该特性说明什么含义？

7.3　交流伺服电动机的"自转"现象指什么？采用什么办法消除"自转"现象？

7.4　交流伺服电动机常用什么控制方式？各有什么特点？

7.5　交流伺服电动机的机械特性和调节特性如何？该特性说明什么含义？

7.6　步进电动机的转速与哪些因素有关？如何改变其转向？

7.7　步距角为 1.5°/0.75° 的三相磁阻式六极步进电动机的转子有多少个齿？若该电动机运行频率为 2000 Hz，求电动机运行的转速是多少？

7.8　为什么直流测速发电机的使用转速不宜超过规定的最高转速，所接负载电阻不宜低于规定的最小负载电阻？

7.9　交流测速发电机励磁绕组与输出绕组在空间互差 90° 电角度，没有磁路的耦合作用，为什么励磁绕组接交流电源，发电机旋转时，输出绕组有输出电压？若把输出绕组移到与励磁绕组同一位置上，发电机工作时，输出绕组的输出电压是多大？与转速是否有关？

7.10　力矩式自整角机和控制式自整角机在工作原理上各有何特点？各适用于怎样的随动系统？

7.11　旋转变压器是怎样的一种控制电机，常应用于什么控制系统中？

附录　本课程中常用的基础知识

附录 A　磁场及其基本物理量

1. 电流的磁场

为了便于想象和用图来表示磁场，常在磁场中画一系列假想的有方向的闭合曲线，即磁感应线。曲线上每一点的切线方向就是该点的磁场方向。曲线的疏密表示磁场的强弱。磁感应线密处，磁场强；磁感应线稀处，磁场弱。

直线电流的磁场如附图 A－1 所示，其磁感应线是一系列以导线上各点为圆心的同心圆，这些同心圆都在与导线垂直的平面上。直线电流的磁感应线与电流方向之间的关系可用安培定则（即右手螺旋定则）来判定：用右手握住导线，让伸直的大拇指所指方向与电流方向一致，则弯曲的四指所指方向就是磁感应线的环绕方向。

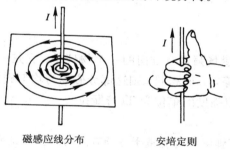

磁感应线分布　　　　　安培定则

附图 A－1　直线电流的磁场

环形电流的磁场如附图 A－2 所示，其磁感应线是一系列围绕环形导线的闭合曲线。在环形导线的中心轴上，磁感应线与环形导线的平面垂直。环形电流的磁感应线与环形电流方向之间的关系也可用安培定则来判定：让右手弯曲的四指与环形电流的方向一致，则伸直的大拇指所指方向就是环形电流中心轴线处的磁感应线方向。

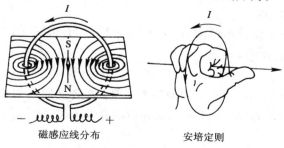

磁感应线分布　　　　　安培定则

附图 A－2　环形电流的磁场

螺线管线圈可看作是由 N 匝环形导线串联而成的。通电螺线管产生的磁感应线的形状与条形磁铁的磁感应线相似。在螺线管外部，磁感应线由 N 极出来进入 S 极；在螺线管内部，磁感应线与螺线管轴线平行，方向由 S 极指向 N 极，并与外部磁感应线连成闭合曲线，如附图 A-3 所示。改变电流方向，其磁极将对调。通电螺线管的磁感应线方向与电流方向之间的关系也可用安培定则来判定：用右手握住螺线管，让弯曲的四指所指方向与电流方向一致，则大拇指所指方向就是螺线管内部的磁感应线方向，即大拇指所指为通电螺线管的 N 极。

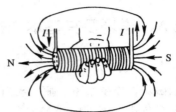

附图 A-3　通电螺线管的磁场

综上所述，直线电流、环形电流及通电螺线管的磁场磁感应线方向与电流方向的关系，都可用安培定则来判定，但由于电流的形状各不相同，因此对应的磁感应线方向在安培定则的表述中有明显区别，四指与大拇指所指的方向含义不同。我们记忆和应用安培定则时必须注意这些联系与区别。

2. 磁场的基本物理量

1）磁感应强度 **B**

磁感应强度 **B** 是表征磁场强弱及方向的一个物理量，它是一个矢量。在某一区域，若各点的磁感应强度大小相等，方向相同，则这部分磁场为均匀磁场。

国际单位制中，磁感应强度的单位为 T(特斯拉)。

2）磁通 **Φ**

在均匀磁场中，磁感应强度 **B** 与垂直于磁场方向的面积 A 的乘积称为通过该面积的磁通量，简称磁通，即 $\Phi = BA$。由于 $B = \Phi/A$，因此 B 也称为磁通密度，简称磁密。若用磁感应线来描述磁场，通过单位面积的磁感应线的多少则反映了磁感应强度(磁通密度)的大小。

国际单位制中，磁通的单位为 Wb(韦伯)。

3）磁导率 **μ**

磁导率是用来描述磁介质导磁性能的物理量。与不同材料有不同的电阻率一样，不同的磁介质也有不同的磁导率。

真空的磁导率为 μ_0，国际单位制中，$\mu_0 = 4\pi \times 10^{-7}$ H/m(亨/米)；铁磁材料的磁导率 $\mu \gg \mu_0$；非铁磁材料的磁导率 $\mu \approx \mu_0$。

4）磁场强度 **H**

磁场强度也是表征磁场强弱及方向的一个矢量。在各向同性的磁介质中，磁场强度的方向与磁感应强度的方向相同，其大小与磁介质的磁性无关，与磁感应强度大小的关系为

$$H = \frac{B}{\mu}$$

国际单位制中，H 的单位为 A/m。

附录 B 安培定律及电磁感应定律

1. 安培定律及左手定则

通电导线在磁场中所受到的力叫安培力。

通过大量实验发现：在匀强磁场中，通电直导线与磁感线方向垂直时，如附图 B-1 所示，直导线受到的安培力最大，其大小为导线中的电流 I、导线的长度 l 和磁感应强度 B 三者的乘积，这就是安培定律，即

$$F = BIl \qquad\qquad (B-1)$$

此时，安培力的方向可用左手定则判定：伸出左手，使大拇指与其余四指垂直，并与手掌在同一平面内，让磁感应线垂直穿过手心，四指指向电流方向，则大拇指所指方向为通电导体所受安培力的方向。

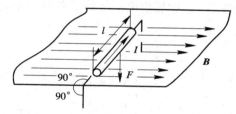

附图 B-1 载流导体与磁场方向垂直时的受力

2. 电磁感应定律及右手定则

当通过导电回路所包围的面积中的磁通发生变化时，就会在导电回路中产生感应电动势，感应电动势的大小正比于回路内磁通对时间的变化率。这通常称为法拉第定律。

电磁感应过程中，感应电流产生的磁通总是要反抗原有磁通的变化。即原磁通增加时，感应电流产生的磁通与原磁通方向相反；原磁通减少时，感应电流的磁通则与原磁通方向一致。这通常称为楞次定律。根据楞次定律可判断感应电动势的方向。

法拉第定律和楞次定律结合起来，就完整地反映了电磁感应的规律，称为电磁感应定律。用公式表示如下：

若选择磁通 Φ 的参考方向与感应电动势 e 的参考方向符合右手螺旋关系，如附图 B-2 所示，则对于 N 匝线圈来说，其感应电动势为

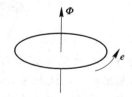

$$e = -N\frac{\mathrm{d}\Phi}{\mathrm{d}t} = -\frac{\mathrm{d}\Psi}{\mathrm{d}t} \qquad (B-2)$$

附图 B-2 Φ 与 e

式中的负号包含了楞次定律的含义，$\Psi = N\Phi$ 为穿过 N 匝线圈的总磁通，即磁链。磁通 Φ 和磁链 Ψ 的单位为 Wb，时间的单位为 s，电动势 e 的单位为 V。

在具体问题中，使磁通量发生变化的方法是多种多样的。例如，使导线在磁场中运动，或者线圈不动，磁场在变化等等。下面我们分析一个典型的例子。

如附图 B-3 所示，一矩形线框放在磁感应强度为 $\boldsymbol{B}$ 的均匀磁场中，线框平面与磁感应线垂直，导线 ab 长为 l，且以速度 v 向右做切割磁感应线运动。我们根据电磁感应定律

式(B-2)来推导导线 ab 中产生的感应电动势的大小。

设在时间 Δt 内,导线由原来位置 ab 移到 $a'b'$,则线框面积变化量为 $\Delta A = lv\Delta t$,穿过闭合线框的磁通变化量为 $\Delta\Phi = B\Delta A = Blv\Delta t$,代入公式(B-2)中可得一匝导线产生的感应电动势大小为

$$e = \frac{\Delta\Phi}{\Delta t} = Blv \qquad (B-3)$$

上式中各单位都必须用国际单位制,即 B 的单位为 T,l 的单位为 m,v 的单位为 m/s,e 的单位为 V。

注意:式(B-3)一般用于计算一匝导线垂直切割磁感应线时,感应电动势的瞬时值,式中 l 为导线的有效长度。

当导线垂直切割磁感应线时,产生的感应电动势的方向可直接用右手定则判定:伸出右手,使大拇指和其余四指垂直,并都与手掌在同一平面内,让磁感应线垂直穿过手心,大拇指指向导线切割磁感应线运动的方向,则四指所指方向就是感应电流的方向,也即感应电动势的方向。例如,附图B-3中感应电动势的方向为 $a\rightarrow b$,即 a 端为负极性,b 端为正极性。

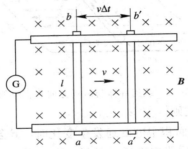

附图 B-3　导线垂直切割磁感应线的感应电动势

注意:若导线不运动,而是磁场运动,则大拇指所指方向应与磁场运动方向相反。

附录 C　常用铁磁材料及其特性

为了在一定的励磁磁动势作用下能激励较强的磁场,使电机和变压器等装置的尺寸缩小、重量减轻、性能改善,必须增加磁路的磁导率。所以电机和变压器的铁芯常用磁导率较高的铁磁材料制成。下面对常用的铁磁材料及其特性作简要说明。

1. 铁磁物质的磁化

铁磁物质包括铁、镍、钴等以及它们的合金。将这些材料放入磁场中,磁场会显著增强。铁磁材料在外磁场中呈现很强的磁性,此现象称为铁磁物质的磁化。铁磁物质能被磁化的原因是在它内部存在着许多很小的被称为磁畴的天然磁化区。在附图 C-1 中,磁畴用一些小磁铁来示意表明。在没有外磁场的作用时,各个磁畴排列混乱,磁效应互相抵消,对外不显示磁性(见附图 C-1(a))。在外磁场的作用下,磁畴就顺外磁场方向转向,排列整齐显示出磁性来,即铁磁物质被磁化了(见附图 C-1(b))。由此形成的磁化场,叠加在外磁场上,使合成磁场大为加强。由于铁磁物质产生的磁化场比非铁磁物质在同一外磁场

下所激励的磁化场强得多，因此铁磁材料的磁导率要比非铁磁材料大得多。非铁磁材料的磁导率接近于真空的磁导率 μ_0。电机中常用的铁磁材料磁导率 $\mu_{Fe}=(2000\sim6000)\mu_0$。

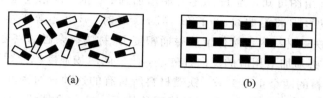

附图 C-1 铁磁物质的磁化
（a）未磁化；（b）磁化

2. 磁化曲线和磁滞回线

1）起始磁化曲线

在非铁磁材料中，磁通密度 B 和磁场强度 H 之间呈直线关系，直线的斜率就等于 μ_0。铁磁材料的 B 与 H 之间则为非线性关系。将一块未磁化的铁磁材料进行磁化，当磁场强度 H 由零逐渐增大时，磁通密度 B 将随之增大，此时的 $B=f(H)$ 曲线就称为起始磁化曲线，如附图 C-2 所示。

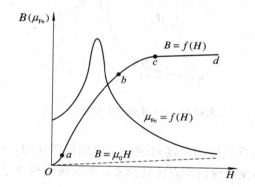

附图 C-2 铁磁材料的起始磁化曲线和 $\mu_{Fe}=f(H)$ 曲线

起始磁化曲线基本上可分为四段：开始磁化时，外磁场较弱，磁通密度增加得较慢，见附图C-2中 Oa 段。随着外磁场的增强，铁磁材料内部大量磁畴开始转向，趋向于外磁场方向，此时 B 值增加得很快，见附图 C-2 中 ab。若外磁场继续增强，大部分磁畴已趋向外磁场方向，可转向的磁畴越来越少，B 值增加得越来越慢，逐渐趋于饱和，c 点称为饱和点，见图中 bc 段。达到饱和点 c 点以后，磁化曲线基本上成为与非铁磁材料的 $B=\mu_0H$ 特性相平行的直线，见图中 cd 段。磁化曲线开始弯曲的 b 点称为膝点，cd 段称为饱和区。因此，铁磁材料具有磁饱和现象。

由于铁磁材料的磁化曲线不是一条直线，因此磁导率 $\mu_{Fe}=B/H$ 也不是常数，将随着 H 值的变化而变化。进入饱和区后，μ_{Fe} 急剧下降，若 H 再增大，μ_{Fe} 将继续减小，直至逐渐趋近于 μ_0。附图 C-2 中同时还示出了曲线 $\mu_{Fe}=f(H)$，这表明在铁磁材料中，磁导率随磁饱和度的增加而急剧减小。

各种电机、变压器的主磁路中，为了获得较大的磁通量，又不过分增大磁动势，通常把铁芯内的磁通密度选择在膝点附近。

2）磁滞回线

若将铁磁材料进行周期性磁化，B 与 H 之间的变化关系就会变成附图 C-3 中的曲线 $abcdefa$ 所示形状。由图可知，当 H 从零开始增加到 H_m 时，B 相应地从零增加到 B_m；以后逐渐减小磁场强度，B 将沿曲线 ab 下降。当 $H=0$ 时，B 并不等于零，而等于 B_r，这种去掉外磁场之后，铁磁材料内仍然保留的磁通密度 B_r 称为剩余磁通密度，简称剩磁。要使 B 从 B_r 减小到零，必须加上相应的反向外磁场，此反向磁场强度称为矫顽力，用 H_c 表示。B_r 和 H_c 是铁磁材料的两个重要参数。铁磁材料所具有的这种磁通密度 B 的变化滞后于磁场强度 H 的变化的现象叫作磁滞，呈现磁滞现象的 B-H 闭合回线，称为磁滞回线，见附图 C-3 中的 $abcdefa$。磁滞现象是铁磁材料的另一个特性。

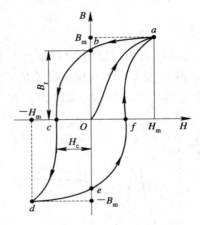

附图 C-3　铁磁材料的磁滞回线

3）基本磁化曲线

对同一铁磁材料，选择不同的磁场强度 H_m 周期性磁化时，可得到不同的磁滞回线，如附图 C-4 所示。将各条回线的顶点连接起来，所得曲线称为基本磁化曲线或平均磁化曲线。

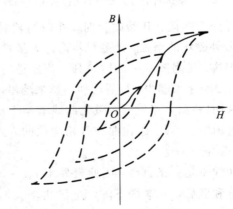

附图 C-4　基本磁化曲线

基本磁化曲线与起始磁化曲线的差别很小。磁路计算时所用的磁化曲线都是基本磁化曲线。对于各种铁磁材料的基本磁化曲线可查工程手册。

3. 铁磁材料

按照磁滞回线的形状不同，铁磁材料可分为软磁材料和硬磁(永磁)材料两大类。

1) 软磁材料

磁滞回线窄，剩磁 B_r 和矫顽力 H_c 都小的材料，称为软磁材料，如附图 C-5(a)所示。常用的软磁材料有电工硅钢片、铸铁、铸钢等。软磁材料磁导率较高，可用来制造电机、变压器的铁芯。磁路计算时，可以不考虑磁滞现象，用基本磁化曲线计算。

2) 硬磁材料

磁滞回线宽，剩磁 B_r 和矫顽力 H_c 都大的铁磁材料称为硬磁材料，如附图 C-5(b)所示。由于剩磁 B_r 大，可用以制造永久磁铁，因而硬磁材料亦称为永磁材料，如铝镍钴、铁氧体、稀土钴、钕铁硼等。

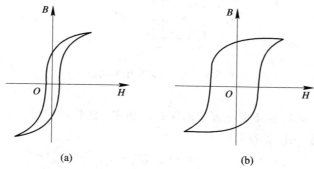

附图 C-5　软磁材料和硬磁材料的磁滞回线

(a) 软磁材料；(b) 硬磁材料

4. 铁芯损耗

1) 磁滞损耗

铁磁材料置于交变磁场中，材料被反复交变磁化，磁畴相互不停地摩擦而产生热量，由此造成的损耗称为磁滞损耗。

可以证明，磁滞损耗 p_h 与磁场交变的频率 f、磁通密度最大值 B_m 的 n 次方和铁芯的体积 V 成正比，故磁滞损耗 p_h 可表示为

$$p_h = K_h f B_m^n V$$

式中：K_h 为磁滞损耗系数，其大小取决于材料的性质；对一般电工用钢片，$n=1.6\sim2.3$。由于硅钢片磁滞回线的面积较小，磁滞损耗较小，故电机和变压器的铁芯常用硅钢片叠制而成。

2) 涡流损耗

由于铁芯也是导电的，当通过铁芯的磁通随时间变化时，由电磁感应定律可知，铁芯中将产生感应电动势，并引起环流。这些环流在铁芯内部作旋涡状流动，称为涡流，如附图 C-6所示。涡流在铁芯中引起的损耗，称为涡流损耗。

分析表明，频率越高，磁通密度越大，感应电动势就越大，涡流损耗也越大；铁芯的电阻率越大，涡流所流过的路径越长，涡流损耗就越小。对于由硅钢片叠成的铁芯，经推导，涡流损耗 p_e 可表示为

$$p_e = K_e \Delta^2 f^2 B_m^2 V$$

式中：K_e——涡流损耗系数，其大小取决于材料的电阻率；

　　　Δ——钢片厚度。为减小涡流损耗，电机和变压器的铁芯都用含硅量较高的薄硅钢片(厚度为 0.35～0.5 mm)叠成。

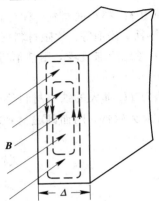

附图 C - 6　硅钢片中的涡流

3) 铁芯损耗

铁芯中的磁滞损耗和涡流损耗都将消耗有功功率，使铁芯发热。磁滞损耗与涡流损耗之和，称为铁芯损耗，用 p_{Fe} 表示，即

$$p_{Fe} = p_h + p_e = (K_h f B_m^n + K_e \Delta^2 f^2 B_m^2)V$$

对于一般的电工钢片，正常工作点的磁通密度为 1 T$<B_m<$1.8 T，上式可近似写成

$$p_{Fe} \approx K_{Fe} f^{1.3} B_m^2 G$$

式中：K_{Fe}——铁芯的损耗系数；

　　　G ——铁芯重量。

上式表明铁芯损耗与频率的 1.3 次方、磁通密度的平方和铁芯重量成正比。

附录 D　磁路的概念和基本定律

磁场作为电机实现机电能量转换的耦合介质，其强弱程度和分布状况不仅关系到电机的参数和性能，还决定电机的体积、重量。然而电机的结构、形状比较复杂，又有铁磁材料和气隙并存，因此，在实际工作中，常把磁场问题简化为磁路问题来处理。

1. 磁路的概念

如同把电流流过的路径称为电路一样，磁通所通过的路径称为磁路。不同的是磁通的路径可以是铁磁物质，也可以是非磁体。附图 D - 1 所示为两种常见的磁路。

在电机和变压器里，常把线圈套装在铁芯上，当线圈内通有电流时，在线圈周围的空间(包括铁芯内、外)就会形成磁场，由于铁芯的导磁性能比空气要好得多，因此绝大部分磁通将在铁芯内通过，这部分磁通称为主磁通。围绕载流线圈，在部分铁芯和铁芯周围的空间，还存在少量分散的磁通，这部分磁通称为漏磁通。主磁通和漏磁通所通过的路径分别构成主磁路和漏磁路，附图 D - 1 中示意地表示出了这两种磁路。

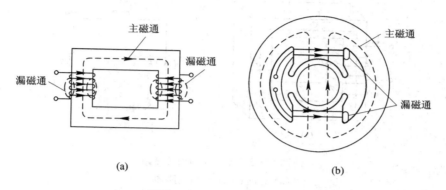

附图 D-1　两种常见的磁路
（a）变压器磁路；（b）两极直流电机磁路

　　用以激励磁路中磁通的载流线圈称为励磁线圈，励磁线圈中的电流称为励磁电流。若励磁电流为直流，磁路中的磁通是恒定的，不随时间变化而变化，这种磁路称为直流磁路，直流电机的磁路就属于这一类；若励磁电流为交流，磁路中的磁通是随时间变化而变化的，这种磁路称为交流磁路，交流铁芯线圈、变压器、感应电机的磁路都属于这一类。

2. 磁路的基本定律

　　进行磁路分析和计算时，常用到以下几条定律。

1）磁路的欧姆定律

　　附图 D-2 所示是一个等截面无分支的铁芯磁路，铁芯上有励磁线圈 N 匝，线圈中通有电流 i，铁芯截面积为 A，磁路的平均长度为 l，材料的磁导率为 μ。若不计漏磁通，并认为各截面上磁通密度均匀，且垂直于各截面，则磁通密度等于磁通除以截面积，即 $B=\Phi/A$，而磁场强度等于磁通密度除以磁导率，即 $H=B/\mu$，于是根据安培环路定律可得

$$Ni = Hl = \frac{B}{\mu}l = \frac{\Phi}{\mu A}l$$

由此可得

$$\Phi = \frac{Ni}{l/\mu A} = \frac{F}{R_m}$$

即

$$F = \Phi R_m \tag{D-1}$$

式中：$F=Ni$——作用在铁芯磁路上的磁动势，单位为 A；

　　　$R_m = \dfrac{l}{\mu A}$——磁路的磁阻，它取决于磁路的尺寸和磁路所用材料的磁导率，单位为 A/Wb。

　　式（D-1）表明，作用在磁路上的磁动势 F 等于磁路内的磁通 Φ 乘以磁阻 R_m。此关系与电路中的欧姆定律在形式上十分相似，因此式（D-1）称为磁路的欧姆定律。这里，我们把磁路中的磁动势 F 类比于电路中的电动势 E，磁通 Φ 类比于电流 I，磁阻 R_m 类比于电阻 R，附图 D-2(b)所示为相应的模拟电路图。

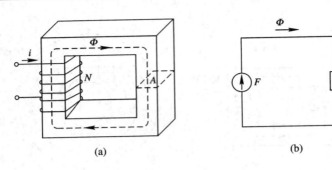

附图D-2 无分支的铁芯磁路

(a) 磁路;(b) 模拟电路图

磁阻 R_m 与磁路的平均长度 l 成正比,与磁路的截面积 A 及构成磁路材料的磁导率 μ 成反比。需要注意的是,导电材料的电导率和电阻 R 均为常数;而铁磁材料的磁导率 μ 和磁阻 R_m 均不为常数,与磁路中磁感应强度的大小有关,这种情况称为非线性,因此用磁阻 R_m 定量计算磁路时并不很方便,但一般用它定性说明磁路问题还是很有用的。

2) 磁路的基尔霍夫定律

(1) 磁路的基尔霍夫第一定律:如果铁芯不是一个简单回路,而是带有并联分支的磁路,如附图D-3所示,当在中间铁芯柱上加有磁动势 F 时,磁通的路径将如图中虚线所示。若令进入闭合面 A 的磁通为负,穿出闭合面的磁通为正,从附图D-3可见,对闭合面 A 显然有

$$-\Phi_1 + \Phi_2 + \Phi_3 = 0$$

或

$$\sum \Phi = 0 \tag{D-2}$$

式(D-2)表明,穿出或进入任何一闭合面的总磁通恒等于零,这就是磁通连续性定律,类比于电路中的基尔霍夫第一定律 $\sum i = 0$,亦称为磁路的基尔霍夫第一定律。

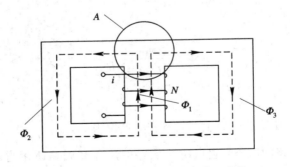

附图D-3 磁路的基尔霍夫第一定律

(2) 磁路的基尔霍夫第二定律:电机和变压器的磁路总是由数段不同截面、不同铁磁材料的铁芯组成的,还可能含有气隙。磁路计算时,总是把整个磁路分成若干段,每段由同一材料构成,截面积也相同且段内磁通密度处处相等,从而磁场强度亦处处相等。例如:附图D-4所示的磁路由三段组成,其中两段为截面不同的铁磁材料,第三段为气隙。

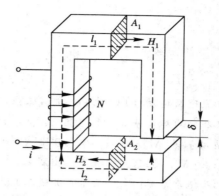

附图 D－4　磁路的基尔霍夫第二定律

若铁芯上的励磁磁动势为 Ni，根据安培环路定律和磁路欧姆定律可得

$$Ni = \sum_{k=1}^{3} H_k l_k = H_1 l_1 + H_2 l_2 + H_\delta \delta = \Phi_1 R_{m1} + \Phi_2 R_{m2} + \Phi_\delta R_{m\delta} \qquad (D－3)$$

式中：l_1、l_2——1、2 两段铁芯的长度；

　　　δ——气隙长度；

　　　H_1、H_2——1、2 两段磁路内的磁场强度；

　　　H_δ——气隙内的磁场强度；

　　　Φ_1、Φ_2——1、2 两段铁芯内的磁通；

　　　Φ_δ——气隙内的磁通；

　　　R_{m1}、R_{m2}——1、2 两段铁芯磁路的磁阻；

　　　$R_{m\delta}$——气隙磁阻。

由于 H_k 亦是单位长度上的磁位降，$H_k l_k$ 则是一段磁路上的磁位降，它也等于 $\Phi_k R_{mk}$，Ni 是作用在磁路上的总磁动势，故式（D－3）表明：沿任何闭合磁路的总磁动势恒等于各段磁位降的代数和。这类比于电路中的基尔霍夫第二定律，因此该定律称为磁路的基尔霍夫第二定律。

必须指出，磁路和电路虽然具有类比关系，但是性质却是不同的，分析计算时也有以下几点差别：

（1）电路中有电流 I 时，就有功率损耗 $I^2 R$；而在直流磁路中，维持一定的磁通量 Φ 时，铁芯中没有功率损耗。

（2）在电路中可以认为电流全部在导线中流通，导线外没有电流；在磁路中，则没有绝对的磁绝缘体，除了铁芯中的磁通外，实际上总有一部分漏磁通分布在周围的空气中。

（3）电路中导体的电阻率 ρ 在一定的温度下是不变的，而磁路中铁芯的磁导率 μ 却不是常值，随铁芯的饱和程度而变化。

（4）对线性电路，计算时可以用叠加原理，但对于铁芯磁路，计算时不能应用叠加原理，因为铁芯饱和时磁路为非线性。

所以，磁路与电路仅是一种形式上的类似，而不是物理本质上的相似。

参 考 文 献

[1] 彭鸿才，贺斌英. 电机原理及拖动[M]. 北京：机械工业出版社，1996
[2] 吴浩烈，刘正德. 电机及电力拖动基础[M]. 重庆：重庆大学出版社，1996
[3] 方荣惠. 电机原理及拖动基础[M]. 江苏：中国矿业大学出版社，2004
[4] 周定颐. 电机及拖动基础[M]. 北京：机械工业出版社，2000
[5] 邵群涛，徐余法. 电机及拖动基础[M]. 北京：机械工业出版社，1999
[6] 顾绳谷. 电机及拖动基础[M]. 北京：机械工业出版社，2004
[7] 胡幸鸣. 电机及拖动基础[M]. 北京：机械工业出版社，2002
[8] 程明. 微特电机及系统[M]. 北京：中国电力出版社，2004
[9] 孔晓华，周德仁. 电工基础[M]. 北京：电子工业出版社，2001
[10] 唐海源，张小江. 电机及拖动基础习题解答与学习指导[M]. 北京：机械工业出版社，2004